新技术技能人才培养系列教程

互联网UI设计师系列

北京课工场教育科技有限公司

联合出品

After Effects
UI动效设计案例教程

肖睿 何晶 王小涛 / 主编

戚大为 张恒睿 高丽 / 副主编

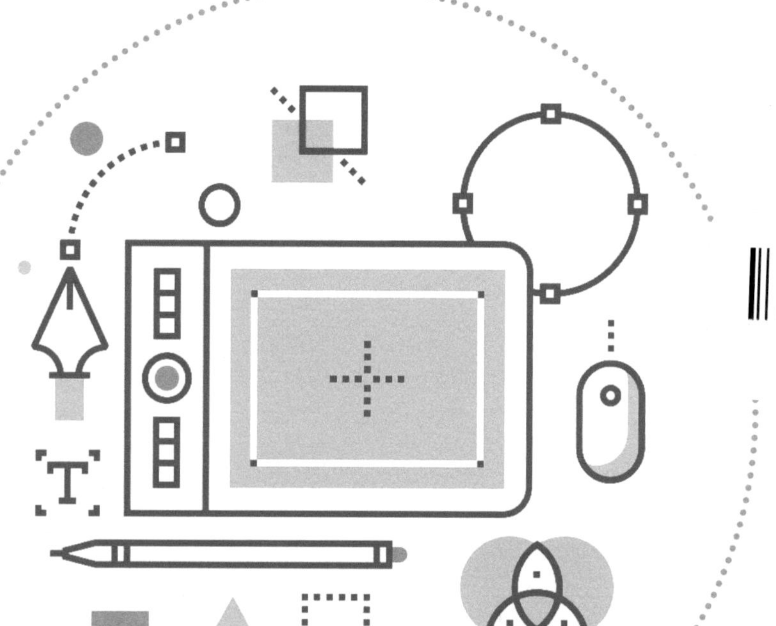

人民邮电出版社

北京

图书在版编目（CIP）数据

After Effects UI动效设计案例教程 / 肖睿，何晶，王小涛主编. -- 北京 : 人民邮电出版社，2021.1
新技术技能人才培养系列教程
ISBN 978-7-115-54795-8

Ⅰ. ①A… Ⅱ. ①肖… ②何… ③王… Ⅲ. ①图像处理软件－教材 Ⅳ. ①TP391.413

中国版本图书馆CIP数据核字(2020)第167915号

内 容 提 要

本书由浅入深地讲解After Effects中常见的动效设计类型，它们的应用领域涵盖品牌标志、网页界面、App界面、图标、插画、表情包等，可帮助读者掌握After Effects的基本操作，培养读者将After Effects动效应用到各个设计领域的能力。本书共8章，主要内容包括After Effects动效设计快速入门、图层的基本操作、图层的高级功能与类型、动画的制作、蒙版与遮罩、常用的内置特效、表达式的应用、综合项目等。

本书是一本专门为After Effects动效设计初学者量身打造的学习用书，可作为UI设计、动画制作、视觉传达等相关专业的课程教材，也适合动效设计爱好者、动效设计从业者阅读参考。

◆ 主　编　肖　睿　何　晶　王小涛
副 主 编　戚大为　张恒睿　高　丽
责任编辑　祝智敏
责任印制　王　郁　陈　犇
◆ 人民邮电出版社出版发行　　北京市丰台区成寿寺路 11 号
邮编　100164　　电子邮件　315@ptpress.com.cn
网址　https://www.ptpress.com.cn
北京盛通印刷股份有限公司印刷
◆ 开本：787×1092　1/16
印张：13　　2021 年 1 月第 1 版
字数：285 千字　　2024 年 8 月北京第 5 次印刷

定价：69.80 元

读者服务热线：(010)81055256　印装质量热线：(010)81055316
反盗版热线：(010)81055315
广告经营许可证：京东市监广登字 20170147 号

序　言

丛书设计

互联网产业在我国经济结构的转型升级过程中发挥着重要的作用。当前，迅速发展的互联网产业在我国有着十分广阔的发展前景和巨大的市场机会，这意味着行业需要大量与市场需求匹配的高素质人才。

在新一代信息技术浪潮的推动下，各行各业对UI设计人才的需求都在迅速增加。许多刚走出校门的应届毕业生和有着多年工作经验的传统设计人员，由于缺乏对移动端App、新媒体行业的理解，缺乏互联网思维和前端开发技术等，所掌握的知识和技能满足不了行业、企业的要求，因此很难找到理想的UI设计师工作。基于这种行业现状，课工场作为IT职业教育的先行者，推出了“互联网UI设计师系列”教材。

本丛书提供了集基础理论、创意设计、项目实战、就业项目实训于一体的教学体系，内容既包含UI设计师必备的基础知识，也包括许多行业新知识和新技能的介绍，旨在培养专业型、实用型、技术型人才，在提升读者专业技能的同时，增强他们的就业竞争力。

丛书特点

1. 以企业需求为导向，以提升就业竞争力为核心目标

满足企业对人才的技能需求，提升读者的就业竞争力是本丛书的核心编写原则。为此，课工场互联网UI设计师教研团队对企业的平面UI设计师、移动UI设计师、网页UI设计师等人才需求进行了大量实质性的调研，将岗位实用技能融入教学内容中，从而实现教学内容与企业需求的契合。

2. 科学、合理的教学体系，关注读者成长路径，培养读者实践能力

实用的教学内容结合科学的教学体系与先进的教学方法才能达到好的教学效果。本丛书为了使读者能够目的明确、条理清晰地学习，秉承了以学习者为中心的教育思想，循序渐进地培养读者的专业基础、实践技能、创意设计能力，并使其能承担和完成实际项目。本丛书改变了传统教材以理论为重的讲授方法，从实例出发，以实践为主线，突出实战经验和技巧传授，以大量操作案例覆盖技能点讲解，于读者而言，容易理解，便于掌握，能有效提升实用技能。

3. 教学内容新颖、实用，创意设计与项目实操并行

本丛书既讲解了互联网 UI 设计师所必备的专业知识和技能（如 Photoshop、Illustrator、After Effects、Cinema 4D、Axure、PxCook 等工具的应用，网站配色与布局，移动端 UI 设计规范等），也介绍了行业的前沿知识与理念（如网络营销基本常识、符合 SEO 标准的网站设计、登录页设计优化、电商网站设计、店铺装修设计、用户体验与交互设计）。本丛书一方面通过基本功训练和优秀作品赏析，使读者能够具备一定的创意思维；另一方面提供了涵盖电商、金融、教育、旅游、游戏等诸多行业的商业项目，使读者在项目实操中，了解流程和规范，提升业务能力，并发挥自己的创意才能。

4. 可拓展的互联网知识库和学习社区

读者可配合使用课工场 App 进行二维码扫描，观看配套视频的理论讲解和案例操作等。同时，课工场官网开辟教材专区，提供配套素材下载。此外，课工场也为读者提供了体系化的学习路径、丰富的在线学习资源以及活跃的学习交流社区，欢迎广大读者进入学习。

读者对象

- 各类院校及培训机构的老师及学生。
- 希望提升自己能力、紧跟时代发展步伐的传统美工人员。
- 没有任何软件基础的跨行从业者。
- 初入 UI 设计行业的新人。

致谢

本丛书由课工场“互联网 UI 设计师”教研团队组织编写。课工场是北京大学优秀校办企业，是专注于互联网人才培养的高端教育品牌。作为国内互联网人才教育生态系统的构建者，课工场依托北京大学优质的教育资源，重构职业教育生态体系，以读者为本，以企业为基，为读者提供高端、实用的教学内容。在此，感谢每一位参与互联网 UI 设计师课程开发的工作人员，感谢所有关注和支持互联网 UI 设计师课程的人员。

感谢您阅读本丛书，希望本丛书能成为您踏上 UI 设计之旅的好伙伴！

“互联网 UI 设计师系列”丛书编委会

前　　言

伴随着移动互联技术的高速发展，动效设计已悄然成为一个面向未来、新兴高效的设计方向。After Effects 作为动效设计领域最受欢迎的设计软件之一，可以高效、精确地创建多种引人注目的动态效果和视觉特效。本书是专门为动效设计初学者和希望在动效设计领域发展的设计师量身打造的一本学习用书。本书立足于实践，从实际工作需求出发，紧密结合理论与案例讲解 After Effects 的具体使用方法，旨在帮助读者掌握 After Effects 的基本操作，以及在 UI 动效设计中常用的理论知识与设计技巧，使读者能够灵活地将所学知识与技巧运用在实际的动效设计工作中。

本书设计思路

本书共 8 章，从 After Effects 的基本操作开始，由浅入深地全面讲解 After Effects 中常用的功能及命令，并通过演示案例使读者更好地掌握软件的功能及相关的 UI 动效设计技巧。

第 1 章　After Effects 动效设计快速入门：主要讲解 After Effects 的主要功能、应用领域及工作界面，详细讲解 After Effects 的工作流程。

第 2 章　After Effects 中图层的基本操作：主要讲解 After Effects 中图层的基本操作；详细讲解图层的种类和创建方法，图层的排列、对齐与分布，设置图层时间、拆分图层、排序图层等的相关操作；重点对图层的锚点、位置、缩放、旋转、不透明度属性进行详细的讲解与剖析。

第 3 章　After Effects 中图层的高级功能与类型：主要讲解图层的时间控制，投影与内阴影、外发光与内发光等图层样式及图层的各种混合模式；详细讲解在动效设计中，文本图层和形状图层的创建方法及其相关属性的具体用法。

第 4 章　After Effects 中动画的制作：主要讲解动画关键帧的概念及形成条件，关键帧的激活、选择和编辑等基本操作及其基本类型，如菱形关键帧、缓入、缓出、缓动和平滑关键帧；详细介绍图表编辑器的基本操作和相关功能、嵌套的方法、折叠变换 / 连续栅格化功能。

第 5 章　After Effects 中的蒙版与遮罩：主要讲解蒙版的创建与修改，蒙版的路径、羽化、不透明度及扩展等属性的具体操作；蒙版动画的制作方法，蒙版的布尔运算；遮罩建立的条件、特点与类型。

第 6 章　After Effects 中常用的内置特效：主要讲解 After Effects 中内置特效的基本操作，详细讲解内置特效中的颜色校正、模拟、透视、过渡、风格化、生成、扭曲、文本、模糊和锐化等效果的具体操作与应用。

第 7 章 After Effects 中表达式的应用：主要讲解 After Effects 中表达式的概念，创建、移除、编辑等基本操作，以及表达式的基本语法；详细讲解循环表达式、弹性表达式、索引表达式、时间表达式、抖动表达式的应用。

第 8 章 综合项目：制作悦听 App 界面动效。本章主要讲解界面动效的价值、设计原则、应用场景及动效在 App 设计中的关键用途；以悦听 App 界面动效设计为例讲解启动图标动效设计、引导页动效设计、内容页动效设计与动态二维码设计等。

各章结构

本章目标：对本章知识点按照了解、熟悉、掌握及运用 4 个层次进行梳理，帮助读者区分相关内容的重要程度。

本章简介：以实际工作中设计师经常遇到的设计任务为切入点，简要描述本章将要讲解的内容及其应用。

本章内容：先详细讲解工作中常用的工具及命令，再以此为核心技能点设计相应的案例，帮助读者熟悉核心技能点在实际工作中的应用。

本章小结：按照本章内容的介绍顺序，从前往后简要归纳本章知识的重点与难点。

课堂练习与课后练习：以本章所讲述的核心技能点为导向设计相应的练习案例，检验读者对重要知识点的理解与掌握情况。

本书特色

1. 零基础、入门级讲解

本书从零开始、深入浅出地讲解 After Effects 中常用工具及命令的基本操作，并结合实际案例展示这些工具及命令的应用场景，可以让读者达到“学以致用、用以促学”的学习目的。

2. 实用、精美的界面动效设计案例

本书以动态 Logo、MG 动画、App 界面动效等为范例，帮助读者快速熟悉软件的操作方法，巩固界面动效设计的理论基础。

3. 提供海量资源

本书提供演示案例中使用的素材文件、效果文件以及配套的教学 PPT、教学视频等。

4. 在线视频助力高效学习

本书致力于为读者提供便捷的学习体验，读者可以直接访问课工场官网的教材专区下载所需的案例素材，也可以扫描书中二维码观看配套的视频。

本书由课工场“互联网 UI 设计师”教研团队编写，参与编写的还有何晶、王小涛、戚大为、张恒睿、高丽等院校老师及行业专家。尽管编者在写作过程中力求准确、完善，但书中仍难免存在不妥之处，殷切希望广大读者批评指正！

编者

2020 年 8 月于北京

智慧教材使用方法

扫一扫查看视频介绍

由课工场“大数据、云计算、全栈开发、互联网UI设计、互联网营销”等教研团队编写的系列教材，配合课工场App及在线平台的技术内容更新快、教学内容丰富、教学服务反馈及时等特点，结合二维码、在线社区、教材平台等多种信息化资源获取方式，形成独特的“互联网+”形态——智慧教材。

智慧教材为读者提供专业的学习路径规划和引导，读者还可体验在线视频学习指导，按如下步骤操作可以获取案例代码、作业素材及答案、项目源码、技术文档等教材配套资源。

1. **下载并安装课工场App**

（1）方式一：访问网址www.ekgc.cn/app，根据手机系统选择对应课工场App安装，如图1所示。

图1 课工场App

（2）方式二：在手机应用商店中搜索“课工场”，下载并安装对应App，如图2、图3所示。

图 2　iPhone 版手机应用下载

图 3　Android 版手机应用下载

2. **获取教材配套资源**

登录课工场 App，注册个人账号，使用课工场 App 扫描书中二维码，获取教材配套资源，依照图 4 ~ 图 6 所示的步骤操作即可。

Java 面向对象程序开发及实战

3. **变量**

前面讲解了 Java 中的常量，与常量对应的就是变量。变量是在程序运行中其值可以改变的量，它是 Java 程序的一个基本存储单元。

变量的基本格式与常量有所不同。

变量的语法格式如下。

[访问修饰符] 变量类型　变量名 [= 初始值];

➢ “变量类型”可从数据类型中选择。
➢ “变量名”是定义的名称变量，要遵循标识符命名规则。
➢ 中括号中的内容为初始值，是可选项。

示例 4

使用变量存储数据，实现个人简历信息的输出。

分析如下。

（1）将常量赋给变量后即可使用。

（2）变量必须先定义后使用。

图 4　定位教材二维码

图 5　使用课工场 App“扫一扫”扫描二维码

图 6　使用课工场 App 免费观看教材配套视频

3. **获取专属的定制化扩展资源**

（1）普通读者请访问课工场官网的教材专区，获取教材所需开发工具、教材中示例素材及代码、上机练习素材及源码、作业素材及参考答案、项目素材及参考答案等资源（注：图 7 所示网站会根据需求有所改版，仅供参考）。

图 7　从社区获取教材资源

（2）高校老师请添加高校服务 QQ：1934786863（如图 8 所示），获取教材所需开发工具、教材中示例素材及代码、上机练习素材及源码、作业素材及参考答案、项目素材及参考答案、教材配套及扩展 PPT、PPT 配套素材及代码、教材配套线上视频等资源。

图 8　高校服务 QQ

关于引用作品的版权声明

为了方便读者学习，促进知识传播，使读者能够接触到优秀的作品，本书选用了一些知名网站或企业的相关内容作为学习案例。这些内容包括：企业 Logo、宣传图片、手机 App 设计、网站设计等。为了尊重这些内容所有者的权利，特此声明，凡本书中涉及的著作权、商标权等权益，均属于原作品著作权人、商标权人。

为了维护原作品相关权益人的权益，现对本书选用的主要作品及其出处给予以下说明（排名不分先后）。

序号	选用的作品	著作权 / 商标权归属
1	淘宝 App	阿里巴巴网络技术有限公司
2	支付宝 App	支付宝（中国）网络技术有限公司
3	网易云音乐 App	网易公司
4	谷歌	谷歌（Google）公司
5	天猫	阿里巴巴网络技术有限公司

以上列表中并未列出本书所选用的全部作品。在此衷心感谢所有原作品的相关权益人及所属公司对职业教育的大力支持！

目　录

第 1 章

After Effects 动效设计快速入门

【本章目标】

- 了解 After Effects（简称 AE），掌握其主要功能及应用领域。
- 熟悉 After Effects 的工作流程。
- 掌握 After Effects 的基本使用方法。
- 掌握 After Effects 中常用的工具。

【本章简介】

After Effects 作为动效设计领域最受欢迎的软件之一，已成为众多设计师在制作动效时的首选软件。本章主要讲解 After Effects 的基础知识，包括软件的概述、工作界面及其工作流程。通过本章的学习，读者可以快速了解动效设计，掌握 After Effects 的基本使用方法。

AE 软件的基本介绍

1.1 After Effects 概述

After Effects 是 Adobe 公司推出的一款图形视频处理软件。图 1-1 所示为 After Effects 的启动图标。

图 1-1　After Effects 的启动图标

1.1.1 After Effects 的主要功能

After Effects 作为一款功能强大的后期合成软件，能够高效地创建多种引人注目的动态图形和震撼人心的视觉效果，包含数百种预设和动画效果。它还可以与 Adobe 公司的其他软件（如 Photoshop、Illustrator 等）无缝衔接，凭借着易上手、较好的人机交互深受设计师青睐。本书使用的软件版本是 After Effects CC 版本。

1.1.2 After Effects 的应用领域

After Effects 适用于诸如影视制作公司、动画制作公司、个人后期制作工作室、媒体工作室等从事设计和视觉特技制作的机构。其目前主要的应用领域为三维动画的后期合成、建筑动画的后期合成、视频包装的后期合成、影视广告的后期合成、电影电视剧的特效合成、大屏开场动画、创意视频、MG 动画、UI（后文统称“界面”）动效等，如图 1-2 和图 1-3 所示。

图 1-2　三维动画的后期合成

图 1-3　建筑动画的后期合成

1.1.3 After Effects 对硬件的要求

After Effects 可以安装在 Windows 操作系统或 Mac OS 中，其对二者的硬件环境要求有所不同。

1. **对 Windows 操作系统的要求**

► Microsoft® Windows® 7 Service Pack 1（64）或更新版本。

- 支持 64 位 Intel® Core ™ 2 Duo 或 AMD Phenom® Ⅱ处理器。
- 至少 4GB 的 RAM（建议 8GB）。
- 至少 3GB 可用硬盘空间，安装过程中需要有其他可用空间，不能安装在移动闪存存储设备上。
- 有用于缓存的其他存储空间，建议分配 10GB。
- 1280 × 900 分辨率（或更高分辨率）的显示器。
- 支持 OpenGL 2.0 系统。
- 需要安装 QuickTime。

2. 对 Mac OS 的要求

- 支持 64 位的多核 Intel 处理器。
- Mac OS X v10.6.8 或更新版本。
- 至少 4GB 的 RAM（建议 8GB）。
- 至少 4GB 可用硬盘空间，安装过程中需要有其他可用空间，不能安装在移动闪存存储设备上。
- 有用于缓存的其他存储空间，建议分配 10GB。
- 1280 × 900 分辨率（或更高分辨率）的显示器。
- 支持 OpenGL 2.0 系统。
- 需要安装 QuickTime。

1.2 After Effects 的工作界面

After Effects 的启动页面如图 1-4 所示。

图 1-4 After Effects 的启动页面

1.2.1 标准工作界面

初次启动 After Effects 时，其工作界面为默认的标准工作界面，主要由 7 个部分组成，如图 1-5 所示。

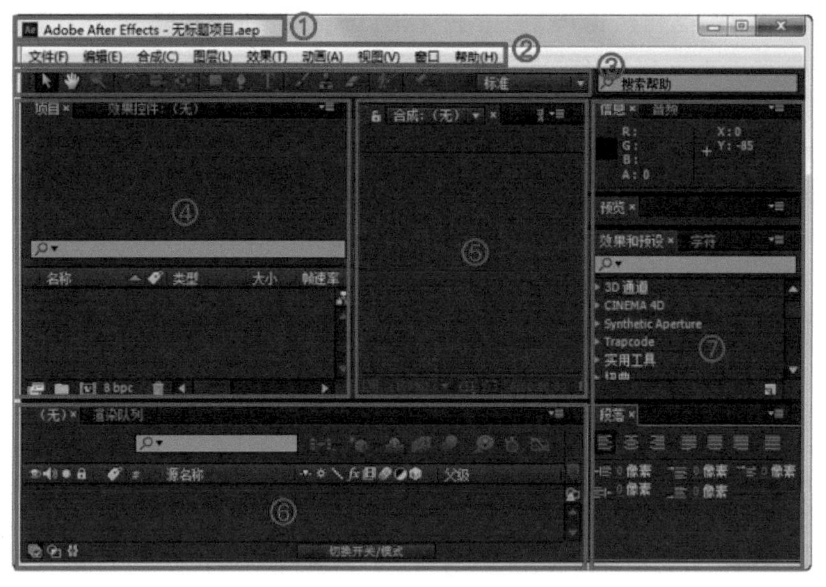

图 1-5　标准工作界面

▶ 标题栏：主要用于显示软件版本、软件名称和项目名称等。

▶ 菜单栏：包含 9 个菜单，分别是“文件”“编辑”“合成”“图层”“效果”“动画”“视图”“窗口”“帮助”。

▶ 工具栏：包括选取工具、手形工具、缩放工具、矩形工具、钢笔工具、文字工具、画笔工具、橡皮擦工具等常用工具。

▶ “项目”面板：主要用于管理素材，是 After Effects 的四大功能面板之一。

▶ “合成”面板：主要用于查看和编辑素材。

▶ “时间轴”面板：主要用于控制图层效果或制作动画，是 After Effects 的核心部分。

▶ 其他面板：包含“信息”“音频”“预览”“效果和预设”面板等。

After Effects 中的面板按照不同的用途分别放置在不同的框架内，框架与框架之间用分隔条分隔。若一个框架内同时包含多个面板，则其顶部会显示各个面板的选项卡，但框架内只显示当前选中的选项卡的内容。图 1-6 所示的框架内包含“效果和预设”“字符”“段落”面板，当前显示的是“效果和预设”面板中的内容。

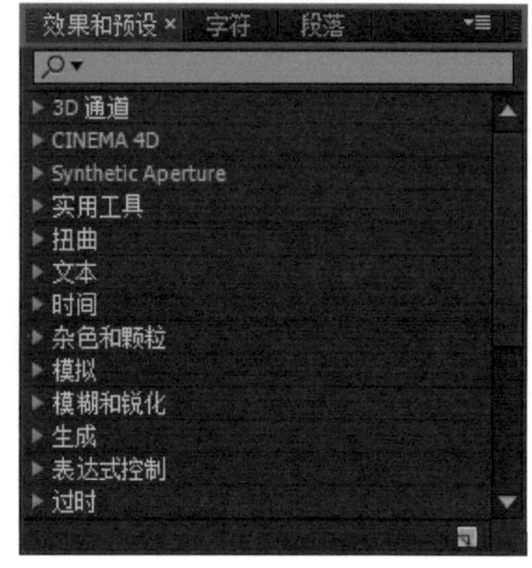

图 1-6　多面板框架

1.2.2　工具栏

在制作项目的过程中，会使用到工具栏中的一些工具，如图 1-7 所示。这些工具与 Photoshop 中的工具类似。使用这些工具可以对项目进行相应的操作。按照功能的不同可以将工具栏中的工具分为以下 6 类。

▶ 操作工具。

- ▶ 视图工具。
- ▶ 遮罩工具。
- ▶ 绘画工具。
- ▶ 文本工具。
- ▶ 坐标轴模式工具

图 1-7　工具栏

使用工具时，单击相应的工具图标即可。需要注意的是，有些工具必须在选择素材所在的图层后才能够被激活。

1.2.3 “项目”面板

在 After Effects 中，“项目”面板的作用是为用户提供一个管理素材的工作区。用户可以在此对不同的素材进行替换、删除、注解、整合等管理操作。用户在“项目”面板中可以查看每个素材的相关信息，如尺寸、持续时间、帧速率等，如图 1-8 所示。

图 1-8 “项目”面板

▶ 信息：可以查看被选择的素材的信息，包含素材的分辨率、时间长度、帧速率和格式等。

▶ 查找：用户利用这个功能可以找到需要的素材或合成，当合成数量庞大、项目中的素材数目比较多而难以查找时，该功能非常实用。

▶ 素材缩览图：用于预览选择的素材的第一帧画面，如果是视频的话，双击素材可以预览整个视频动画。

▶ 素材：指被导入的文件，可以是视频、图片、序列和音频等。

▶ 标签：可以利用标签进行颜色的选择，从而区分各类素材；单击色块图标可以改变颜色，也可以执行“编辑 - 首选项 - 标签”命令自行设置颜色。

▶ 素材的类型和大小等：将鼠标指针拖曳至“项目”面板边缘，当鼠标指针变成“黑色左右箭头”时，向右拖曳“项目面板”，即可查看有关素材的详细内容（包括素材的大小、帧速率、入点、出点和路径等信息）。

▶ 项目流程图：单击该图标，可以直接查看项目制作过程中素材文件的层级关系。

▶ 解释素材：单击该图标，可以直接调出素材属性设置的对话框；在该对话框中，可以设置素材的通道、帧速率、开始时间码、场合像素比等。

▶ 新建文件夹：单击该图标可以建立新的文件夹，这样的好处是便于在制作过程中有序地管理各类素材。

▶ 新建合成：单击该图标可以建立新的合成，这一功能和执行“合成－新建合成”菜单命令的功能完全一样。

▶ 颜色深度：按住 Alt 键并单击该图标可以在 8bpc、16bpc 和 32bpc 之间切换颜色的深度。

▶ 删除所选项目项：选择要删除的对象，然后单击该图标即可将其删除；或直接拖曳要删除的对象至该图标上，亦可将其删除。

1.2.4 “合成”面板

在 After Effects 中，“合成”面板主要用于对素材及视频进行可视化的编辑，是项目制作中最重要的工作区。“合成”面板中显示了各个图层的效果，在该面板中可以对图层进行移动、旋转、缩放等操作，如图 1-9 所示。

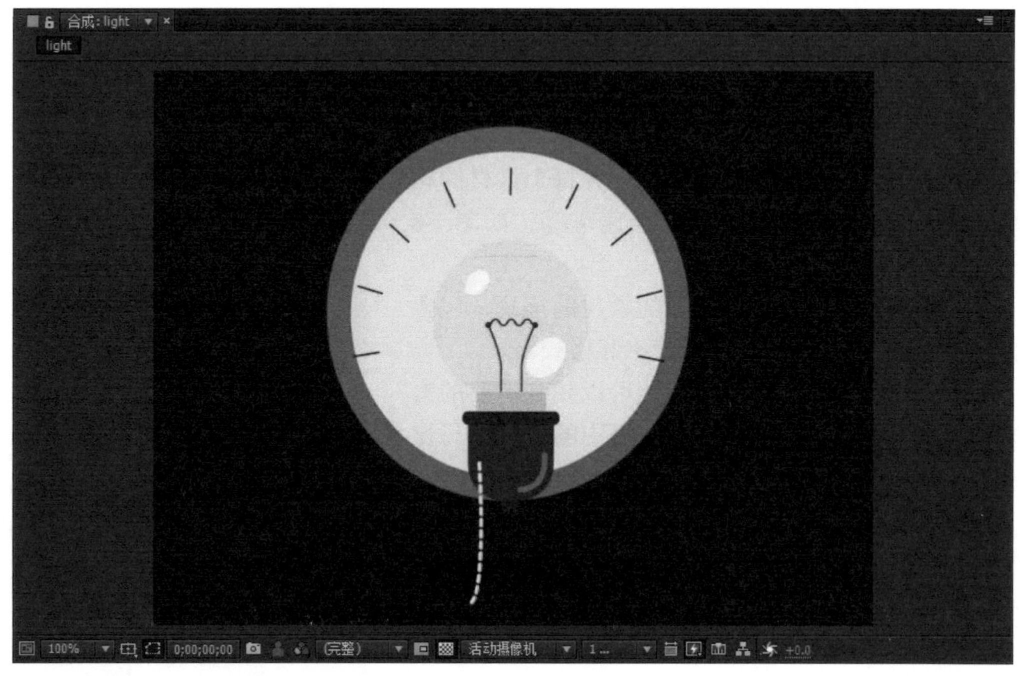

图 1-9 “合成”面板

“合成”面板的上方显示的是当前正在进行操作的合成的名称，用户在面板中还可以设置画面的显示质量，同时可以分通道来显示各种标尺、网格和参考线。以下为“合成”面板中各参数的解析。

▶ 放大率弹出式菜单 100%：用于设置显示区域的缩放比例；如果选择“适合”选项，则无论怎么调整窗口大小，视图都将自动匹配画面的大小。

提示：可以使用鼠标滚轮对视图进行缩放操作；

放大操作的组合键为 Ctrl++；

缩小操作的组合键为 Ctrl+−；

“合适大小（最大 100%）”的组合键为 Alt+/。

▶ 选择网格和参考线选项：用于控制是否在合成预览窗口中显示安全框和标尺等。

▶ 切换蒙版和形状路径可见性：用于控制是否显示蒙版和形状路径的边缘，在编辑蒙版时必须激活该按钮。

▶ 预览时间：单击可更改当前时间。

▶ 拍摄快照：单击可拍摄当前画面，拍摄好的画面将转存到设置的内存空间中，组合键为 Shift+F5。

▶ 显示快照：拍摄快照后，“显示快照”按钮会被激活，此时显示的是保存为快照的最后一个文件。

▶ 显示通道及色彩管理设置：选择相应的选项可以分别查看红色、绿色、蓝色和 Alpha 通道等。

▶ 设置预览分辨率：用于设置不同的分辨率，该分辨率只用于在预览窗口中显示图像的显示质量，不会影响最终输出的画面质量。

▶ 目标区域：可以在预览窗口中自定义一个矩形的区域，只有矩形区域中的图像才能显示出来。

▶ 切换透明网格：可以将预览窗口的背景转换为透明显示。

▶ 3D 视图弹出式菜单：当建立了摄像机并打开了 3D 图层时，可以通过该图标进入不同摄像机视图。

▶ 选择视图布局：在“合成”面板中切换多视图显示的组合方式。

▶ 切换像素长宽比校正：可以改变像素的长宽比例。

▶ 快速预览：用于设置预览素材的速度。

▶ 时间轴：用于快速从当前“合成”面板激活对应的时间轴面板。

▶ 合成流程图：用于显示“流程图”面板，利用此面板可使整个合成的各个部分一目了然。

▶ 重置曝光度：该功能主要使用 HDR 影片和曝光控制，可以在预览窗口中轻松调节图像的显示，且曝光控制并不会影响最终的渲染。

1.2.5 “时间轴”面板

“时间轴”面板是进行后期特效处理和动画制作的主要面板。“时间轴”面板中的素材以图层的形式排列，如图 1-10 所示。用户在“时间轴”面板中可以制作各种关键帧动画、设置每个图层的出点和入点、选择图层之间的叠加模式及制作图层蒙版等。

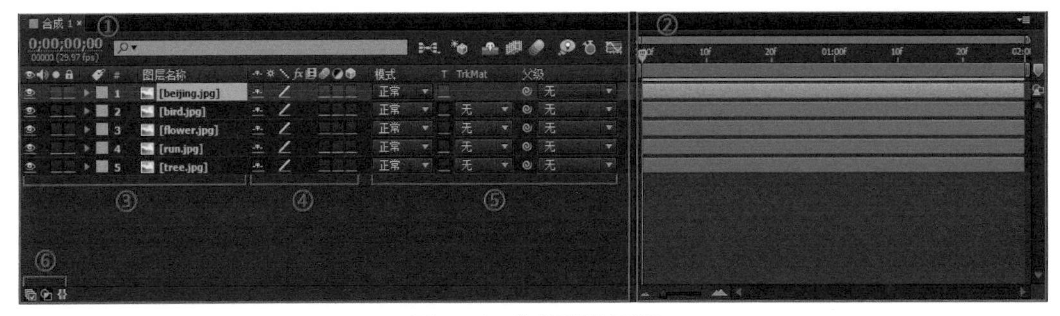

图 1-10 “时间轴”面板

时间轴面板中各参数的解析如下。

▶ 时间轴面板的工作栏：包括当前时间显示工具、查询工具及图层控制开关工具。

▶ 时间线图层编辑区：在这个区域中可以设置图层的出点和入点，也可以设置图层属性和效果属性。

▶ 显示图层的特征开关和名称。

▶ 图层属性的面板开关。

▶ 包含图层模式的面板：可以控制图层的混合模式、蒙版和父子关系。

▶ 快速切换面板开关：可以展开或折叠“图层开关”窗格，即打开或关闭图层属性面板；可以展开或折叠“转换控制”窗格，即打开或关闭图层模式面板；可以展开或折叠“出点”/“入点”/“持续时间”/“伸缩”窗格，即打开或关闭素材时间控制面板。

1.2.6 其他面板

在 After Effects 工作界面的右侧，折叠了多个功能面板，用户可以通过“窗口”菜单控制这些功能面板显示或隐藏。用户在使用 After Effects 的过程中可以根据不同的项目自由选择、调换相关的功能面板。以下为常用的一些功能面板的介绍。

1.“预览”面板

“预览”面板的主要功能是控制播放效果，如图 1-11 所示。

2.“信息”面板

“信息”面板主要用来显示鼠标指针所在位置图像的颜色和坐标信息。默认状态下该面板为空白状态，只有当鼠标指针在“合成”面板或“图层”面板中时才会显示相应的内容，如图 1-12 所示。

图 1-11 “预览”面板

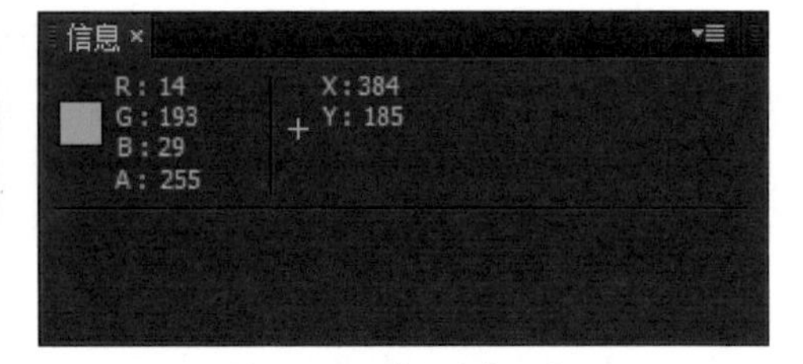

图 1-12 “信息”面板

3.“音频”面板

“音频”面板用来显示音频的各种信息，如图 1-13 所示。

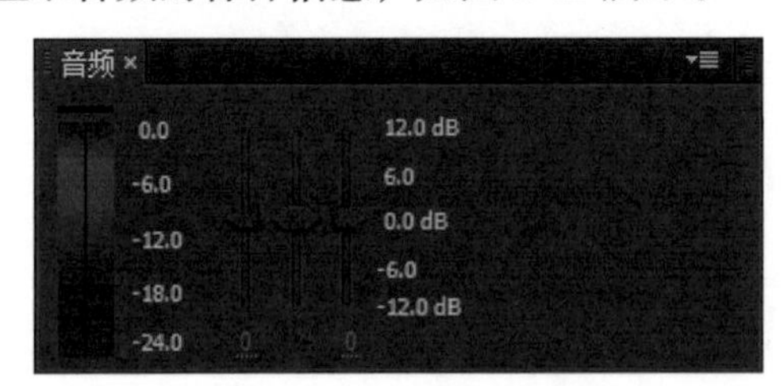

图 1-13 “音频”面板

4.“效果和预设”面板

用户通过“效果和预设”面板可以快速查询需要使用的效果或预设动画，也可以通过面板菜单对所有的效果和预设动画进行分类显示，如图 1-14 所示。

图 1-14 “效果和预设”面板

提示：用户通过面板上的搜索栏可以快速查询所需的效果，也可以通过面板菜单对效果进行过滤操作，以简化文件结构。

5. “字符”面板和“段落”面板

“字符”面板用来设置字符的相关参数，包括文字的大小、字体、行间距、字间距、粗细、上标和下标等，如图 1-15 所示。这些参数均可在制作关键帧动画的过程中使用。

“段落”面板主要用来设置文字的对齐方式与缩进方式等，如图 1-16 所示。

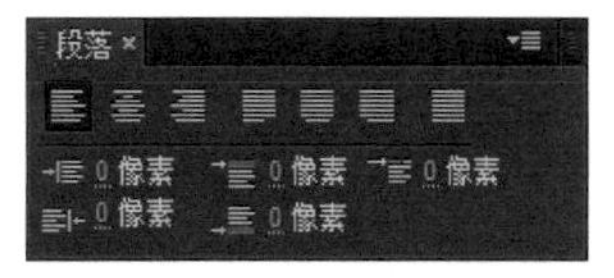

图 1-15 “字符”面板　　图 1-16 “段落”面板

1.3 After Effects 的工作流程

在 After Effects 中，无论是制作简单的字幕还是复杂的动画，都需要遵循 After Effects 的工作流程，如图 1-17 所示。这样既可以提高工作效率，也可以避免在工作中出现不必要的错误和麻烦。

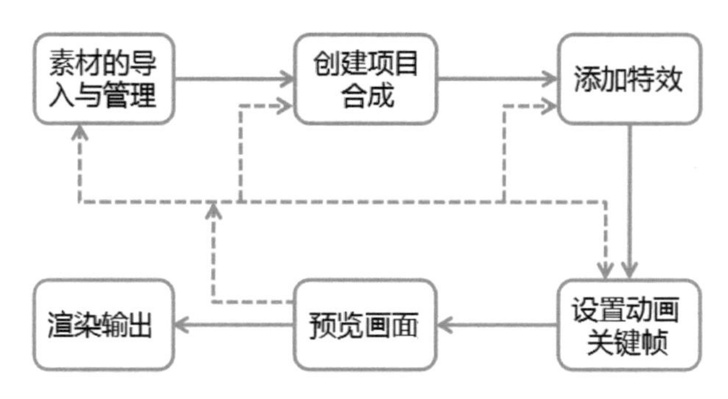

图 1-17　After Effects 的工作流程

创建项目后，首先要做的就是往“项目”面板中导入素材，素材是项目的基本构成元素。以下为 After Effects 中可导入的素材。

- ▶ 动态视频。
- ▶ 静帧图像。
- ▶ 静帧图像序列。
- ▶ 音频文件。
- ▶ Photoshop 分层文件。
- ▶ Illustrator 文件。
- ▶ After Effects 工程中的其他合成文件。
- ▶ Premiere 工程文件。
- ▶ Flash 输出的 .swf 文件。

……

注意：在 After Effects 中，.gif 动图和 .qsv 视频是不可导入的素材。

将素材导入 After Effects 的过程中，After Effects 会自动解析大部分的媒体格式。另外，用户还可以通过自定义解析媒体的方式来改变媒体的帧速率和像素宽高比等。

1.3.1　素材的导入与管理

将素材导入“项目”面板的方法有很多种，可以一次性导入全部素材，也可以多次导入素材。

1. 常规素材的导入

① 用“文件”菜单下的“导入”命令导入素材，如图 1-18 所示。

▶ 文件 ...：导入一个或多个素材文件，如图 1-19 所示。

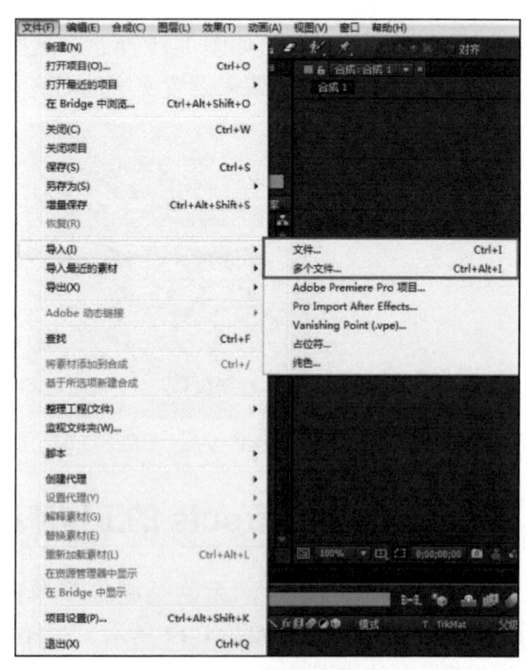

图 1-18　“导入”命令

图 1-19　导入素材文件

▶ 多个文件 ...: 用于一次性导入多个素材文件，如图 1-20 所示。

图 1-20　导入多个素材文件

② 在“项目”面板中双击空白处或单击鼠标右键也可以导入素材。

③ 以拖曳的方式导入素材：选择需要导入的素材文件或文件夹，直接将其拖曳到“项目”面板中即可完成导入。

2. 序列素材的导入

序列指的是呈一定顺序排列的图片。在导入序列素材时，需要在“导入文件”对话框中选择相应的序列选项，如图 1-21 所示。

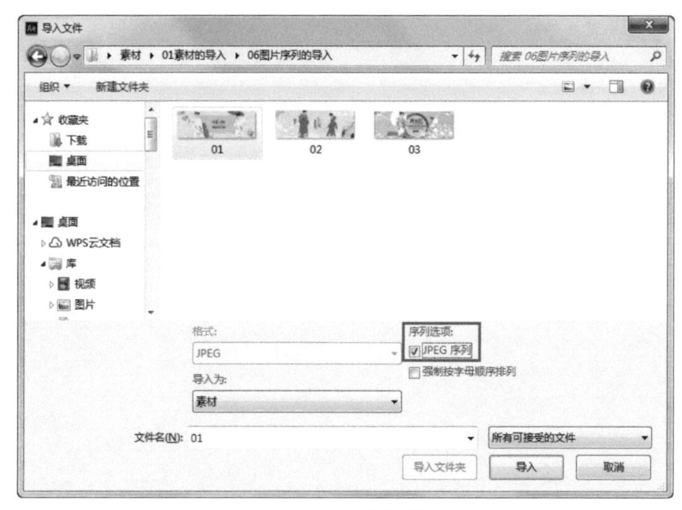

图 1-21 序列素材的导入

提示：如果只须导入序列文件中的部分素材，可以在选择相应的序列选项后，框选需要导入的素材。

3. 分层素材的导入

在导入含有图层的素材文件时，After Effects 可以保留该素材文件中的图层信息。例如在导入 .psd 源文件时，可以选择以“素材”或“合成”的种类导入，如图 1-22 所示。

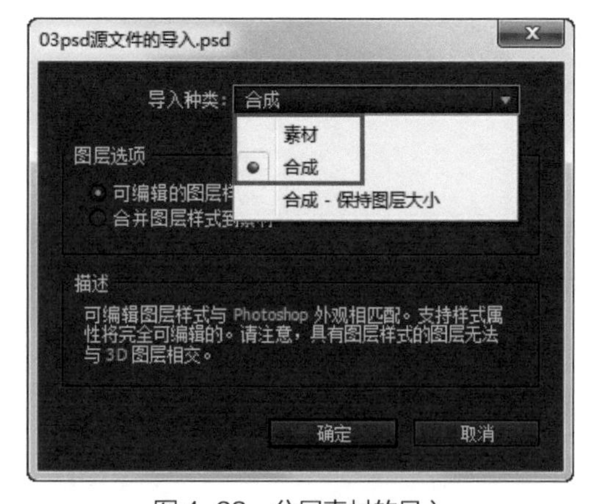

图 1-22 分层素材的导入

（1）以“素材”种类导入素材

若以“素材”种类导入素材，则可以选择以“合并的图层”的方式将原始文件的所有图层合并后一起导入，也可以选择以“选择图层”的方式选择某些特定图层作为素材进行导入。当选择单个图层作为素材进行导入时，可以选择导入素材的尺寸是按照“文档大小”还是按照“图层大小”进行导入，如图 1-23 所示。

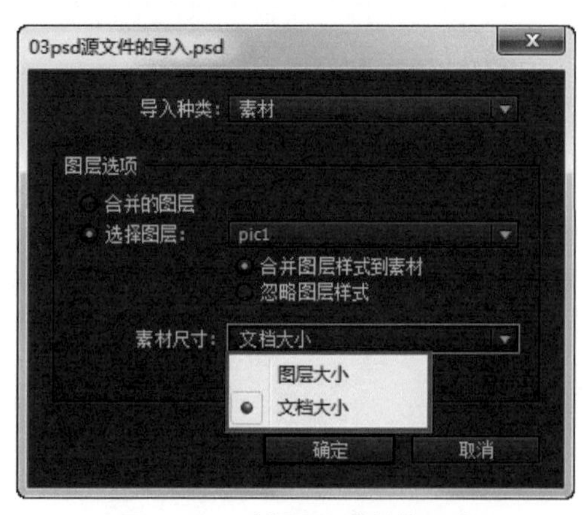

图 1-23 选择导入素材的尺寸

（2）以“合成”种类导入素材

若以“合成”的种类导入素材，After Effects 会将整个素材作为一个合成导入。在该合成里，素材的原始图层将得到最大限度的保留。在制作的过程中，可以对这些原有图层增加特效和动画，也可以将图层的样式信息保留下来，或者将图层样式合并到素材中。

1.3.2 创建项目合成

将素材导入“项目”面板之后，接下来就需要创建项目合成。在 After Effects 中，一个项目中可以创建多个合成，而且每个合成都可以作为一段素材应用到其他的合成中。一个素材可以在同一合成中被多次使用，也可以在多个不同的合成中同时被使用。

1. 项目设置

在打开 After Effects 后，系统会自动创建一个项目，用户在此项目中可以创建一个或多个合成来完成整个项目。正确的项目设置可以在输出影片时，避免发生一些不必要的错误和麻烦。

执行“文件－项目设置”菜单命令即可打开“项目设置”对话框，如图 1-24 所示。在“项目设置”对话框中，“颜色设置”决定了导入的素材颜色将如何被解析及最终输出的视频颜色数据将如何被转化。

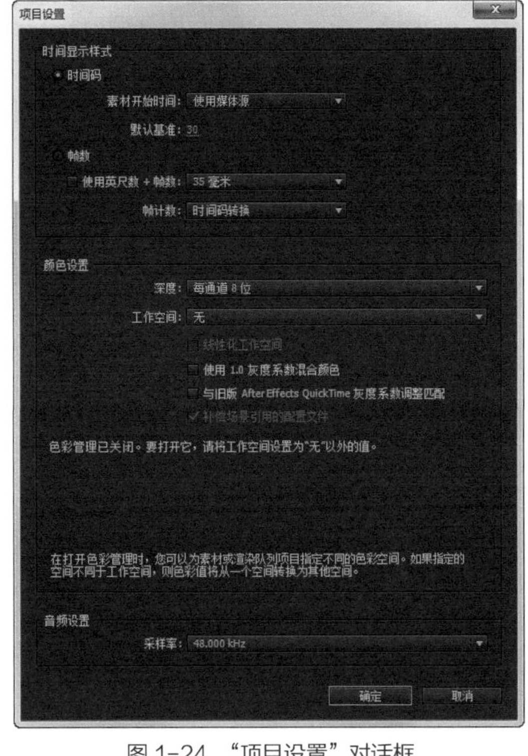

图 1-24 “项目设置”对话框

2. 创建合成

创建合成的方法有以下 3 种。

① 按 Ctrl+N 组合键。

② 执行“合成－新建合成”菜单命令。

③ 在“项目”面板中单击“新建合成”按钮。

创建合成后，系统会自动打开“合成设置”对话框，如图 1-25 所示。

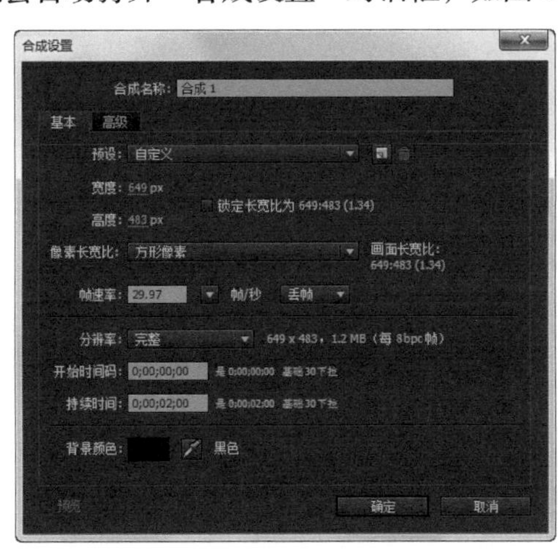

图 1-25 “合成设置”对话框

该对话框中相关参数的解析如下。

▶ 合成名称：用于设置要创建的合成的名称。

▶ 预设：选择预设的影片类型，用户也可以选择“自定义”选项来自行设置影片类型。

▶ 宽度 / 高度：用于设置合成的尺寸，单位为 px。

▶ 像素长宽比：用于设置单个像素的长宽比，可以在其右侧的下拉列表框中选择预设的像素长宽比，如图 1-26 所示。

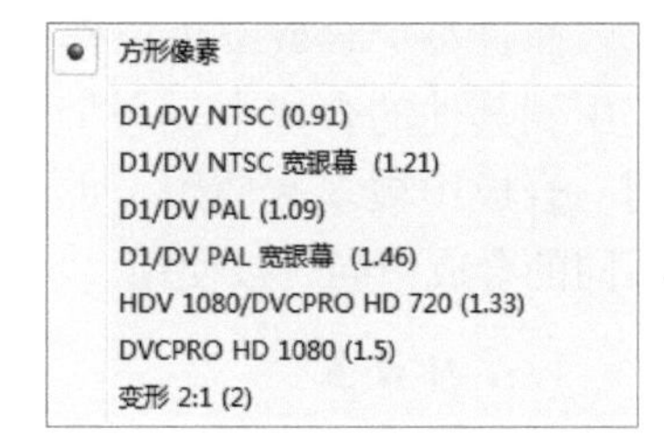

图 1-26 “像素长宽比”下拉列表框

▶ 帧速率：用于设置项目合成的帧速率；帧速率指的是每秒可以刷新的图片的数量，帧速率越高，每秒所显示的图片数量就越多，画面越流畅，视频的品质也越高。

▶ 分辨率：用于设置合成的分辨率，分别是“完整”“二分之一”“三分之一”“四分之一”“自定义”。

▶ 持续时间：用于设置合成的总时长。

▶ 背景颜色：用于设置所创建合成的背景色。

提示：我国电视制式执行 PAL D1/DV、像素尺寸为 720px × 576px、帧速率为 25 帧 / 秒的标准设置。

在“合成设置”对话框中单击“高级”选项卡，即可切换到“高级”参数设置面板，如图 1-27 所示。

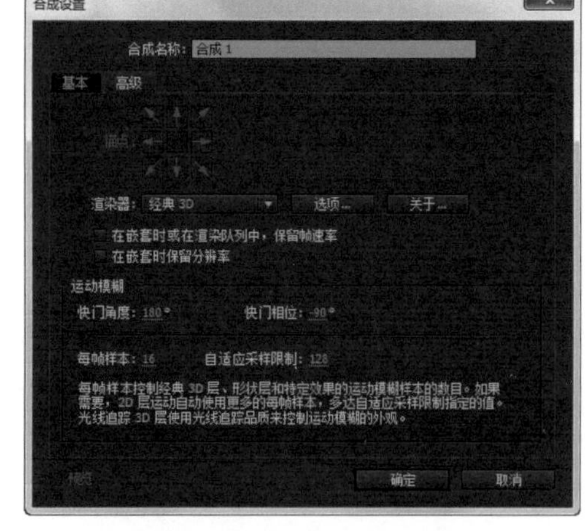

图 1-27 “高级”参数设置面板

▶ 锚点：用于设置合成图像的轴心点。当设置合成图像的尺寸时，轴心点的位置决定了如何裁剪图像和扩大图像。

▶ 渲染器：用于设置渲染引擎。用户可根据自身的显卡配置来进行设置，通过“选项”属性可以设置阴影的尺寸，决定阴影的精度。

▶ 在嵌套时或在渲染队列中，保留帧速率：勾选该选项后，素材在进行嵌套合成或在渲染队列中时可以保持原始合成设置的帧速率。

▶ 在嵌套时保留分辨率：勾选该选项后，素材在进行嵌套合成时可以保持原始合成设置的分辨率。

▶ 快门角度：如果开启了图层的运动模糊开关，则“快门角度”可以影响运动模糊的效果。

▶ 快门相位：用于设置运动模糊的方向。

▶ 每帧样本：用于控制 3D 图层、形状图层和包含特定效果图层的运动模糊效果。

▶ 自适应采样限制：提高该数值，系统会自动使用更多的每帧样本，从而增强二维图层的运动模糊效果。

提示：快门角度和快门速度的关系如下。

快门速度 = 快门角度 / （帧速率 ×360°）

如果快门角度为 180°，帧速率为 25 帧 / 秒，那么快门速度就是 0.02 秒 / 帧。

小结：项目、合成与图层的关系为：一个项目中包含多个合成；合成是一个框架，每个合成都有自己的"时间轴"面板；一个合成中包含多个图层，合成是图层的载体。

1.3.3　添加特效

After Effects 自带的效果多达 200 余种，将不同效果应用到不同图层中可以产生不同的特效，类似于 Photoshop 中的滤镜。常用的添加效果的方法有以下 3 种。

▶ 在"时间轴"面板中选择图层，单击"效果"菜单。"效果"菜单如图 1-28 所示。

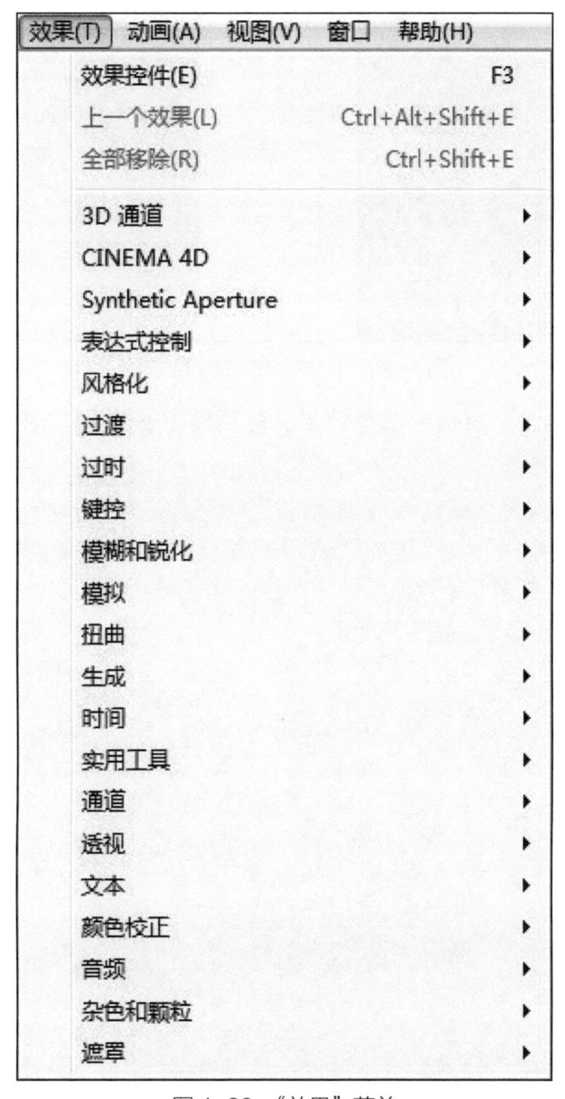

图 1-28　"效果"菜单

▶ 在“时间轴”面板中选择图层，单击鼠标右键，在弹出的菜单中选择“效果”中的命令，如图 1-29 所示。

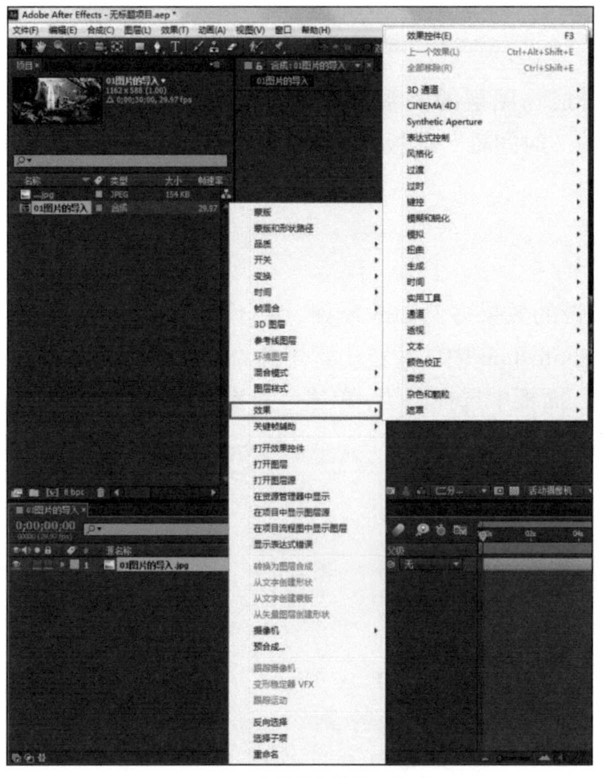

图 1-29　通过快捷菜单添加效果

▶ 在“效果和预设”面板中选择效果，然后将其拖曳到“时间轴”面板中对应的图层上，如图 1-30 所示。

图 1-30　通过拖曳添加效果

提示：复制效果：在同一图层中复制效果，选择效果，按组合键 Ctrl+D 即可完成复制；在不同图层中复制效果，选择效果，按组合键 Ctrl+C 完成复制，找到目标图层，按组合键 Ctrl+V 完成粘贴。

删除效果：选择效果，按 Delete 键即可完成删除。

1.3.4　设置动画关键帧

动画是指在不同的时间改变对象运动状态的过程，如图 1-31 所示。

在 After Effects 中，制作动画即通过图层的“位置”“旋转”“遮罩”“效果”等属性制作关键帧动画。用户可以使用关键帧、表达式、关键帧助手和图表编辑器等工具来制作动画。

图 1-31　动画示意图

1.3.5　预览画面

在项目制作完成后，须确认制作效果，此时便可通过预览确认制作效果是否满足要求。用户在预览时，可以改变播放的帧速率或画面的分辨率来改变预览的质量和等待的时间。

执行“合成 - 预览”菜单中的命令可以预览画面效果（快捷键为空格键），如图 1-32 所示。

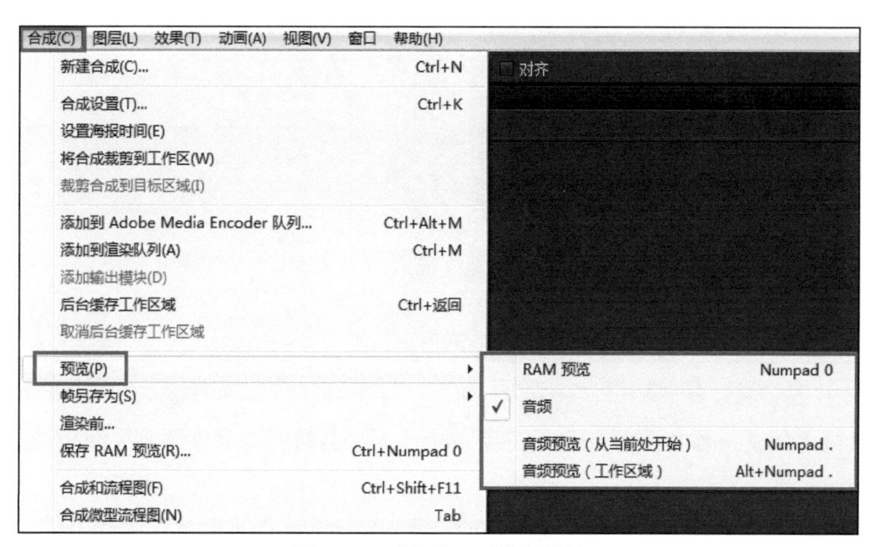

图 1-32　“合成 - 预览”菜单

提示：如果要在“时间轴”面板中实现简单的视频和音频同步预览，则可以在拖曳当前时间线的同时按住 Ctrl 键。

1.3.6　渲染输出

项目制作完成、预览效果无误后就可以进行渲染输出了。根据每个合成的大小、质量、复杂程度和压缩方法的不同，渲染输出所花费的时间也不同。

渲染输出的主要方法有以下两种。

1. 方法 1

在“项目”面板中选择需要渲染输出的合成文件，然后执行“文件－导出”菜单中的命令，即可渲染输出单个合成项目，如图 1-33 所示。

2. 方法 2

在“项目”面板中选择需要渲染输出的合成文件，然后执行“合成－添加到 Adobe Media Encoder 队列”（组合键为 Ctrl+Alt+M）或“合成－添加到渲染队列”（组合键为 Ctrl+M）菜单命令，可以将一个或多个合成项目添加到渲染队列中进行批量输出，如图 1-34 所示。

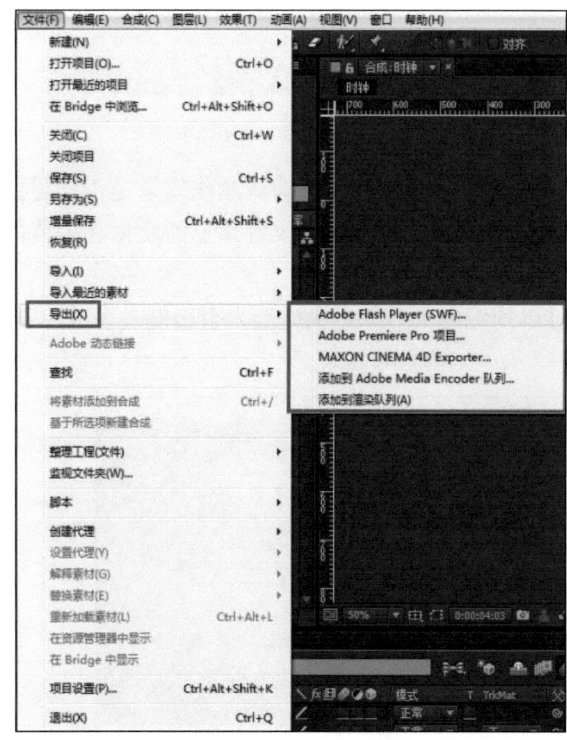

图 1-33　渲染输出单个合成项目

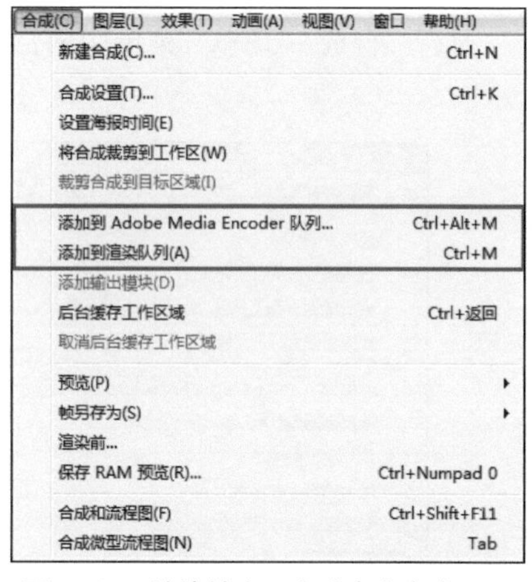

图 1-34　渲染输出一个或多个合成项目

在执行“合成－添加到渲染队列”菜单命令后，会打开“渲染队列”面板，如图 1-35 所示。

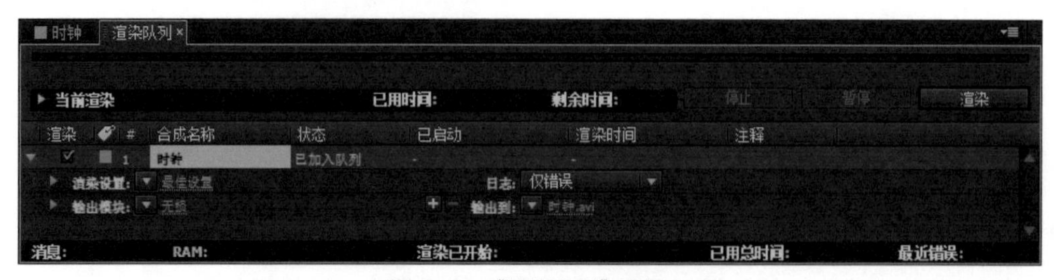

图 1-35　“渲染队列”面板

（1）进行渲染设置

单击“渲染设置”右侧的“最佳设置”选项，打开“渲染设置”对话框，即可设置相关参数，如图 1-36 所示。

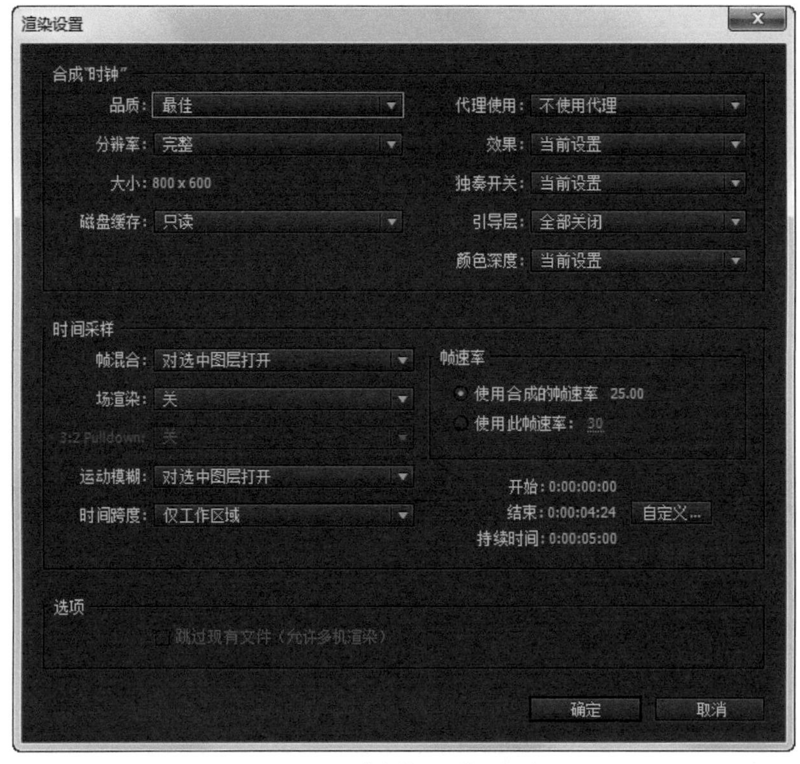

图 1-36　“渲染设置”对话框

（2）选择日志类型

日志的作用是记录 After Effects 处理文件的信息，可在“日志”选项右侧的下拉列表框中选择日志类型，如图 1-37 所示。

图 1-37　日志类型下拉列表

（3）设置输出模块的参数

单击“渲染队列”面板中的“输出模块”右侧的“无损”选项，打开“输出模块设置”对话框，设置输出模块的参数，如图 1-38 所示。

（4）渲染输出

在“渲染队列”面板的“渲染”栏下选择需要渲染的合成，单击“渲染”按钮即可进行渲染输出。

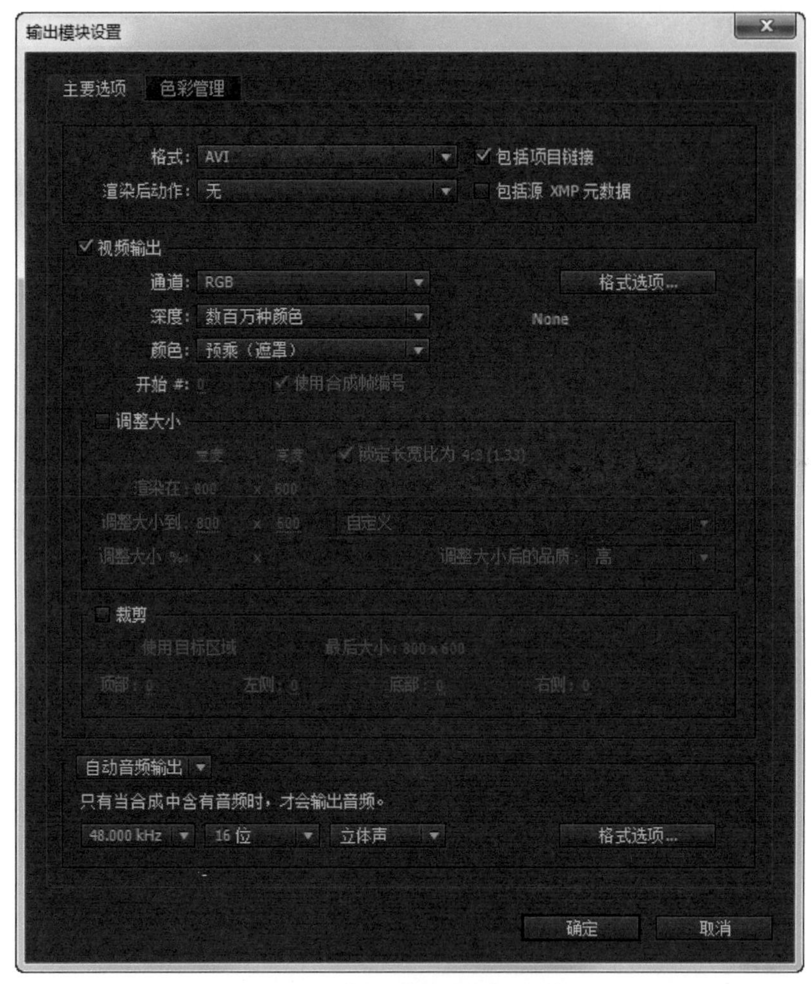

图 1-38 “输出模块设置”对话框

提示：在 After Effects 中，无论所制作的项目有多难，一般都要遵循以上的工作流程。当然，用户也可根据个人喜好，先创建项目再进行素材的导入操作。

1.3.7 演示案例：制作时钟指针旋转动画

本案例将使用图层的旋转与锚点属性制作一个时钟指针围绕中心点旋转的动画，效果如图 1-39 所示。

演示案例：制作时钟指针旋转动画 -1

演示案例：制作时钟指针旋转动画 -2

图 1-39 时钟指针旋转动画效果

① 启动 After Effects，双击“项目”面板的空白区域，将“时钟 .psd”文件导入“项目”面板中。在弹出的对话框中将“导入种类”

设置为“合成 – 保持图层大小”，如图 1-40 所示。

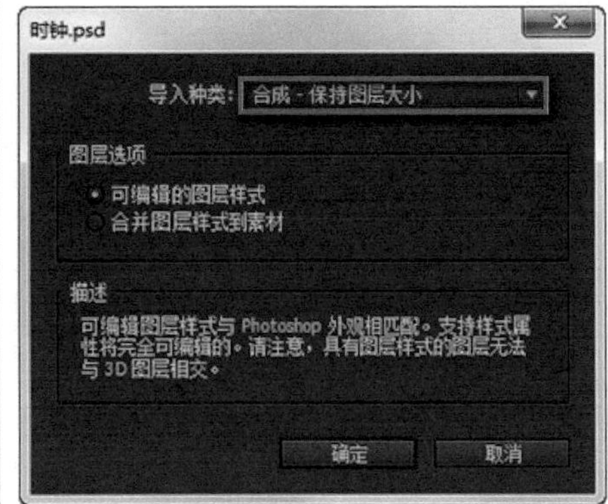

图 1-40　导入素材文件

② 双击“项目”面板中的“时钟”合成，将其在“合成”面板中打开，如 1-41 所示。

图 1-41　在“合成”面板中打开“时钟”合成

③ 选择“时针”图层，使用锚点工具将时针的锚点移动到整个图标的中心点上；同样将分针的锚点也移动到图标的中心点上，如图 1-42 所示。

④ 将时间线移动到 0:00:00:00 的位置，调出“时针”图层的旋转属性，单击该属性左侧的码表以记录时针的初始状态；同样记录分针的初始状态，如图 1-43 所示。

图 1-42　指针锚点的调整

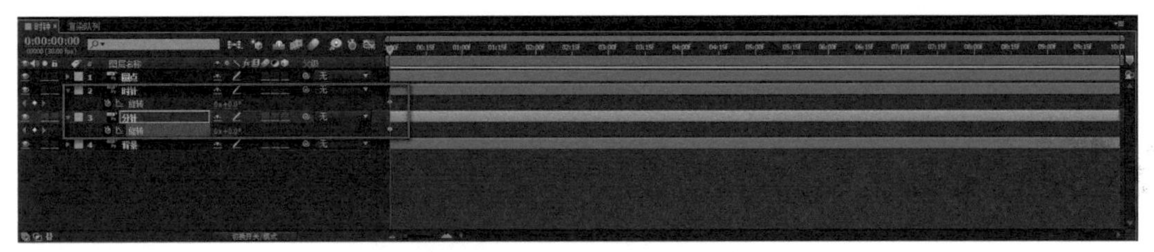

图 1-43　记录指针的初始状态

⑤ 将时间线移动到 0:00:00:15 的位置，将“时针”图层的旋转参数调整为 0×+120°，将“分针”图层的旋转参数调整为 1×+0.0°（即 360°），如图 1-44 所示。

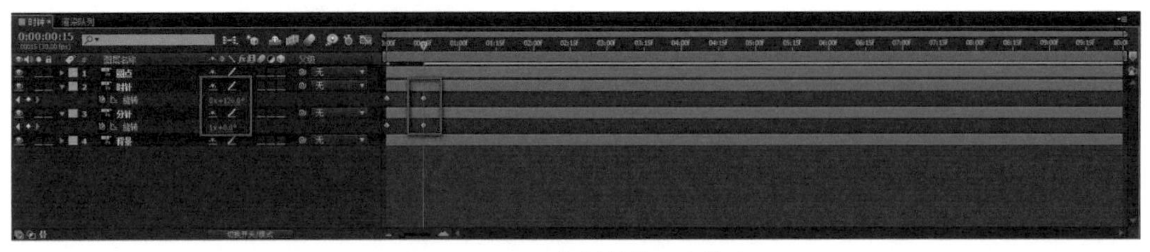

图 1-44　记录指针的第二个状态

⑥ 将时间线移动到 0:00:01:00 的位置，复制“时针”图层的第二个关键帧并将其粘贴至当前位置；同样记录分针的第三个状态，如图 1-45 所示。

图 1-45　记录指针的第三个状态

⑦ 记录下时针与分针的其他状态，如图 1-46 所示，时针停留的旋转角度分别为 120°、210°、300°、360°，分针停留的旋转角度分别为 1×+0.0°、2×+0.0°、3×+0.0°、4×+0.0°。整体的动画效果如图 1-47 所示。

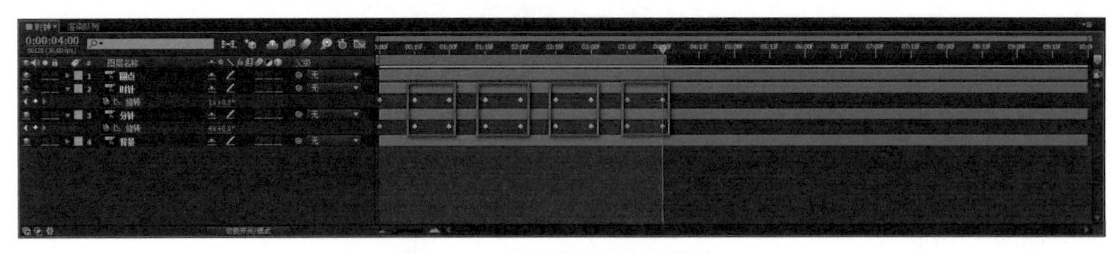

图 1-46　记录指针的其他状态

图 1-47　整体的动画效果

【素材位置】教材配套资源 / 第 1 章 / 演示案例 / 演示案例：制作时钟指针旋转动画。

课堂练习：制作 CD 旋转动画

请运用本章所学的素材导入方法、图层旋转属性与锚点属性调整方法、关键帧记录方法制作 CD 旋转动画，效果如图 1-48 所示。其中的动画元素包括 CD 与播放杆。制作旋转动画前，将 CD 的锚点置于图像的几何中心处，将播放杆的锚点置于图像顶部边缘圆形定位组件的几何中心处。

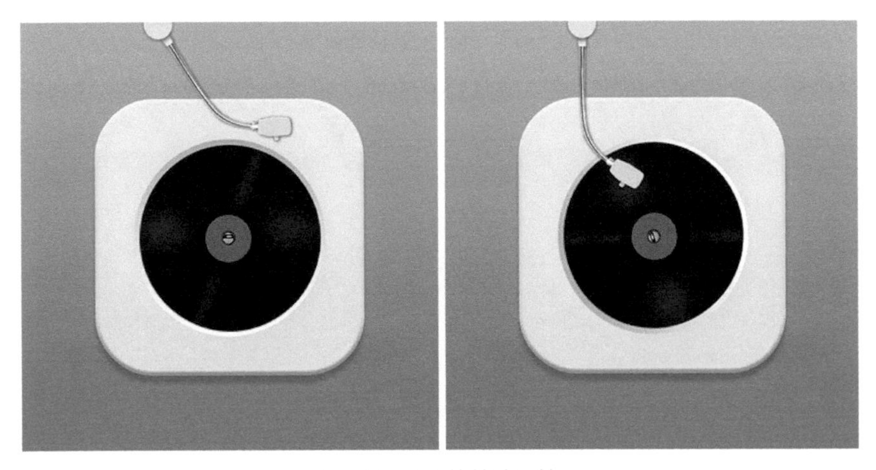

图 1-48　CD 旋转动画效果

【素材位置】教材配套资源 / 第 1 章 / 课堂练习 / 课堂练习：制作 CD 旋转动画。

本章小结

本章围绕 After Effects 动效设计快速入门，详细讲解了动效制作软件 After Effects 的主要功能及其应用领域。After Effects 不仅可以用于三维动画的后期合成、建筑动画的后期合成、视频包装的后期合成、影视广告的后期合成和电影电视剧的特效合成，还可以用来制作大屏开场动画、创意视频、MG 动画、界面动效等。通过本章的学习，读者可以认识 After Effects 的工作界面，了解每个面板的作用。如在“合成”面板中可以显示各个图层的效果，对图层进行移动、旋转、缩放等操作；在“时间轴”面板中可以制作各种关键帧动画、设置每个图层的出点和入点、设置图层之间的叠加模式及制作图层蒙版等。同时读者还可以了解和掌握 After Effects 的工作流程，即导入与管理素材、创建项目合成、添加特效、设置动画关键帧、预览画面、输出渲染等。

课后练习：制作星球旋转动画

请根据本章所学的旋转动画制作方法制作星球旋转动画，效果如图 1-49 所示。其中，红色星球围绕黄色星球旋转，旋转周期为 2 秒 / 圈，旋转方向为顺时针。

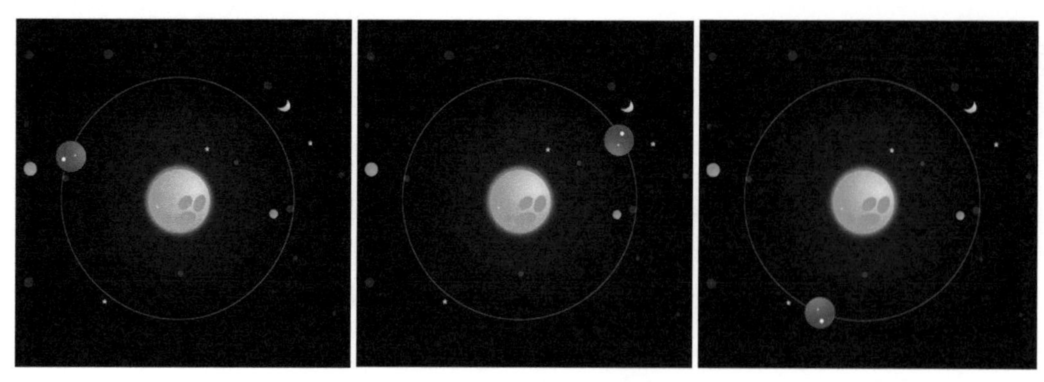

图 1-49　星球旋转动画效果

【素材位置】教材配套资源 / 第 1 章 / 课后练习 / 课后练习：制作星球旋转动画。

第 2 章

After Effects 中图层的基本操作

【本章目标】

- 了解图层的种类，包括文本图层、纯色图层、摄像机图层、灯光图层、形状图层、调整图层、空对象图层等。
- 掌握图层创建、设置、排列、对齐与分布等基本操作。
- 掌握拆分图层、提升 / 提取图层、排序图层、父子图层的使用方法。
- 掌握图层的基本属性，能够运用锚点属性、位置属性、缩放属性、旋转属性及不透明度属性制作简单的动画效果；熟练掌握每一个属性的作用和设置方法。

【本章简介】

在 After Effects 中，不管是创建合成、动画还是特效，都离不开图层，图层的概念贯穿整个软件。本章主要讲解图层的相关操作，包括图层的创建方法、基本属性、样式，文本图层和形状图层的使用及图层混合模式的具体应用。

2.1 图层概述

用户使用 After Effects 制作动画效果时，直接操作的对象就是图层，图层是动效合成的基础。After Effects 中的图层和 Photoshop 中的图层一样，包括文字、图像、矢量图形等。素材内容在编辑时都是以层的形式显示的，在 After Effects 的“时间轴”面板中可以清楚直观地观察到图层的分布。图层的排列顺序是从上到下依次叠放的，位于上层的图层将会遮住下层图层的内容。若上层图层中没有内容，则会直接显示下层图层中的内容。事实上，在 After Effects 中画面的叠加就是图层与图层之间的叠加，特效也是添加在图层上的。图层的相关展示如图 2-1 所示。

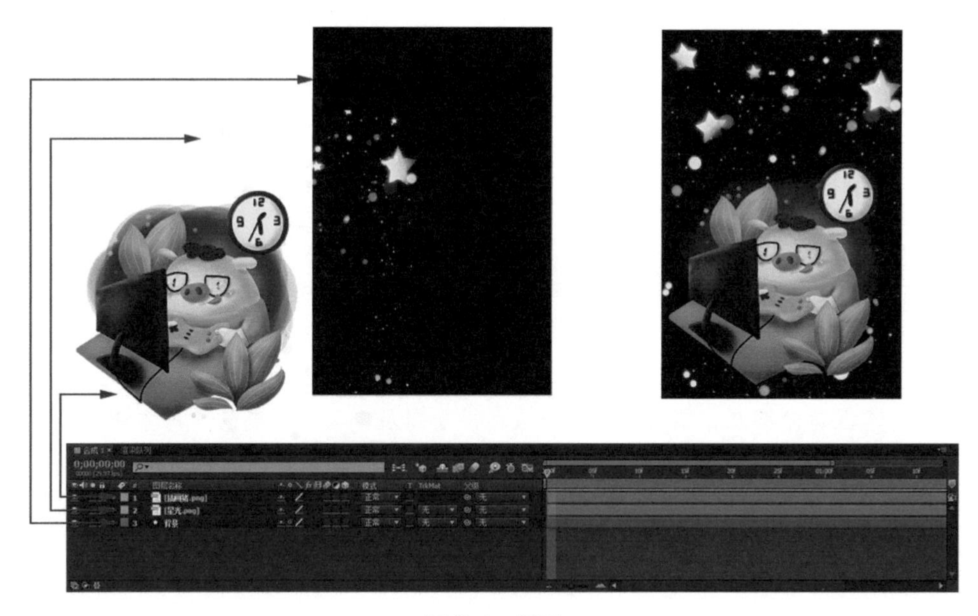

图 2-1 图层

注意： After Effects 可以自动对合成中的图层进行编号，编号显示在图层名称前；图层的编号决定了图层在合成中的叠放顺序，并根据图层叠放顺序的改变而改变。

2.1.1 图层的种类

After Effects 合成中的元素多种多样，这些元素即图层，归结起来有以下 9 种。

- 素材（包括图片、视频、音频等素材）图层。
- 合成图层。
- 文本图层。
- 纯色图层。
- 摄像机图层。
- 灯光图层。
- 形状图层。
- 调整图层。
- 空对象图层。

2.1.2 图层的创建方法

AE 图层的种类及创建方法

图层的类型多种多样，不同类型图层的创建和设置方法也有所不同。图层可以通过执行命令的方式创建，图层也可以通过导入的方式创建。以下为几种不同类型图层的创建方法。

1. 素材图层和合成图层

After Effects 中最常见的图层是素材图层和合成图层，创建素材图层和合成图层时，只需要将“项目”面板中的素材或者合成直接拖曳到“时间轴”面板中即可，如图 2-2 所示。

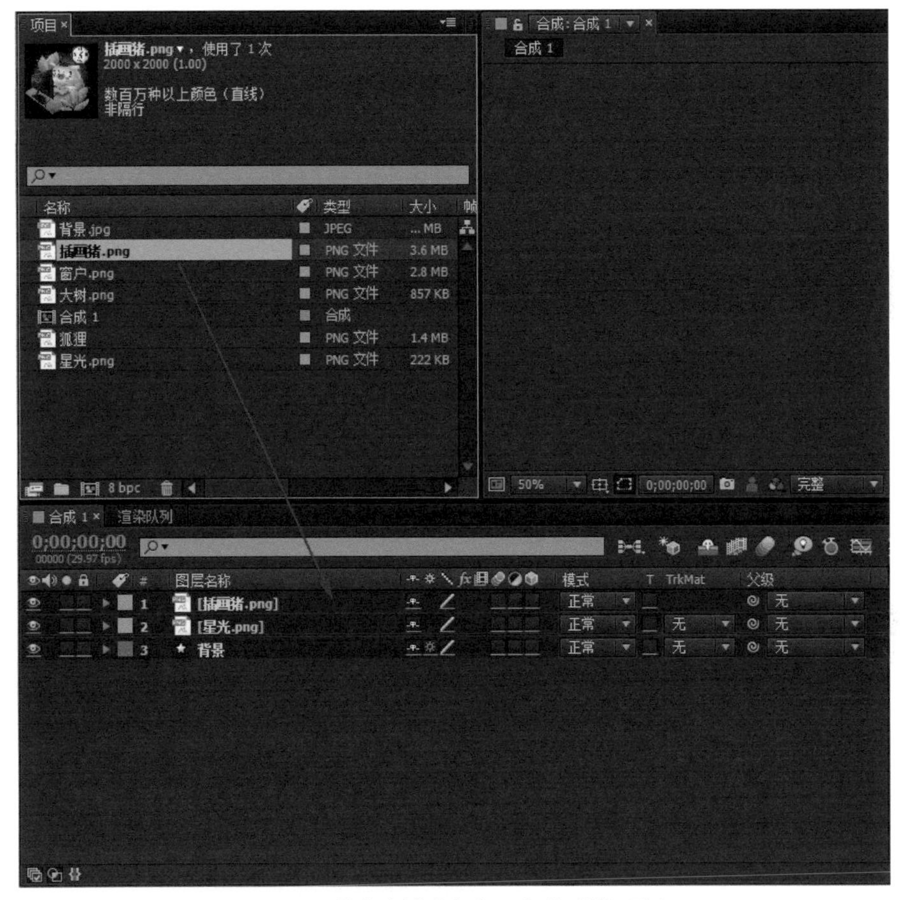

图 2-2　拖曳素材或合成至“时间轴”面板

2. 纯色图层

在 After Effects 中，用户可以创建任何颜色和尺寸的纯色图层。纯色图层和其他素材图层一样，用户可以根据需要对纯色图层进行相应的操作，如在纯色图层上创建蒙版或改变图层的变换属性，也可以为其添加特效。创建纯色图层的方法有以下两种。

① 执行“文件 – 导入 – 纯色”菜单命令，如图 2-3 所示。此时创建的纯色图层只显示在“项目”面板中并作为素材被使用，具体使用时还须将其拖曳至“时间轴”面板中。

② 执行“图层 – 新建 – 纯色”菜单命令或按组合键 Ctrl+Y，如图 2-4 所示。纯色图层会同时显示在“项目”面板中的“固态层”文件夹中及当前“时间轴”面板的顶层位置。

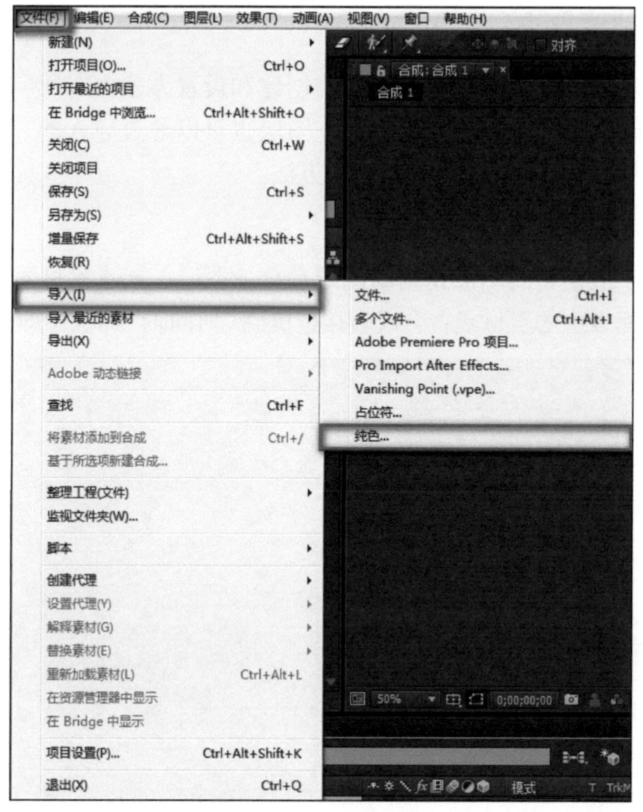

图 2-3　导入纯色图层

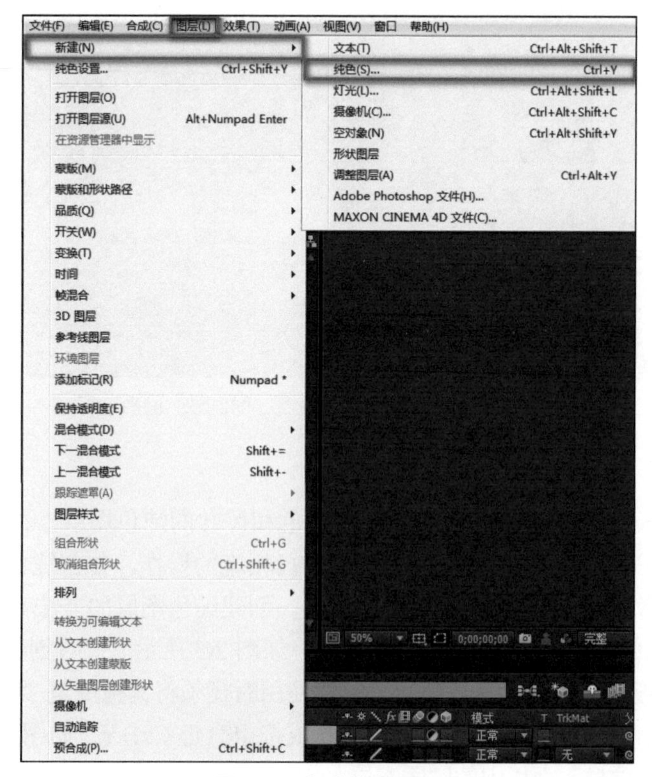

图 2-4　新建纯色图层

用以上两种方法创建纯色图层时，会打开“纯色设置”对话框，如图 2-5 所示。用户在该对话框中可以设置图层的名称、大小、像素长宽比、画面长宽比及图层颜色等。

3. 灯光图层和摄像机图层

灯光图层和摄像机图层的创建方法与纯色图层的创建方法类似，执行“图层－新建－灯光 / 摄像机”菜单命令即可。执行命令后会弹出相应的对话框，图 2-6 和 2-7 所示分别为“灯光设置”和“摄像机设置”对话框。

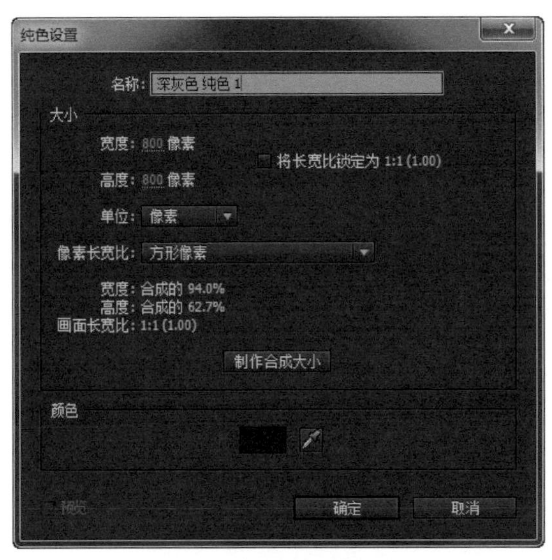

图 2-5 “纯色设置”对话框

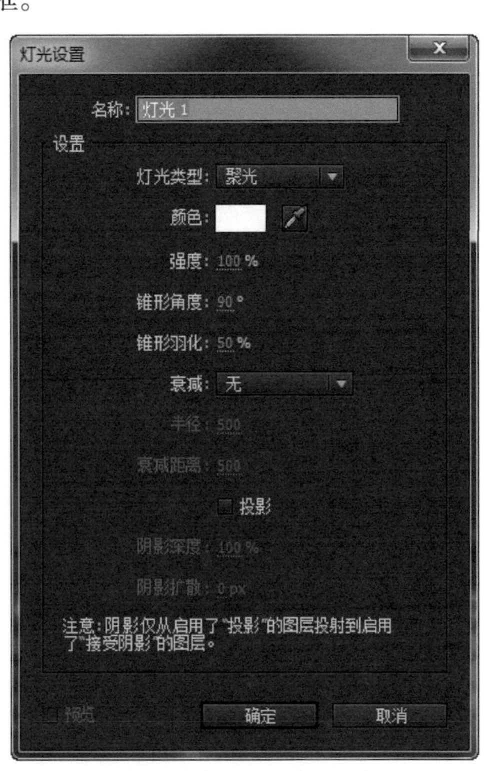

图 2-6 “灯光设置”对话框

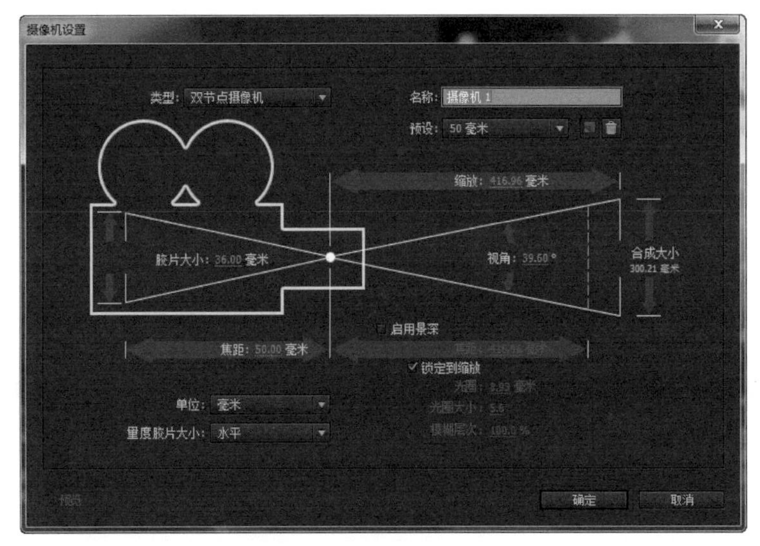

图 2-7 “摄像机设置”对话框

4. 调整图层

调整图层的创建可以通过执行“图层－新建－调整图层”菜单命令或按组合键 Ctrl+Alt+Y 来实现。除此之外，还可以通过“时间轴”面板将选择的图层转换为调整图层，具体操作方法为单击图层右侧的“调整图层”按钮，如图 2-8 所示。

图 2-8　单击“调整图层”按钮

5. Photoshop 图层

执行“图层－新建－Adobe Photoshop 文件”菜单命令即可创建 Photoshop 图层。该图层会被放置在“时间轴”面板的最上层，系统将会自动打开 Photoshop 文件。

创建 Photoshop 图层的另一种方法是执行“文件－新建－Adobe Photoshop 文件”菜单命令，此方法创建的 Photoshop 图层只会作为素材显示在“项目”面板中，且图层的尺寸和最近打开的合成的尺寸相同。

2.2 图层的基本操作

图层的基本操作是针对“时间轴”面板中的具体图层进行的。在选择图层的情况下，按 Enter 键可对图层的名称进行修改；按 Delete 键可以删除图层；按 Ctrl+D 组合键能够实现对图层的复制。若要替换图层，则选择需要替换的图层，按住 Alt 键并在“项目”面板中选择另一个素材即可。

2.2.1 图层的排列、对齐与分布

1. 图层的排列

在时间轴面板中可以看到图层是从上往下依次排列的。图层的排列次序会直接影响合成最终的输出效果。

执行“图层－排列”菜单下的命令可以调整图层的排列顺序，如图 2-9 所示。

- 将图层置于顶层（组合键为 Ctrl+Shift+]）：将选择的图层调整至最上层。
- 使图层前移一层（组合键为 Ctrl+]）：将选择的图层向上移动一层。
- 使图层后移一层（组合键为 Ctrl+[）：将选择的图层向下移动一层。
- 将图层置于底层（组合键为 Ctrl+Shift+[）：将选择的图层调整至最下层。

2. 图层的对齐与分布

执行“窗口 – 对齐”菜单命令可以打开“对齐”面板，在“对齐”面板中可以对图层进行对齐和平均分布等操作，如图 2-10 所示。

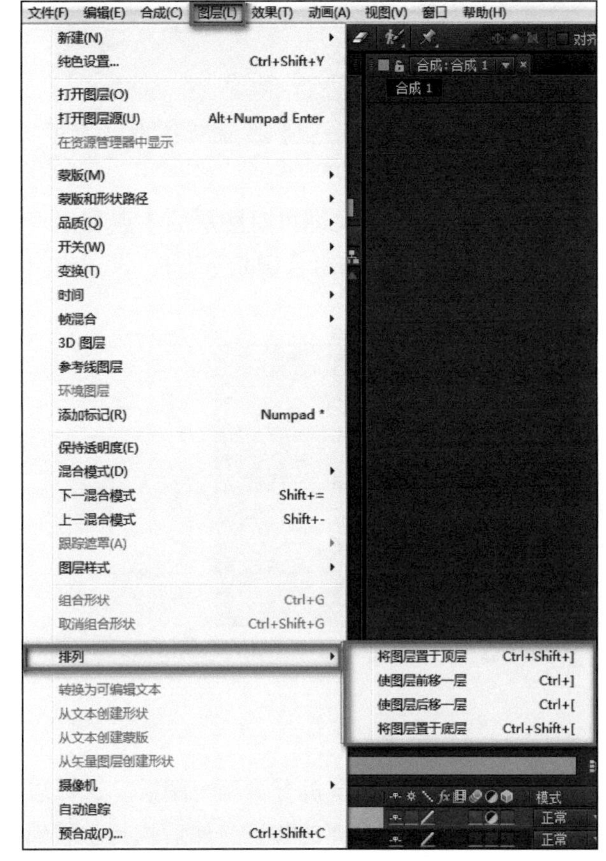

图 2-9 “图层 – 排列”菜单

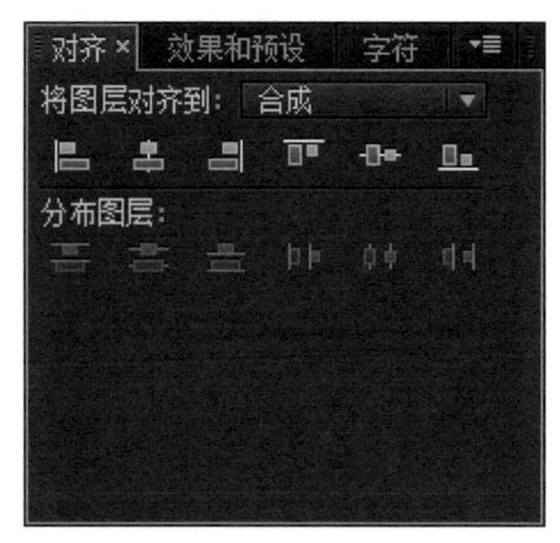

图 2-10 “对齐”面板

需要注意的是，在进行对齐操作时，至少需要选择 2 个图层；进行平均分布操作时，至少需要选择 3 个图层。如果选择用左对齐的方式来对齐图层，则所有图层都将以最左侧图层为基准来对齐；如果选择用右对齐的方式来对齐图层，则所有图层都将以最右侧图层为基准来对齐。如果选择平均分布的方式来对齐图层，则 After Effects 会自动找到位于最上方、最下方或最左侧、最右侧的图层来平均分布位于其间的图层。被锁定的图层不能与其他图层进行对齐与分布操作。

2.2.2 设置图层时间

用户可以使用时间栏对时间的出点和入点进行精确设置，也可以手动对图层时间进行直接的操作。以下为两种设置图层时间的方法。

① 在“时间轴”面板中单击“展开或折叠‘入点’‘出点’/‘持续时间’/‘伸缩’窗格”按钮，对图层的入点和出点进行设置。在入点或出点的时间轴上左右拖曳可对其进行更改；也可单击时间，在打开的对话框中直接输入数值来改变图层的入点或出点时间，如图 2-11 所示。

图 2-11　拖曳或单击时间来设置出点或入点时间

② 在“时间轴”面板的图层时间栏中，拖曳时间标尺即可对图层的入点和出点进行设置，从而确定图层时间，如图 2-12 所示。设置入点的组合键是 Alt+[，设置出点的组合键是 Alt+]。

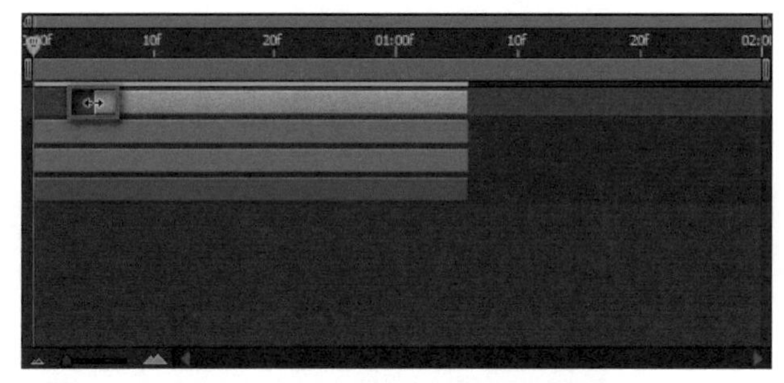

图 2-12　拖曳时间标尺来设置图层时间

2.2.3　拆分图层

所谓拆分图层，就是在时间线停留的位置处将一个图层拆分为两个图层。选择需要拆分的图层，在时间轴面板中将当前时间线拖曳到需要分离的位置，然后执行“编辑 - 拆分图层”菜单命令或按组合键 Ctrl+Shift+D，如图 2-13 所示。此时即可将图层从时间线处拆分开，效果如图 2-14 所示。

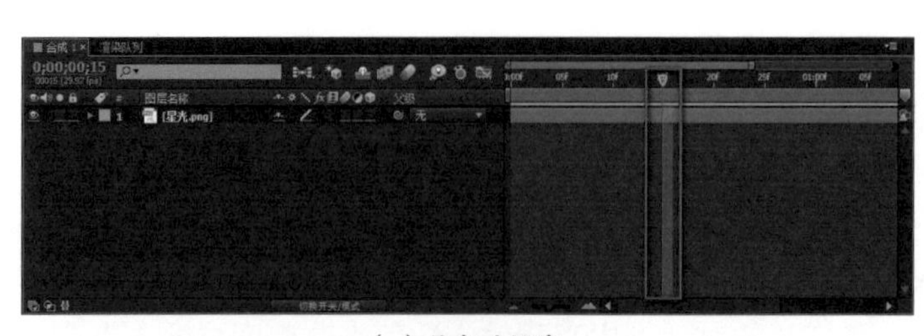

（a）拖曳时间线

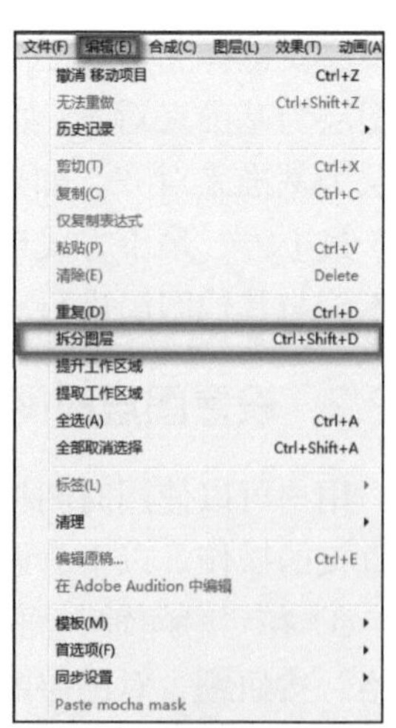

（b）执行“拆分图层”菜单命令

图 2-13　拆分图层的操作

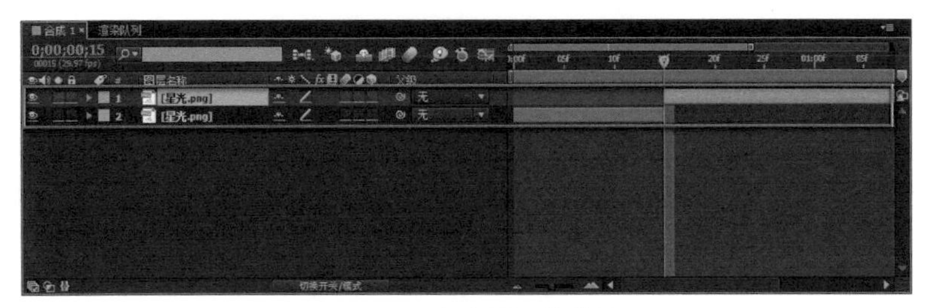

图 2-14　拆分图层的效果

注意：在拆分图层时，一个图层将会被分离成两个图层；两个图层在时间轴面板中的排列顺序可以通过执行“编辑 – 首选项 – 常规”菜单命令，在打开的“首选项”对话框中进行设置，如图 2-15 所示。

图 2-15　“首选项”对话框

2.2.4　提升与提取图层

提升与提取图层的主要作用就是在一个视频中移除部分镜头。具体操作为在“时间轴”面板中拖曳标尺来确定要提升或提取的片段，如图 2-16 所示。选择需要提升或提取的片段所在的图层，执行“编辑 – 提升工作区域”/“提取工作区域”菜单命令即可完成操作，如图 2-17 所示。

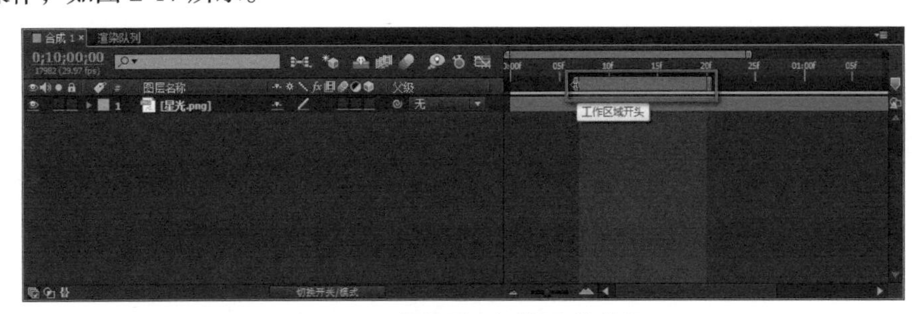

图 2-16　确定要提升或提取的片段

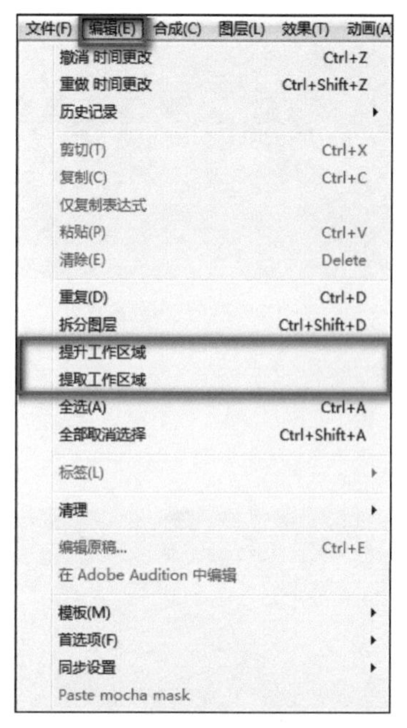

图 2-17　提升或提取工作区域的命令

“提升工作区域”和“提取工作区域”命令是存在一定区别的。在实际操作过程中，“提升工作区域”命令可以移除工作区域内被选择的图层的帧画面，但是图层的总时长不会变化，且会保留操作后的空隙；而“提取工作区域”命令在移除工作区域内被选择的图层的帧画面时，会使图层的总时长变短，且图层会被剪切成两段，后段将会自动与前段进行连接，不会留下任何空隙。图 2-18 所示为执行“提升工作区域”和“提取工作区域”命令后的效果对比。

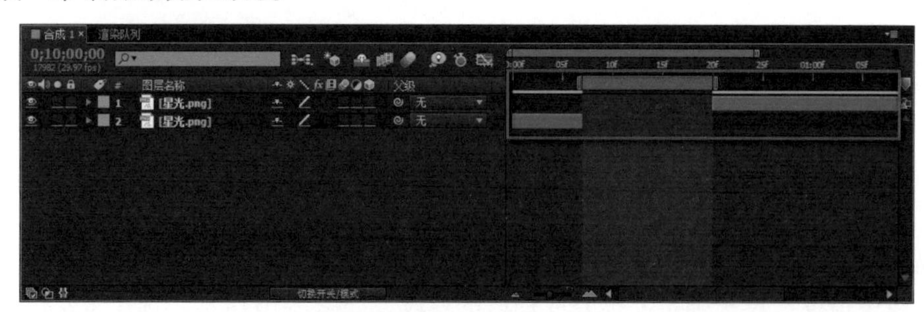

（a）提升工作区域

（b）提取工作区域

图 2-18　执行“提升工作区域”与“提取工作区域”命令后的效果对比

2.2.5　排序图层

所谓排序图层，就是对众多图层进行一定的排序，从而实现图层内容依照特定顺序出现的效果。依次选择作为序列图层的图层，执行“动画－关键帧辅助－序列图层”菜单命令，打开“序列图层”对话框，如图 2-19 所示。设置相应参数后，即可实现图层的自动排序。

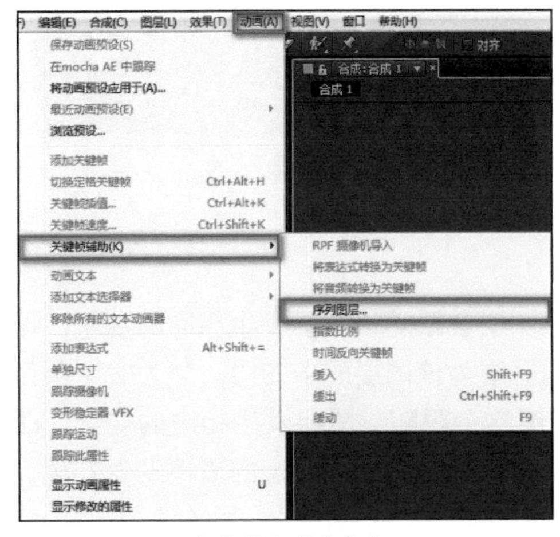

(a) 执行菜单命令

(b)“序列图层”对话框

图 2-19　设置排序图层

在“序列图层”对话框中可以设置相应的参数，包括重叠、持续时间、过渡。

- ▶ 重叠：用来设置图层是否重叠。
- ▶ 持续时间：用来设置图层之间重叠的时间（持续时间 = 合成时长 − 错开的时长）。
- ▶ 过渡：用来设置重叠部分的过渡方式。

对多个图层执行“序列图层”命令前后的效果对比如图 2-20 所示。单击选择的第一个图层是最先出现的图层，其他图层按照选择的顺序依次进行排列。

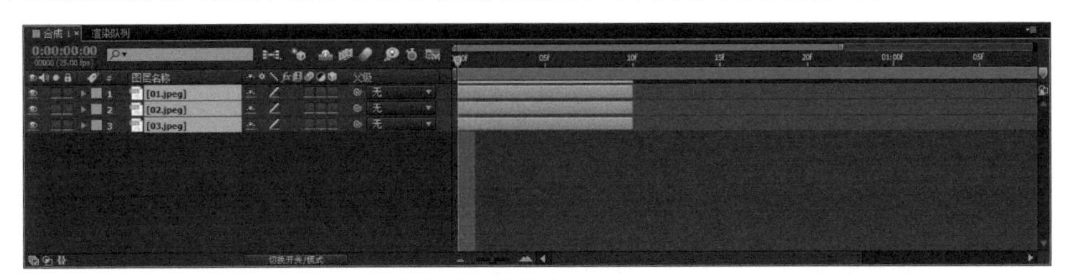

(a) 未设置序列图层的效果

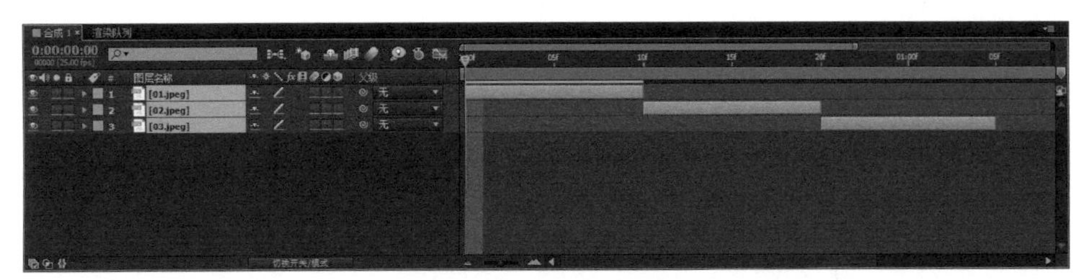

(b) 设置序列图层后的效果

图 2-20　执行“序列图层”命令前后的效果对比

当在“序列图层”对话框中勾选“重叠”选项后，可以设置图层的持续时间及过渡方式，序列图层的首尾将出现重叠的现象，如图 2-21 所示。另外需要注意的是，若要对图层执行“序列图层”命令，则该图层的时间长度必须小于合成的时间长度。

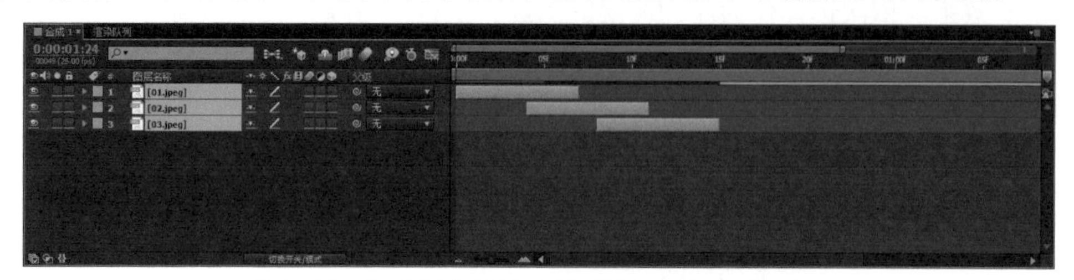

图 2-21　为“序列图层”勾选“重叠”选项后的效果

2.2.6　父子图层

父子图层指的是如果移动一个图层，其他图层会跟随该图层发生相应的变化，那么该图层便可以被称为其他图层的父图层，其他图层为该图层的子图层。当为父图层设置变换属性的参数时（不透明度属性除外），子图层会跟随父图层发生相应的变化。改变父图层的属性，所有子图层会随之发生联动变化，但是，若子图层的属性发生变化，则不会对父图层产生任何影响。具体操作方法为直接拖曳图层右侧的“父级”下的关联器至父图层即可，如图 2-22 所示。

图 2-22　设置父子图层

注意：一个父图层可以同时拥有多个子图层，但一个子图层只能有一个父图层；调出或关闭“时间轴”面板中“父级”控制面板的组合键是 Shift+F4。

演示案例：制作游戏开始界面动画 -1

2.2.7　演示案例：制作游戏开始界面动画

综合运用图层的基本属性、序列图层、父子图层 3 个知识点，制作一个移动端游戏的开始界面动画，效果如图 2-23 所示。

图 2-23　游戏开始界面动画效果

1. 制作动物下落错帧动画

① 选择“象”图层，使用锚点工具将大象的锚点从图层正中央调整至图层下方边缘的中间位置。锚点调整前后的效果对比如图 2-24 所示。

图 2-24 锚点调整前后的效果对比

② 将时间线移动到 0:00:00:00 的位置，调出“象”图层的位置属性。将“象”图层沿 Y 轴向上移动，直至“象”图层移动到合成顶部以外的位置，记录“象”图层当前的位置，如图 2-25 所示。

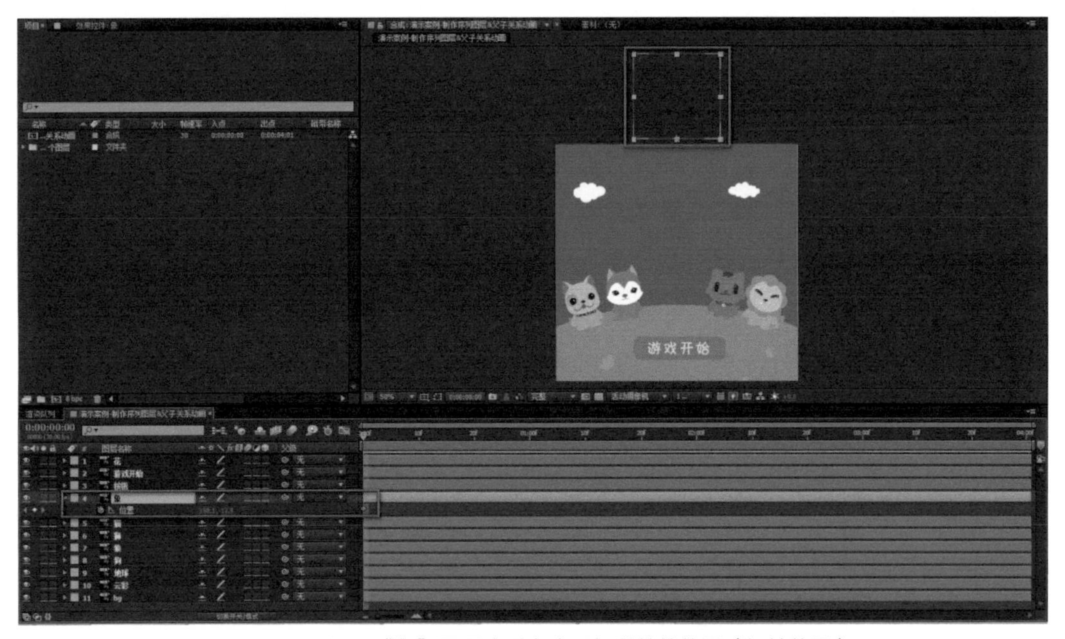

图 2-25 记录“象”图层移到合成顶部以外的位置（初始位置）

③ 将时间线移动到 0:00:00:04 的位置，将“象”图层沿 Y 轴向下移动，直至“象”图层移动到地表的位置，记录“象”图层当前的位置，如图 2-26 所示。

④ 保持时间线停留在 0:00:00:04 的位置，调出“象”图层的缩放属性，取消缩放属性的约束比例，记录当前“象”图层的缩放值“100%，100%”。将时间线移动到 0:00:00:05 的位置，调整“象”图层的缩放参数为“100%，90%”。将时间线移

动到 0:00:00:06 的位置，调整“象”图层的缩放参数为“100%，100%”，如图 2-27 所示。

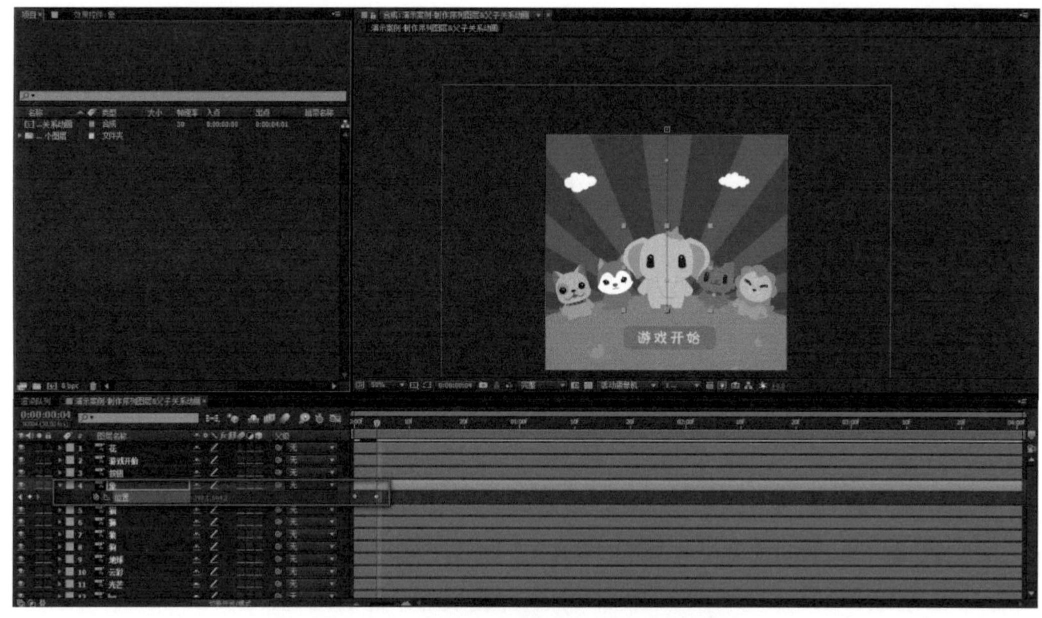

图 2-26　记录“象”图层移到地表的位置

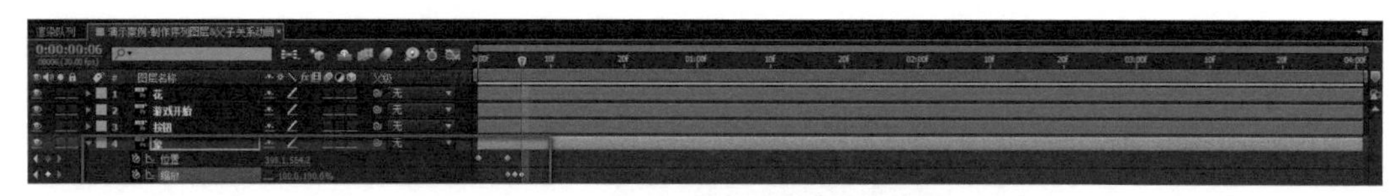

图 2-27　制作“象”图层的缩放动画

⑤ 同理制作“猫”“狮”“狼”“狗”图层的位移与缩放动画，如图 2-28 所示。

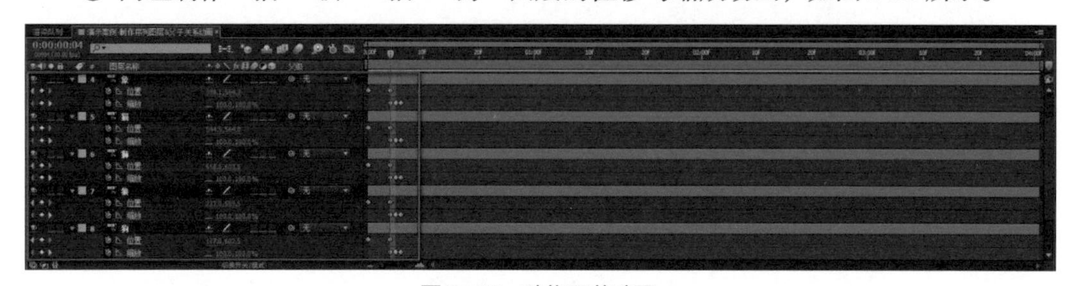

图 2-28　动物下落动画

⑥ 依次选择“象”“猫”“狮”“狼”“狗” 5 个图层，执行“动画 – 关键帧辅助 – 序列图层”菜单命令，如图 2-29 所示。

⑦ 在弹出的“序列图层”对话框中，勾选“重叠”选项。确保合成的帧速率为 25 帧 / 秒、所有素材的长度为 4 秒，将持续时间设置为 0:00:03:20，如图 2-30 所示。 5 个图层错帧排列效果如图 2-31 所示。

图 2-29　执行“序列图层”命令

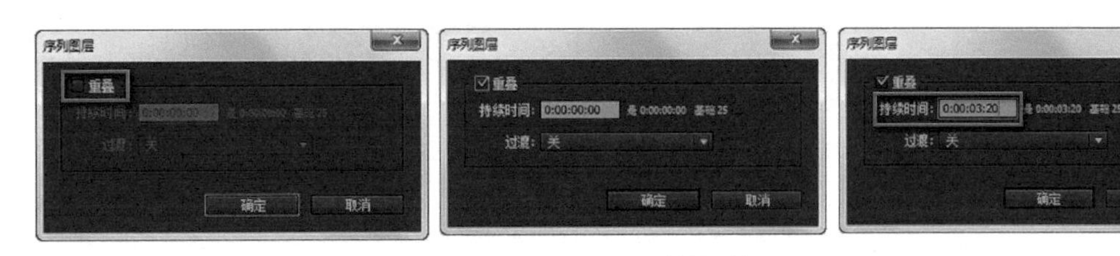

图 2-30　设置持续时间

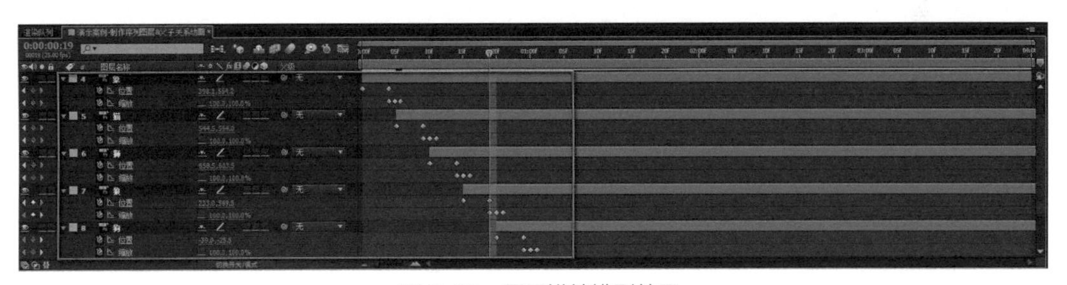

图 2-31　图层错帧排列效果

2. 制作光芒出现、消散的动画

① 将时间线移动到 0:00:00:20 的位置，选择“光芒”图层，调出“光芒”图层的不透明度属性及旋转属性。将不透明度属性的初始值设置为 0%，将旋转属性的初始值设置为 0°，如图 2-32 所示。

演示案例：制作游戏开始界面动画 -2

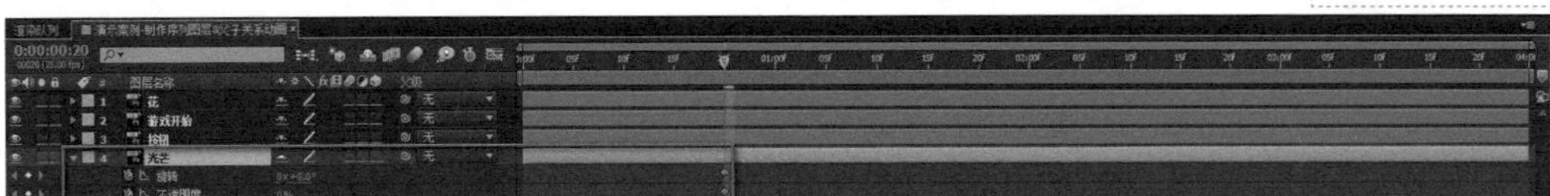

图 2-32　设置“光芒”图层的旋转属性及不透明度属性

② 将时间线移动到 0:00:00:22 的位置，设置不透明度参数为 100%。将时间线移动到 0:00:02:00 的位置，设置不透明度参数为 100%。将时间线移动到 0:00:02:15 的位置，设置不透明度参数为 0%、旋转参数为 −40°，如图 2-33 所示。

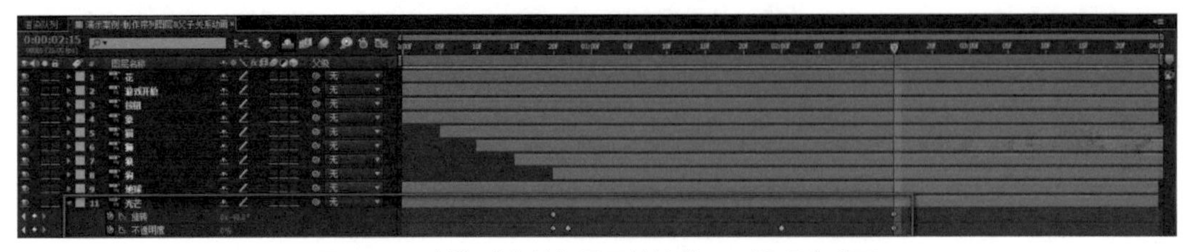

图 2-33　制作“光芒”图层的旋转及不透明度动画

3. 制作按钮缩放动画

① 将时间线移动到 0:00:00:22 的位置，选择“按钮”图层，调出“按钮”图层的缩放属性，记录当前的缩放参数“100%，100%”。将时间线移动到 0:00:01:00 的位置，调整缩放参数为“120%，120%”。将时间线移动到 0:00:01:05 的位置，调整缩放参数为“100%，100%”，如图 2-34 所示。

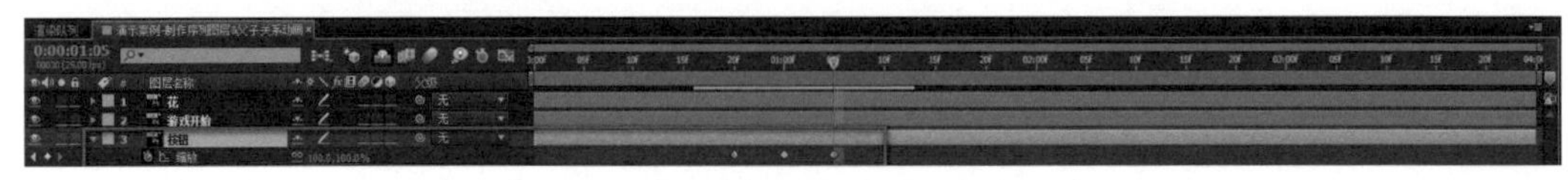

图 2-34　制作“按钮”图层的缩放动画

② 将时间线移动到 0:00:00:20 的位置，设置“游戏开始”图层的父级为“按钮”图层，如图 2-35 所示。

图 2-35　设置按钮缩放动画的父子关系

③ 同理制作“地球”图层的旋转动画，并将其他所有元素（包括大象、按钮、花等）的父图层设置为“地球”图层，如图 2-36 所示。

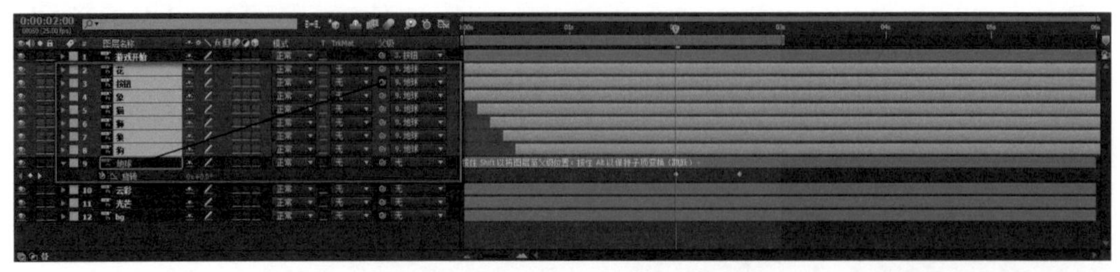

图 2-36　设置地球旋转动画的父子关系

【素材位置】教材配套资源 / 第 2 章 / 演示案例 / 演示案例：制作游戏开始界面动画。

2.3 图层的基本属性

在 After Effects 中制作动画特效时，最重要的就是图层的属性。任何效果的实现都需要借助图层的属性。除单独的音频图层外，其他图层均具有 5 个基本的变换属性，分别是锚点属性、位置属性、缩放属性、旋转属性和不透明度属性。调出这些属性的方式是在“时间轴”面板中单击▶按钮，如图 2-37 所示。各属性数值的更改均可通过在属性值上左右拖曳或单击并直接输入具体数值来实现。

图 2-37　图层的基本属性

2.3.1　锚点属性

锚点即图层的轴心点，打开锚点属性的快捷键为 A，对图层的位置、旋转、缩放属性进行调整都是基于锚点进行操作的。在应用过程中，不管是进行位移、旋转操作，还是进行缩放操作，轴心点的位置不同，那么得到的视觉效果就会不同。图层是完全按照锚点位置进行相应改变的。

在图 2-38 所示的图层中，将锚点设置在房子中间靠近底部的位置，再设置图层的“旋转”属性，从而制作出房子旋转的动画。

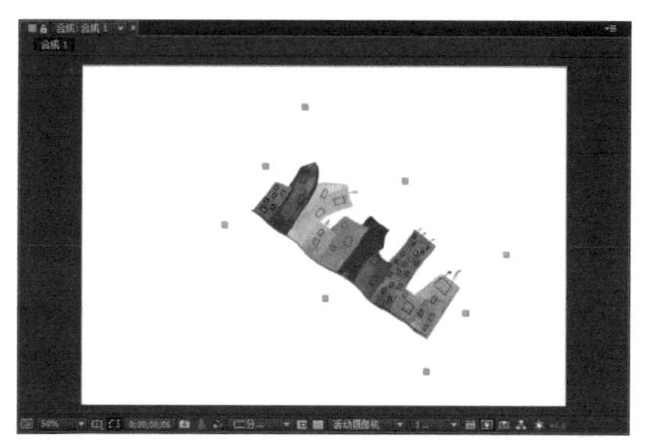

图 2-38　图层的锚点属性

2.3.2　位置属性

位置属性主要用来制作图层的位移动画，打开位置属性的快捷键为 P。普通的二维图层在设置位置属性时，可以设置 *X* 轴和 *Y* 轴两个参数，而三维图层可以设置 *X* 轴、*Y*

轴和 Z 轴 3 个参数。

在图 2-39 所示的图层中，利用位置属性可以制作出房子从左到右移入画面的动画。

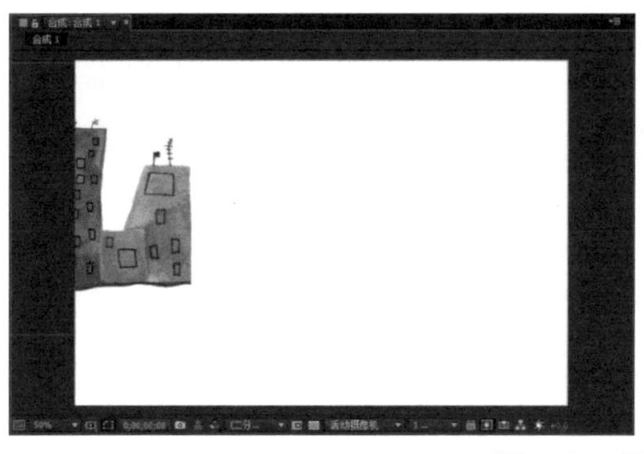

图 2-39 图层的位置属性

2.3.3 缩放属性

缩放属性的主要作用是以轴心点为基准来改变图层的大小，打开缩放属性的快捷键为 S。同样地，普通二维图层包含 X 轴和 Y 轴两个参数，三维图层包含 X 轴、Y 轴和 Z 轴 3 个参数。如果想对图层进行等比例缩放，则只须在“时间轴”面板中单击缩放属性右侧的“约束比例”按钮即可。

在图 2-40 所示的图层中，利用缩放属性可以制作出房子放大的动画效果。此效果也可用于制作建筑物由远及近的镜头效果。

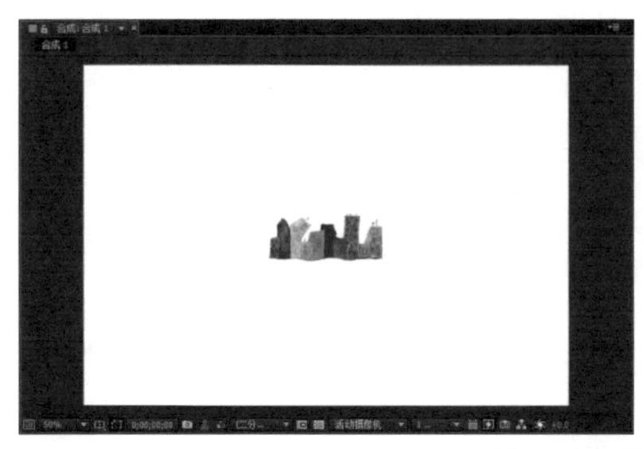

图 2-40 图层的缩放属性

2.3.4 旋转属性

旋转属性的主要作用是以轴心点为基准实现图层的旋转，从而制作出旋转动画，展开旋转属性的快捷键为 R。普通的二维图层可以设置圈数和度数两个参数。旋转属性的参数形式为 0×+0.0°，其中 0 指的是旋转的圈数，× 的意思是“又”，如 1×+90° 就表示图层旋转 1 圈又 90°。如果是三维图层，则可以设置方向、X 轴旋转、Y 轴旋转、Z 轴旋转等参数，其中方向可以同时设置图层 X 轴、Y 轴和 Z 轴 3 个方向，其他属性均单围绕某个轴进行旋转。

在图 2-41 所示的图层中，利用旋转属性可以制作出房子旋转出现的动画效果。

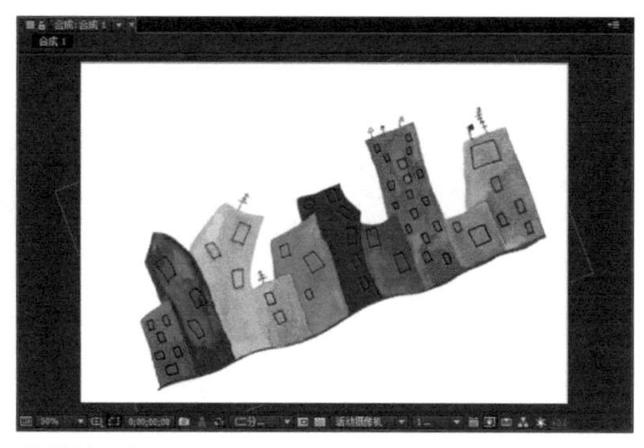

图 2-41　图层的旋转属性

2.3.5　不透明度属性

不透明度属性的作用就是依据百分比的值来调整图层的不透明度，打开不透明度属性的快捷键为 T。常用不透明度属性来制作渐变动画，即图层从无到有逐渐显现。

在图 2-42 所示的图层中，利用不透明度属性可以制作出房子逐渐显现的动画。

图 2-42　图层的不透明度属性

注意：一般情况下，若需要展开图层的两种或两种以上属性，则在展开一个图层属性的前提下按住 Shift 键，然后按其他图层属性的快捷键即可。

2.3.6　演示案例：制作热气球加载界面动效

综合运用图层的旋转、不透明度、位置、缩放及锚点这 5 个基本属性，制作一个移动端热气球加载界面的动画，效果如图 2-43 所示。

图 2-43　热气球加载界面动画效果

1. 制作云彩流动动画

① 将时间线移动到 0:00:00:00 的位置，选择

“云彩 1”图层并调出其位置属性，单击位置属性左侧的码表，记录下“云彩 1”图层的初始位置“576.5，602.5”，如图 2-44 所示。

图 2-44　记录“云彩 1”图层的初始位置

② 将时间线移动到 0:00:02:20 的位置，调整“云彩 1”图层的位置参数为“−75，602.5”，如图 2-45 所示。

图 2-45　记录云彩流动到合成最左端的位置

③ 将时间线移动到 0:00:02:21 的位置，调整“云彩 1”图层的位置参数为“810，602.5”，如图 2-46 所示。

图 2-46　记录云彩流动到合成最右端的位置

④ 将时间线移动到 0:00:04:00 的位置，调整“云彩 1”的位置参数为“576.5，602.5”，使“云彩 1”图层在一个循环周期内的初始位置与结束位置保持一致，以实现动画的循环播放，如图 2-47 所示。

图 2-47　使云彩的起始位置与结束位置保持一致

⑤ 同理制作“云彩 2”图层、“云彩 3”图层以及“云彩 4”图层分别从右向左移动的动画，如图 2-48 所示。

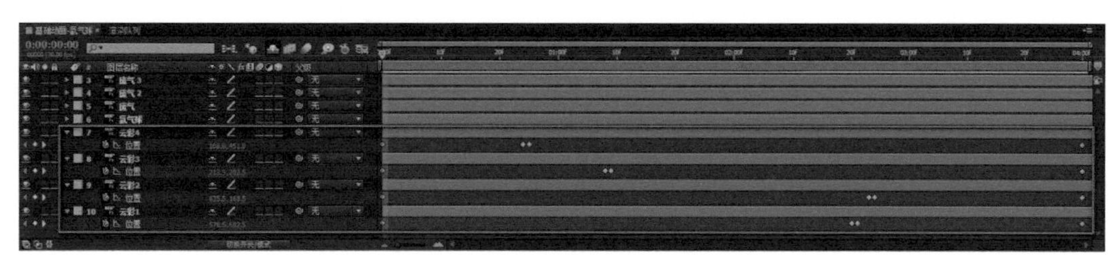

图 2-48　制作云彩移动的动画

2. 制作热气球摆动动画

① 将时间线移动到 0:00:04:00 的位置，调出“热气球”图层的旋转属性，记录热气球的初始旋转参数 0°，如图 2-49 所示。

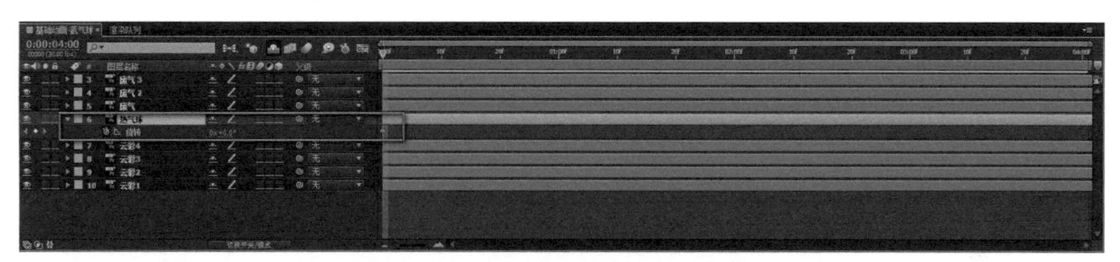

图 2-49　记录热气球的初始旋转角度

② 将时间线移动到 0:00:04:00 的位置，调整“热气球”图层的旋转参数为 20°，如图 2-50 所示。

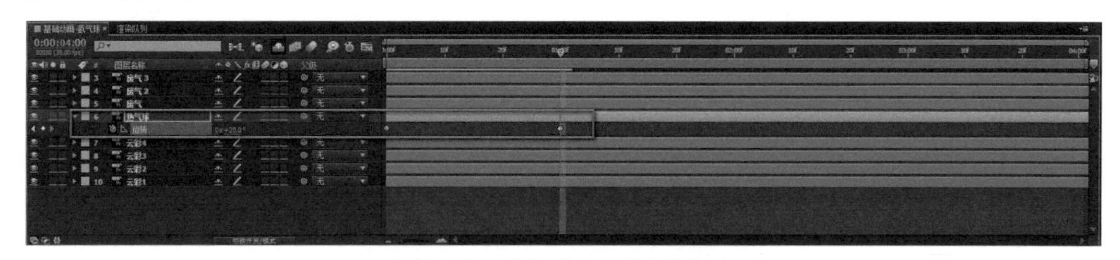

图 2-50　热气球向左摆动的角度

③ 将时间线移动到 0:00:03:00 的位置，调整“热气球”图层的旋转参数为 −20°，如图 2-51 所示。

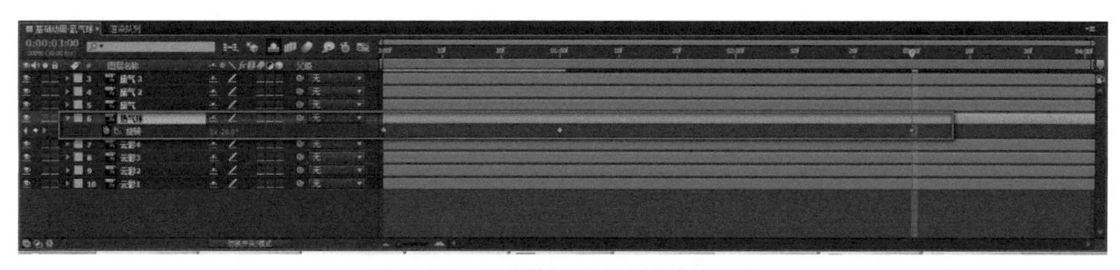

图 2-51　设置热气球向右摆动的角度

④ 将时间线移动到 0:00:04:00 的位置，调整“热气球”图层的旋转参数为 0°，使其与初始旋转角度一致，以实现动画的循环播放，如图 2-52 所示。

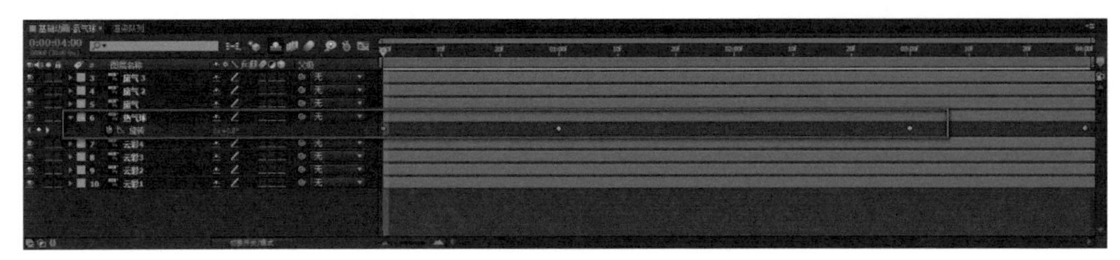

图 2-52　设置热气球最终的摆动角度

3. 制作废气排放动画

① 选择“废气”图层，使用锚点工具将其锚点调整至圆心处，并将“废气”图层调整至“热气球”图层的下面。调整前的效果如图 2-53 所示，调整后的效果如图 2-54 所示。

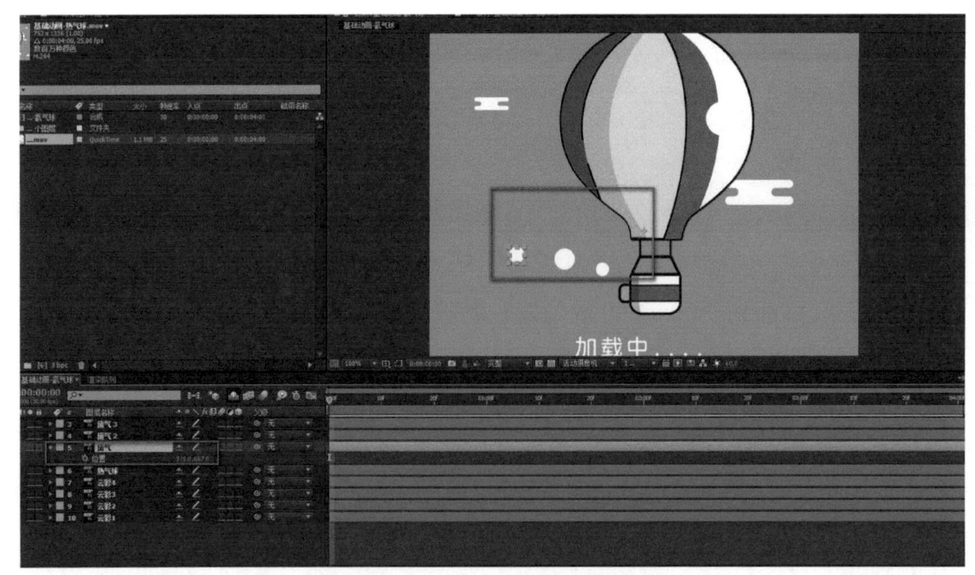

图 2-53　“废气”图层调整前的效果

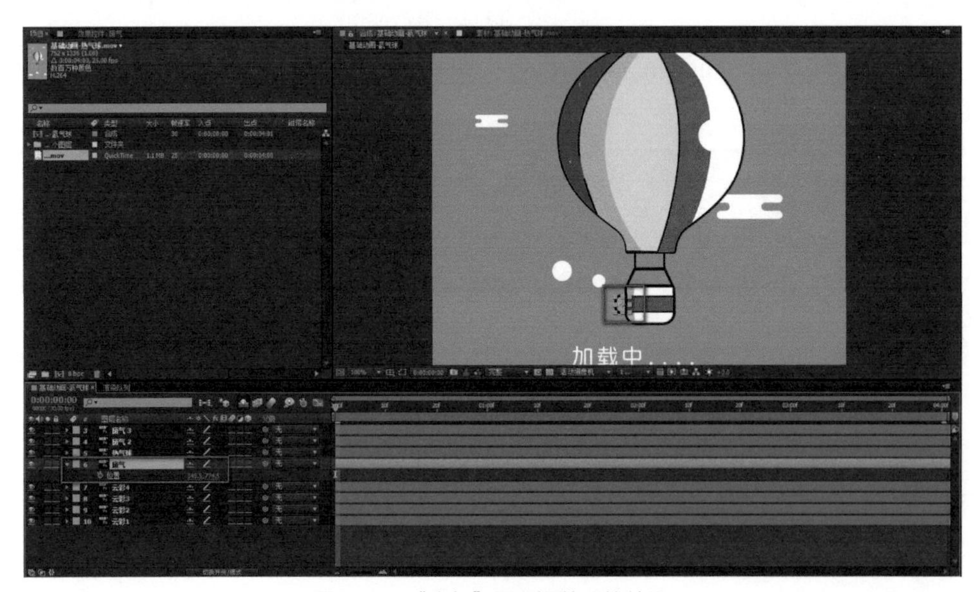

图 2-54　“废气”图层调整后的效果

② 将时间线移动到 0:00:00:00 的位置，调出“废气”图层的位置、缩放及不透明度属性，并记录 3 个属性的参数，如图 2-55 所示。

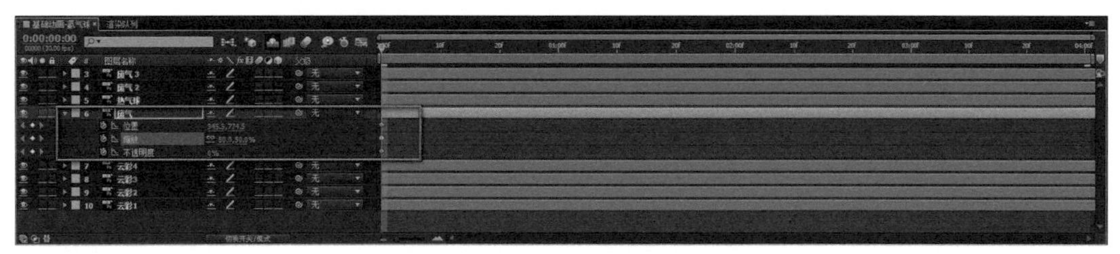

图 2-55　记录“废气”图层的初始状态

③ 将时间线移动到 0:00:01:00 的位置，调整“废气”图层的位置参数为“163.5, 693.5”、缩放参数为“100%，100%”、不透明度参数为 0%，如图 2-56 所示。将时间线移动到 0:00:00:15 的位置，将不透明度属性的参数设置为 100%。

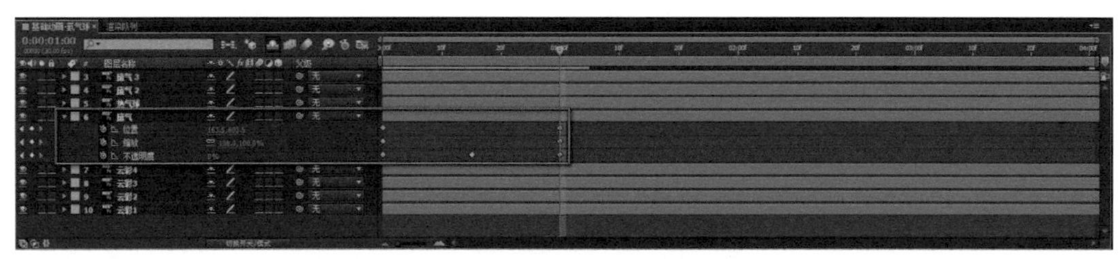

图 2-56　调整“废气”图层的属性

④ 复制“废气”图层，适当调整所得图层的位置及缩放属性，使其视觉效果更丰富。选择复制的图层，将其向右拖曳，以实现动画的错帧播放，如图 2-57 所示。

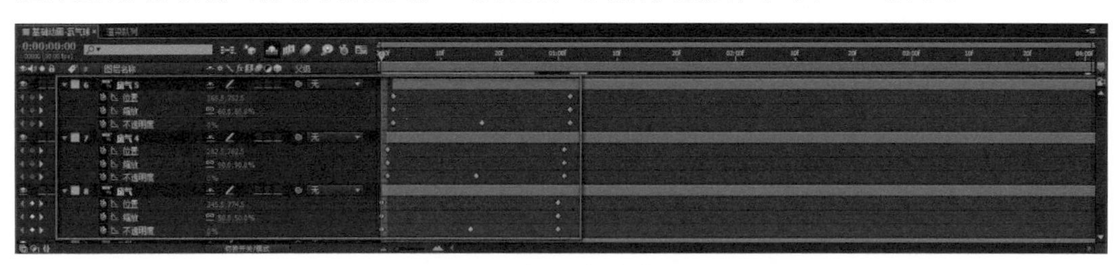

图 2-57　复制“废气”图层

⑤ 选择“废气”“废气 4”“废气 5”这 3 个图层并复制，将复制的新图层的入点调整至 0:00:01:12 之后的位置。同理复制出第 3 组废气图层，将第 3 组废气图层的入点调整至 0:00:02:20 之后的位置，以实现最终的动画效果，如图 2-58 所示。

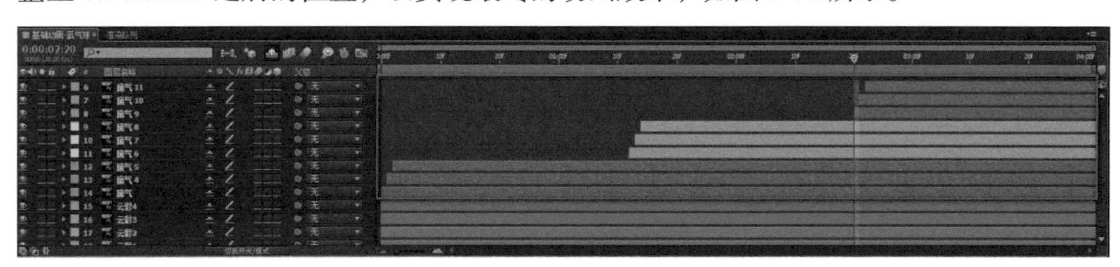

图 2-58　3 组废气图层

【素材位置】教材配套资源 / 第 2 章 / 演示案例 / 演示案例：制作热气球加载界面动效。

课堂练习：制作自行车前进的动画

请运用本章所学图层的基本属性等知识制作自行车前进的动画，动画最终效果如图 2-59 所示。其中涉及的动画元素包括：树木、白云、自行车轮胎、自行车主体。树木与白云从右至左做横向位移；自行车轮胎做旋转变化，自行车主体做纵向位移。

图 2-59　自行车前进的动画效果

【素材位置】教材配套资源 / 第 2 章 / 课堂练习 / 课堂练习：制作自行车前进的动画。

本章小结

本章围绕 After Effects 中最重要的图层进行讲解，介绍了图层的种类、创建方法及具体的操作，读者需要重点掌握图层的对齐和分布、序列图层及父子图层的操作。本章还重点讲解了图层的基本属性及每个属性的主要功能与作用，包括锚点属性、位置属性、缩放属性、旋转属性、不透明度属性。读者需要通过练习来掌握图层属性的使用方法，根据设计需求合理利用图层的属性来实现想要的动画效果。

课后练习：制作计时器序列图层动画

请运用本章所学的图层时间设置和图层拆分等知识制作计时器序列图层动画，动画效果如图 2-60 所示。要求设置 5 个数字图层的素材长度与排列顺序，实现计时动画。

图 2-60　计时器序列图层动画的效果

【素材位置】教材配套资源 / 第 2 章 / 课后练习 / 课后练习：制作计时器序列图层动画。

After Effects中图层的高级功能与类型

【本章目标】

◌ 了解图层的时间控制，包括启用时间重映射、时间反向图层、时间伸缩及冻结帧的相关操作与用法。

◌ 了解图层样式的创建和使用，能够灵活运用投影与内阴影、外发光与内发光、斜面和浮雕、颜色叠加与渐变叠加等图层样式制作动效。

◌ 掌握图层混合模式的具体操作方法，能够使用图层的混合模式制作出高级且绚丽的效果。

◌ 掌握文本图层、形状图层的创建方法及其相关属性的用法。

【本章简介】

After Effects，除了提供基本的图层属性外，还提供了丰富的图层样式和图层叠加模式。图层叠加模式即图层的混合模式，用来定义当前图层与下一图层的作用模式。图层的混合模式指的是将一个图层与其下层的图层进行叠加，以产生特殊的效果。混合模式不会影响到单个图层的色相、明度和饱和度，而只会将混合后的效果展示在“合成”面板中。

文本图层与形状图层是After Effects中最常见的图层类型。文本和形状既是画面信息的媒介，又是视觉设计的辅助元素。本章将具体讲解文本图层与形状图层的创建与修改，以及文本动画的制作等，使读者能够利用它们制作出各种界面动效。

3.1 动效设计中常用的图层高级功能

3.1.1 图层的时间控制

AE 图层的时间控制

图层的时间控制包括启用时间重映射、时间反向图层、时间伸缩、冻结帧。图层时间控制主要针对已经做好的视频。在 After Effects 中导入视频，选择图层，执行菜单命令“图层 - 时间”或在图层上单击鼠标右键，在弹出的快捷菜单中执行“时间”命令，再执行相关操作即可实现，如图 3-1 所示。

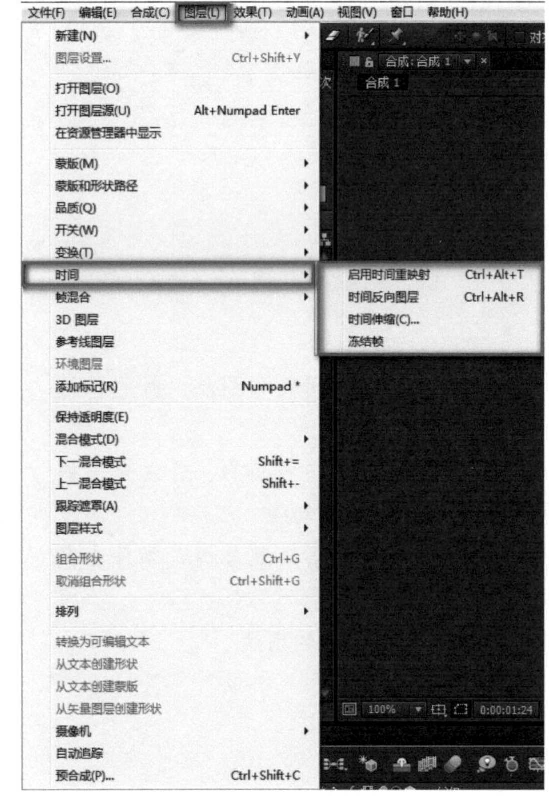

（a）执行菜单命令

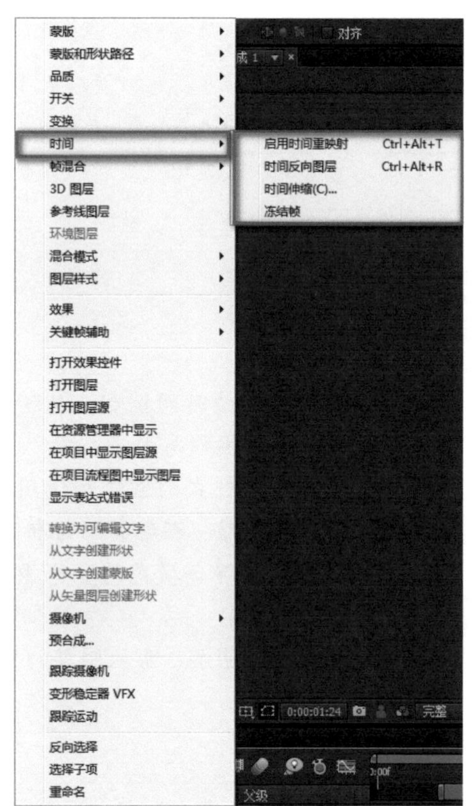

（b）执行快捷菜单命令

图 3-1 图层的时间控制

“时间重映射”命令可以让一段视频中的某一部分变快或变慢。在视频相应的片段处添加关键帧，选择两个关键帧，左右拖动便可实现镜头的变慢与变快效果。“时间反向图层”命令可以实现视频反向播放效果，如一行文字逐字出现，使用“时间反向图层”后可以实现文字逐字消失。“时间伸缩”命令主要用来实现慢镜头效果。时间伸缩设置中，默认的拉伸因数是 100%，若将其设置为 200%，则代表设置当前视频的动作比原来的动作慢一半。“冻结帧”命令用于截取视频中的某一帧，执行该操作后该视频将会转换为图片。“冻结帧”命令通常可用来制作定格动画。

3.1.2　图层样式

After Effects 中的图层样式与 Photoshop 中的图层样式相似，均旨在为图层添加一种或多种样式，使图层中的图像产生丰富的效果。在“时间轴”面板中选择图层，单击鼠标右键，在弹出的快捷菜单中执行“图层样式”命令，即可为图层添加图层样式，如图 3-2 所示。图层样式包括投影、内阴影、外发光、内发光、斜面和浮雕、光泽、颜色叠加、渐变叠加与描边。执行“全部显示”或“全部移除”命令即可对图层的所有样式进行显示或删除。

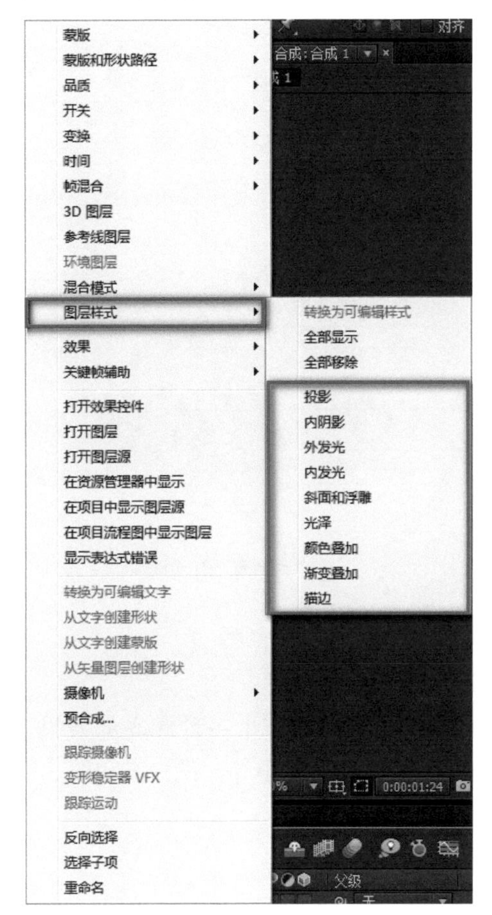

图 3-2　设置图层样式

1. 投影与内阴影

“投影”与“内阴影”样式旨在使图像产生阴影效果。内阴影就是在图像内部产生的阴影效果。二者的属性包括投影颜色、不透明度、使用全局光、角度、距离、扩展、大小等。图 3-3 所示的是为图像添加“投影”样式后的效果。图 3-4 所示的是为图像添加“内阴影”样式后的效果。

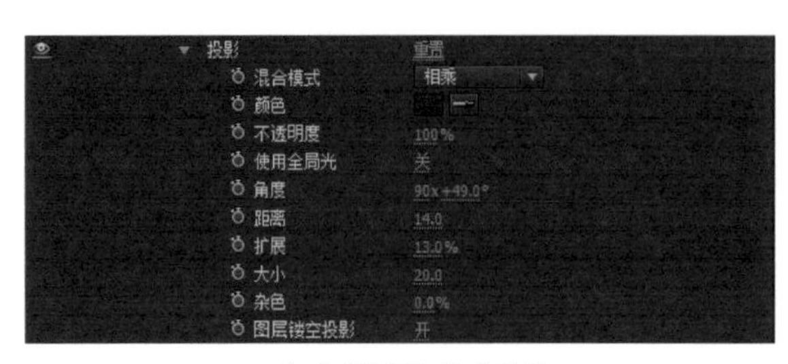

（a）“投影”样式设置

（b）“投影”样式效果

图 3-3 “投影”样式

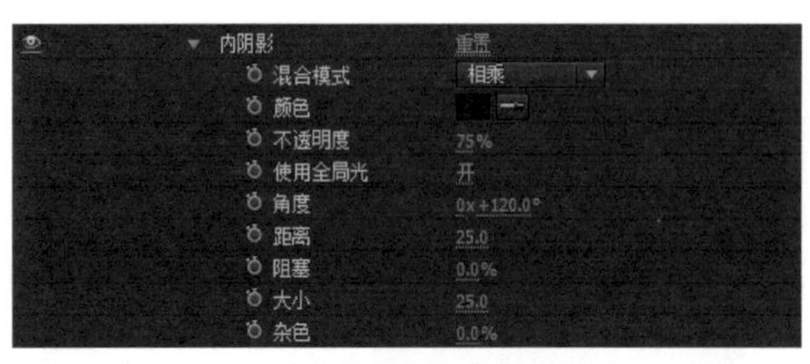

（a）“内阴影”样式设置

（b）“内阴影”样式效果

图 3-4 “内阴影”样式

2. 外发光与内发光

“外发光”和“内发光”样式用于在图像边缘的外部或内部产生一种辉光的效果。二者的属性包含不透明度、杂色、渐变平滑度、技术、扩展、大小等。图 3-5 和图 3-6 所示分别为“外发光”和“内发光”样式设置及效果。

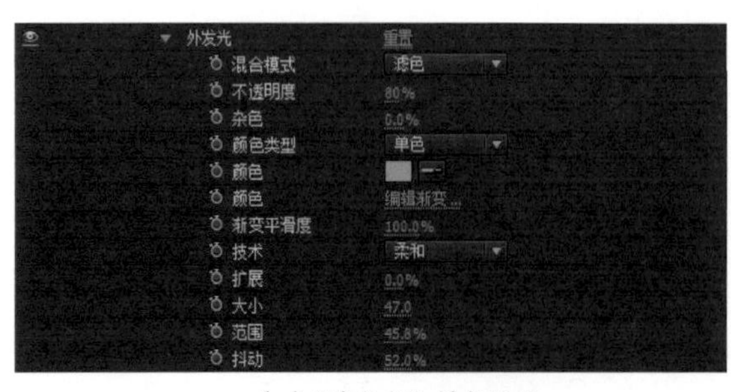

（a）“外发光”样式设置

（b）“外发光”样式效果

图 3-5 “外发光”样式

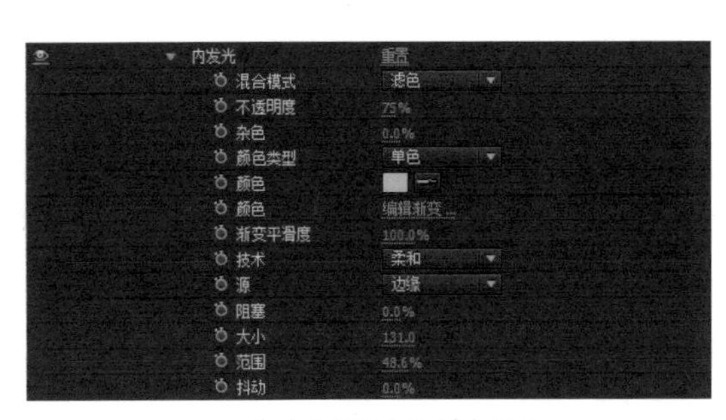

（a）“内发光”样式设置

（b）“内发光”样式效果

图 3-6　“内发光”样式

3. 斜面和浮雕

“斜面和浮雕”样式用于使图像产生一种倾斜或者浮雕的效果。其属性包括样式、技术、深度、方向、大小、柔化、使用全局光、角度、高度等。图 3-7 所示为“斜面和浮雕”样式设置及效果。

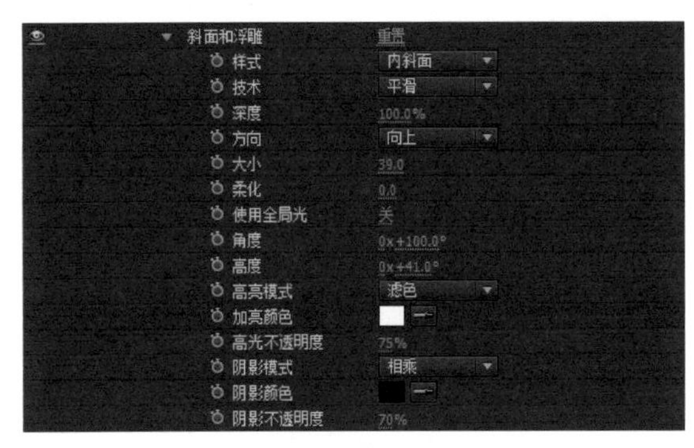

（a）“斜面和浮雕”样式设置

（b）“斜面和浮雕”样式效果

图 3-7　“斜面和浮雕”样式

4. 光泽

“光泽”样式旨在为图像添加一层光泽效果。其属性包括颜色、不透明度、角度、距离、大小等。图 3-8 所示为“光泽”样式设置及效果。

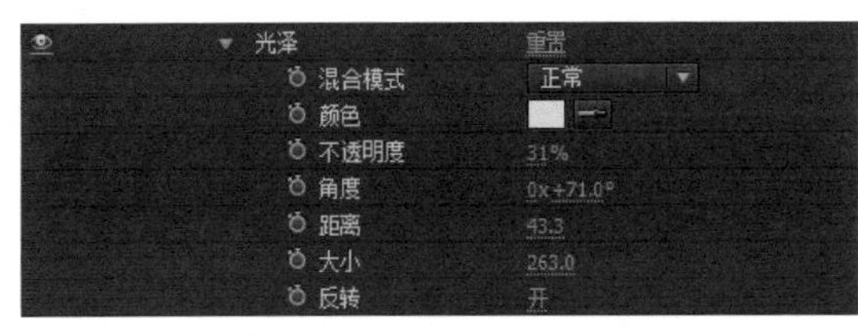

（a）“光泽”样式设置

（b）“光泽”样式效果

图 3-8　“光泽”样式

5. 颜色叠加与渐变叠加

“颜色叠加”与“渐变叠加”样式可以给图像叠加一种颜色或渐变的色彩。“颜色叠加”样式的属性包括混合模式、颜色与不透明度，“渐变叠加”样式的属性除混合模式、颜色和不透明度之外，还包括渐变平滑度、角度、样式及反向等。图 3-9 所示为“颜色叠加”与“渐变叠加”样式设置及添加了“渐变叠加”样式的效果展示。其中“渐变叠加”样式的样式属性为“角度”。

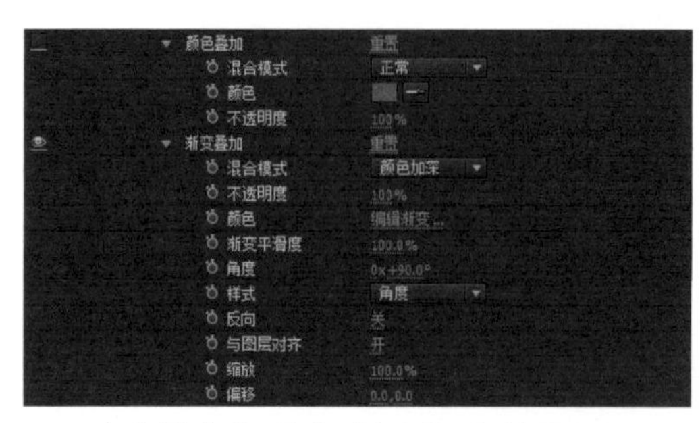

（a）“颜色叠加”与“渐变叠加”样式设置

（b）“渐变叠加”样式效果

图 3-9 “颜色叠加”与“渐变叠加”样式

6. 描边

描边，顾名思义就是为图像增加一个描边。“描边”样式的属性包含颜色、大小、不透明度、位置等；描边的位置属性有外部、内部、居中 3 种。图 3-10 所示为“描边”样式设置与效果。

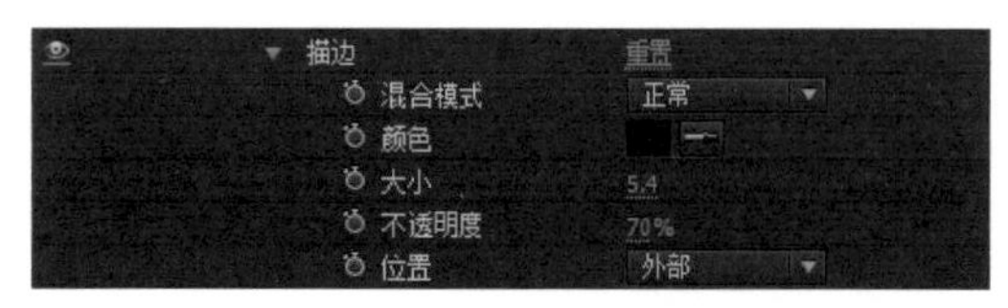

（a）“描边”样式设置

（b）“描边”样式效果

图 3-10 “描边”样式

读者在开展设计工作时，可以根据需求为图层中的图像添加合适的图层样式，以达到想要的图像效果。不同的属性设置产生的效果大有不同，读者在实际应用中要勇于尝试，从而熟悉和掌握不同属性设置所带来的不同效果。

AE 图层的混合模式与图层样式

3.1.3 图层的混合模式

图层的混合模式应用十分广泛，尤其是在多个图像合成时能够产生多种独特的效果。在 After Effects 中，显示或隐藏图层混合模式的方法有以下两种。

① 在“时间轴”面板中单击“切换开关 / 模式”按钮，即可显示或隐藏混合模式，快捷键为 F4，如图 3-11 所示。

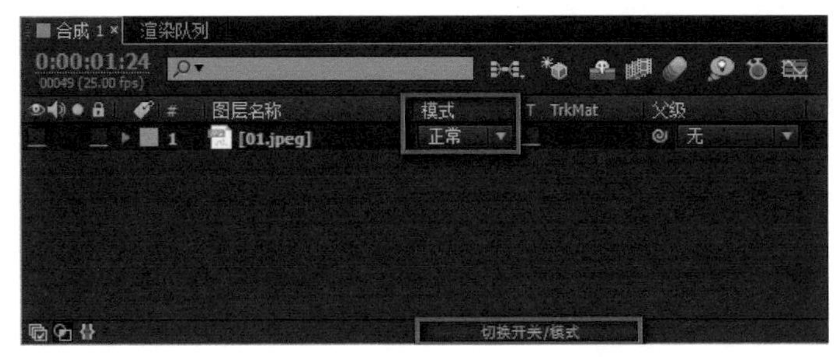

图 3-11　显示或隐藏“模式”栏（1）

② 在“时间轴”面板中，在图层名称区域内单击鼠标右键，在弹出的快捷菜单中执行“列数 – 模式”命令，可显示或隐藏“模式”栏，如图 3-12 所示。

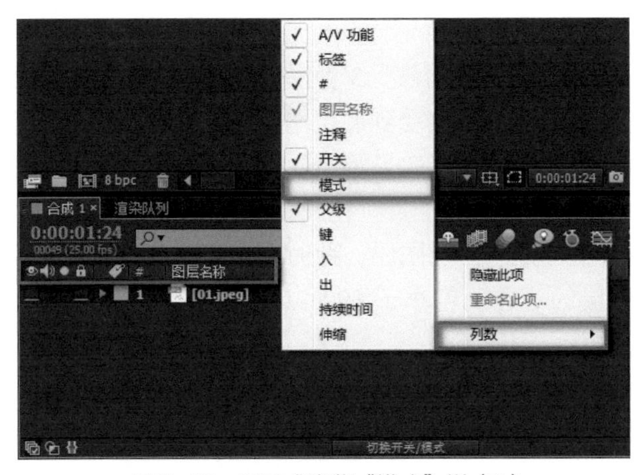

图 3-12　显示或隐藏“模式”栏（2）

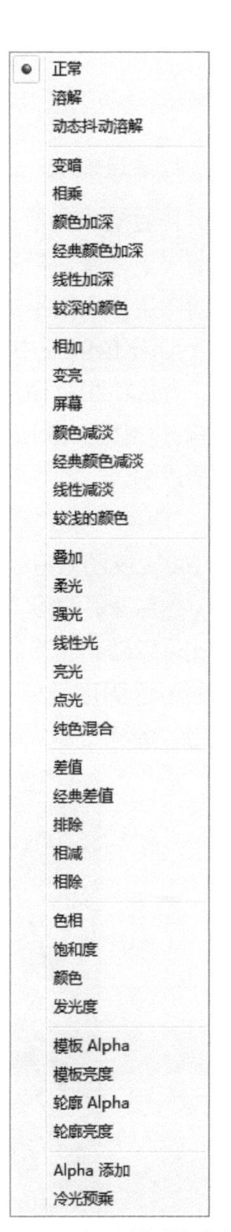

图 3-13　混合模式的种类

图层的混合模式包括：正常、溶解、动态抖动溶解、变暗、相乘、颜色加深、经典颜色加深、线性加深、较深的颜色、相加、变亮、屏幕、颜色减淡、经典颜色减淡、线性减淡、较浅的颜色、叠加、柔光、强光、线性光、亮光、点光、纯色混合、差值、经典差值、排除、相减、相除、色相、饱和度、颜色、发光度、模板 Alpha、模板亮度、轮廓 Alpha、轮廓亮度、Alpha 添加、冷光预乘，如图 3-13 所示。

下面将图层的混合模式分为八大类别，并通过两个素材图层（如图 3-14 所示）来对混合模式进行讲解，以便直观了解混合模式产生的效果。图层混合模式的八大类别分别是普通模式、变暗模式、变亮模式、叠加模式、差值模式、色彩模式、蒙版模式、共享模式。

（a）光效背景

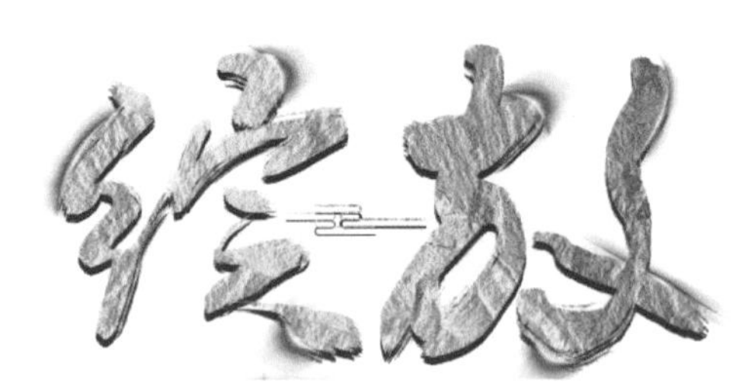

（b）文字内容“绽放”

图 3-14 素材图层

1. 普通模式

普通模式包括“正常”“溶解”“动态抖动溶解”3 种混合模式。在没有透明度影响的前提下，普通模式产生的最终效果的颜色不会受到底层图层像素颜色的影响。但是当当前图层像素的不透明度小于底层图层时，最终效果将会受到影响。

After Effects 中图层的默认混合模式即为“正常”模式。当图层的不透明度为 100% 时，合成将根据图层的 Alpha 通道正常显示当前图层，此时图层不会受到下一层图层的影响，如图 3-15 所示。但是当图层的不透明度小于 100% 时，图层将会受到下一层图层的影响。

“溶解”模式和“动态抖动溶解”模式的原理是相似的，只有在图层的不透明度小于 100% 或图层有羽化边缘的情况下才能起作用。两种模式会在当前图层中选取部分像素，然后采用随机颗粒的方式用下一层图层来取代之。二者的区别是“动态抖动溶解”模式可以随机更新选取值，而“溶解”模式的颗粒都是不变的。需要注意的是，当前图层的不透明度越低，溶解效果越明显。图 3-16 所示为当前图层的不透明度为 50% 时，应用“溶解”模式的效果。

图 3-15 “正常”模式的效果

图 3-16 “溶解”模式的效果

2. 变暗模式

变暗模式包括“变暗”“相乘”“颜色加深”“经典颜色加深”“线性加深”“较深的颜色”6 种混合模式。这 6 种混合模式的作用是使图像的整体颜色变暗。

图 3-17 “变暗”模式的效果

“变暗”模式会比较当前图层和下一层图层的颜色亮度，然后保留较暗的颜色部分。典型的例子如一个黑色图层与任何图层的变暗叠加效果都是全黑的，而一个白色图层与任何图层的变暗叠加效果都是白色图层变成透明的。“较深的颜色”模式与“变暗”模式的效果相似，二者的差别是“较深的颜色”模式不对单独的颜色通道起作用。图 3-17 所示为“变暗”模式的效果。

“相乘”模式是将图层的基本色与叠加色相乘，形成一种光线透过两个叠加在一起的图层的幻灯片效果。任何颜色与黑色相乘都将产生黑色，与白色相乘将保持不变，与中间亮度颜色相乘将得到一种更暗的效果。“线性加深”模式是比较基本色与叠加色的颜色信息，再通过降低基色的亮度来反映叠加色。与“相乘”模式相比，“线性加深”模式可以产生一种更暗的效果。图 3-18 所示为“相乘”和“线性加深”模式的效果。

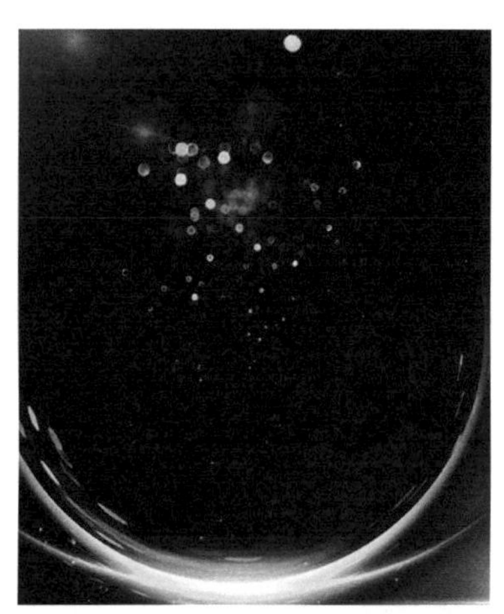

（a）“相乘”模式的效果

（b）“线性加深”模式的效果

图 3-18 “相乘”模式和“线性加深”模式的效果

“颜色加深”模式和“经典颜色加深”模式主要通过增加对比度来使图像颜色变暗以反映叠加色，但如果叠加色是白色，则不会产生任何变化。二者相比，“经典颜色加深”模式要优于“颜色加深”模式。图 3-19 所示为“颜色加深”模式和“经典颜色加深”模式的效果。

（a）“颜色加深”模式的效果

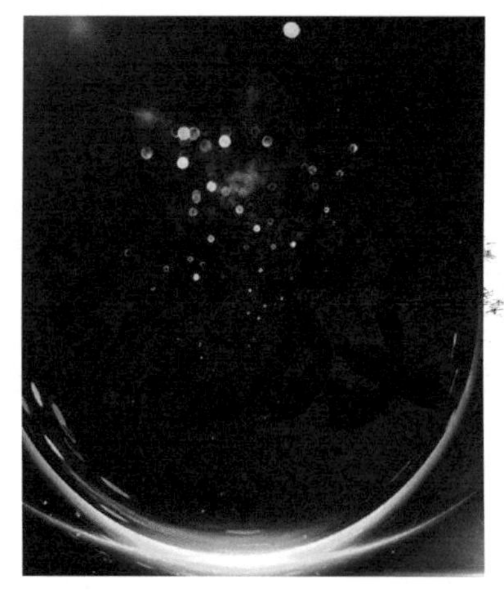

（b）“经典颜色加深”模式的效果

图 3-19 “颜色加深”模式和“经典颜色加深”模式的效果

3. 变亮模式

变亮模式包括“相加”“变亮”“屏幕”“颜色减淡”“经典颜色减淡”“线性减淡”“较浅颜色”7 种混合模式。这 7 种混合模式旨在使图像的整体颜色变亮。

“相加”模式较为简单，就是对上、下层图层对应的像素进行加法运算，最终实现使画面变亮的效果。图 3-20 所示为“相加”模式的效果。

“变亮”模式可以查看每个通道中的颜色信息，并选择基色和叠加色中较亮的颜色作为结果色，简单来说就是替换掉比叠加色暗的像素，保留比叠加色亮的像素。“变亮”模式与“变暗”模式相反，“较浅的颜色”模式与“变亮”模式相似，区别在于“较浅的颜色”模式不对单独的颜色通道起作用。图 3-21 所示为“变亮”模式的效果。

图 3-20 “相加”模式的效果

图 3-21 “变亮”模式的效果

“屏幕”模式与“相乘”模式相反，是一种加色混合模式，是将叠加色的互补色与基色相乘，得到一种更亮的效果。图 3-22 所示为“屏幕”模式的效果。“线性减淡”模式可以查看每个通道的颜色信息，并通过增加亮度来使基色变亮，以此来反映叠加色。需要注意的是，图层与黑色叠加将不会发生任何变化。图 3-23 所示为“线性减淡”模式的效果。

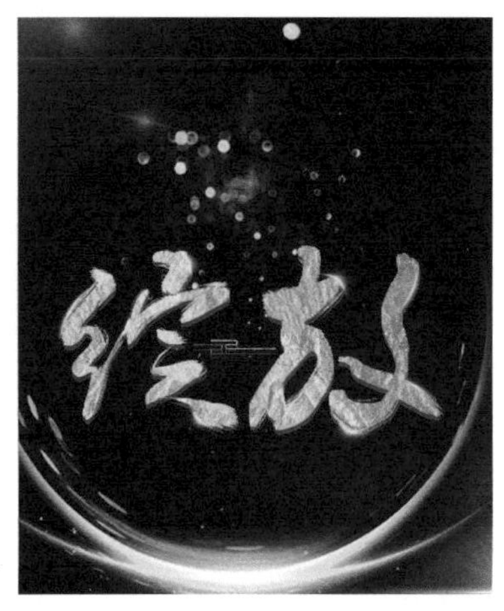

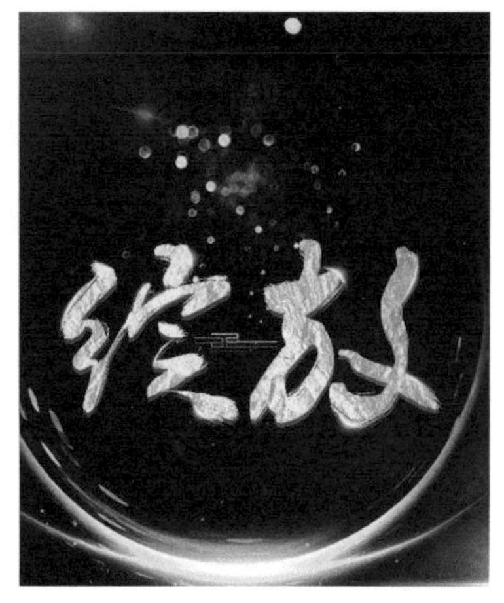

图 3-22 “屏幕”模式的效果　　图 3-23 “线性减淡”模式的效果

“颜色减淡”模式和“经典颜色减淡”模式都是通过降低对比度来使颜色变亮从而实现叠加效果的；同样地，若叠加色为黑色，则不会产生任何效果。“经典颜色减淡”模式的效果要优于“颜色减淡”模式的效果。图 3-24 所示为“颜色减淡”模式和“经典颜色减淡”模式的效果。

（a）“颜色减淡”模式的效果

（b）“经典颜色减淡”模式的效果

图 3-24 “颜色减淡”模式和“经典颜色减淡”模式的效果

4. 叠加模式

叠加模式包括“叠加”“柔光”“强光”“线性光”“亮光”“点光”“纯色混合”7 种混合模式。此类模式在使用时需要先比较当前图层和底层图像的颜色亮度是否低于 50% 的灰度，然后根据不同的叠加模式创建不同的混合效果。

“叠加”模式的作用是在增强图像颜色的同时，保留底层图像的高光和暗调。该模式对中间色调的影响会比较明显，对高光区域和暗调区域的影响不太明显。“叠加”模式的效果如图 3-25 所示。

图 3-25 “叠加”模式的效果

“柔光”模式可以使图像整体的颜色变亮或变暗，最终效果取决于叠加色。在使用“强光”模式时，当前图层中比 50% 灰色亮的像素会使图像更亮，比 50% 灰色暗的像素会使图像更暗。图 3-26 所示为“柔光”和“强光”模式的效果。

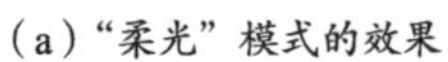

(a)“柔光”模式的效果

(b)“强光”模式的效果

图 3-26 “柔光”模式和“强光”模式的效果

“线性光”模式通过降低或提高亮度来加深或减淡颜色。“亮光”模式通过降低或增大对比度来加深或减淡颜色。二者的具体效果都取决于叠加色。图 3-27 所示为“线性光”模式和“亮光”模式的效果。

(a)“线性光”模式的效果

(b) 亮光”模式的效果

图 3-27 “线性光”模式和“亮光”模式的效果

“点光”模式的作用是替换图像的部分像素。若当前图层中的像素比 50% 灰色亮，则替换暗的像素；若当前图层中的像素比 50% 灰色暗，则替换亮的像素。该模式通常在为图像添加特效时使用。在使用“纯色混合”模式的时候需要考虑当前图层中的像素。当前图层中的像素比 50% 灰色亮时，会使底层图像变亮；当前图层中的像素比 50% 灰色暗时，会使底层图像变暗。此模式会使图像产生色调分离的效果。图 3-28 所示为“点光”模式和“纯色混合”模式的效果。

(a)“点光”模式的效果

(b)“纯色混合”模式的效果

图 3-28　“点光”模式和“纯色混合”模式的效果

5. 差值模式

差值模式包括“差值”“经典差值”“排除”“相减”“相除”5 种混合模式。这 5 种混合模式都是基于当前图层和底层图层的颜色值来产生差异效果的。

“差值”模式和“经典差值”模式都是从基色中减去叠加色或从叠加色中减去基色的，最终效果取决于哪个颜色的亮度值更高。二者相比，“经典差值”模式的效果要优于“差值”模式的效果。“排除”模式和“差值”模式相似，不同的是“排除”模式可以创建出对比度更低的叠加效果。图 3-29 所示为“差值”模式、“经典差值”模式和“排除”模式的效果。

(a)“差值”模式的效果

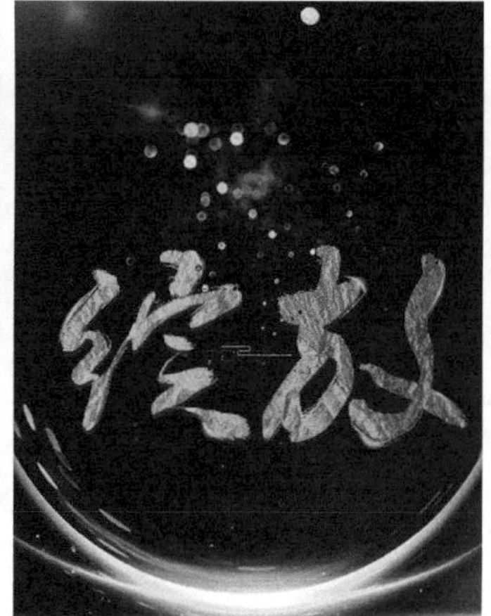

(b)“经典差值”模式的效果

(c)“排除”模式的效果

图 3-29　“差值”模式、“经典差值”模式和“排除”模式的效果

“相减”模式和“相除”模式在实际设计中运用不多，它们的效果如图 3-30 所示。

6. 色彩模式

色彩模式包括“色相”“饱和度”“颜色”“发光度”4 种混合模式。此类模式会改变底层图像颜色的一个或多个色相、饱和度和明度值。

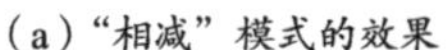

（a）“相减”模式的效果　　（b）“相除”模式的效果

图 3-30 “相减”模式和“相除”模式的效果

“色相”模式是将当前图层的色相应用到底层图像的亮度与饱和度中，可以改变底层图像的色相，但不会影响其亮度与饱和度。对于黑色、白色和灰色区域，该模式不起任何作用。同样地，“饱和度”模式是将当前图层的饱和度应用到底层图像的亮度和色相中，可以改变底层图像的饱和度，但不会影响其亮度和色相。图 3-31 所示为“色相”模式和“饱和度”模式的效果。

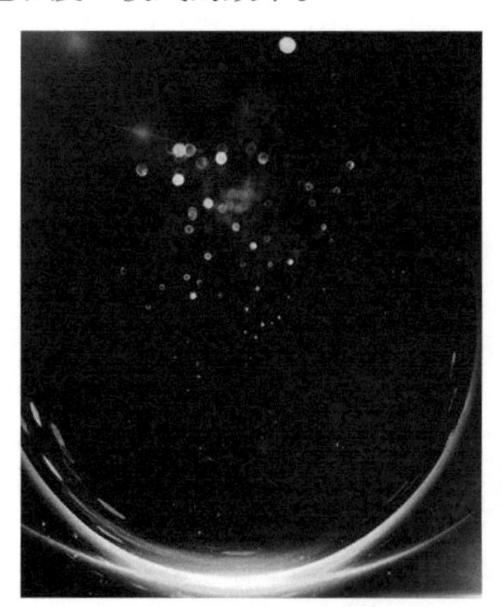

（a）“色相”模式的效果　　（b）“饱和度”模式的效果

图 3-31 “色相”模式和“饱和度”模式的效果

“颜色”模式可以将当前图层的色相与饱和度应用到底层图像中，并可保证底层图像的亮度不变。“发光度”模式是将当前图层的亮度应用到底层图像中，可以改变底层图像的亮度，但不会对其色相与饱和度产生影响，该模式也是被使用频率较高的图层混合模式。图 3-32 所示为“颜色”模式和“发光度”模式的效果。

7. 蒙版模式

蒙版模式包括“模板 Alpha”“模板亮度”“轮廓 Alpha”“轮廓亮度”4 种混合模式。此类模式旨在将当前图层转化为底层图层的一个遮罩。

“模板 Alpha”模式可以穿过蒙版图层的 Alpha 通道来显示多个图层。“模板亮度”

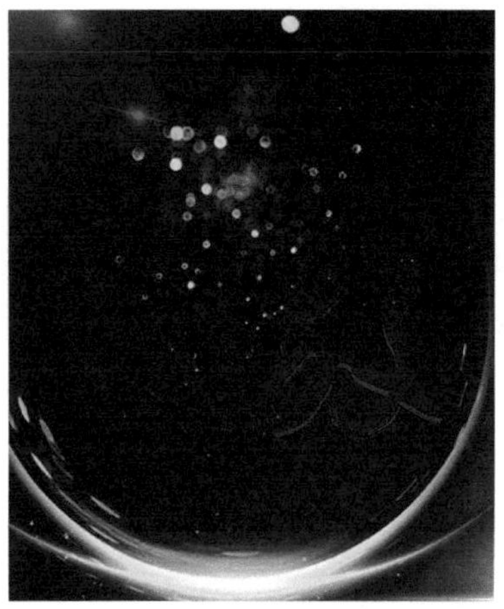
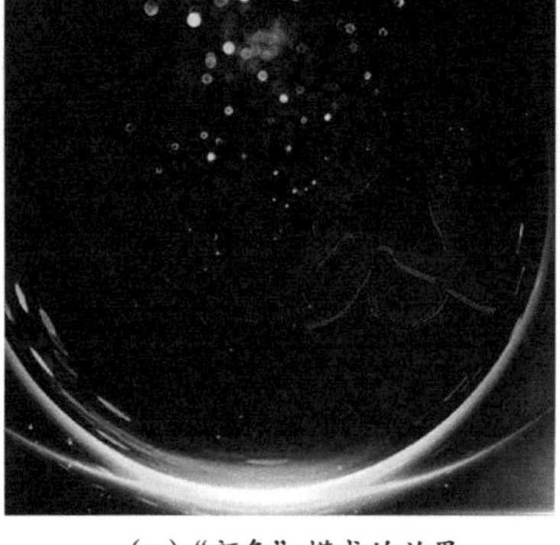

（a）“颜色”模式的效果　　（b）“发光度”模式的效果

图 3-32 “颜色”模式和“发光度”模式的效果

模式可以穿过蒙版图层像素的亮度来显示多个图层。“轮廓 Alpha”模式通过当前图层的 Alpha 通道来影响底层图像，使受影响的区域被剪切掉。“轮廓亮度”模式通过当前图层上像素的亮度来影响底层图像，使受影响的像素被部分或全部剪切掉。图 3-33 所示分别为“模板 Alpha”模式、“模板亮度”模式、“轮廓 Alpha”模式和“轮廓亮度”模式的效果。

（a）“模板 Alpha”模式的效果

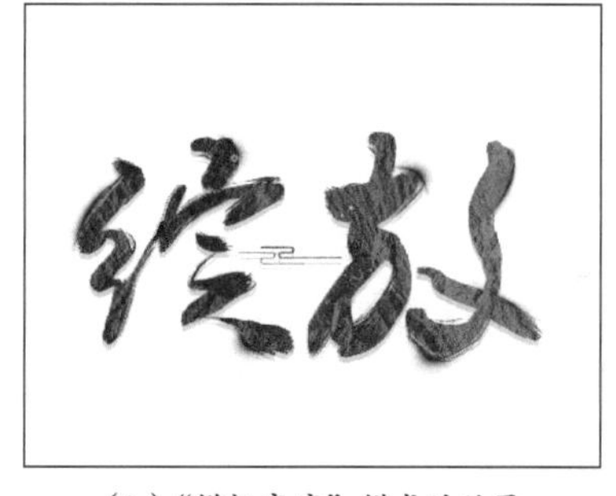

（b）“模板亮度”模式的效果

（c）“轮廓 Alpha”模式的效果

（d）“轮廓亮度”模式的效果

图 3-33 蒙版模式的效果

8. 共享模式

共享模式包括“Alpha 添加”和“冷光预乘”这两种混合模式。此类模式可以使底层图像与当前图层的 Alpha 通道或透明区域的像素产生相互作用。

“Alpha 添加”模式可以使底层图像与当前图层的 Alpha 通道共同建立一个无痕迹的透明区域。“冷光预乘”模式可以使当前图层透明区域的像素与底层图像相互产生作用，使图像边缘产生透镜和光亮效果。图 3-34 所示为“Alpha 添加”模式和“冷光预乘”模式的效果。

（a）“Alpha 添加”模式的效果

（b）“冷光预乘”模式的效果

图 3-34 “Alpha 添加”模式和“冷光预乘”模式的效果

3.1.4 演示案例：制作手机安全卫士类 App 界面动效

综合运用“渐变叠加”图层样式、“叠加”与“柔光”混合模式等知识，制作手机安全卫士类 App 界面动效，效果如图 3-35 所示。本案例涉及的动画元素包括：按钮、背景、雷达和数值等。

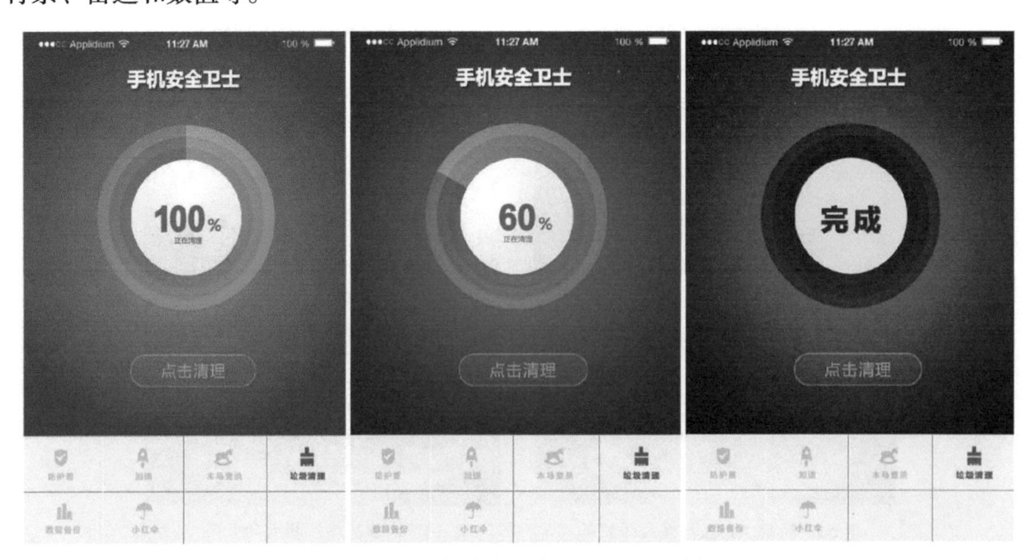

图 3-35 手机安全卫士类 App 界面动效

1. 制作按钮发光动效

演示案例：制作手机安全卫士动画 -1

① 将素材文件夹中的“演示案例 – 制作手机安全卫士类 App 界面动效 .PSD”置入 After Effects 中。双击“项目”面板中相应的合成名称，将其在“合成”面板中打开。操作过程如图 3-36 所示。

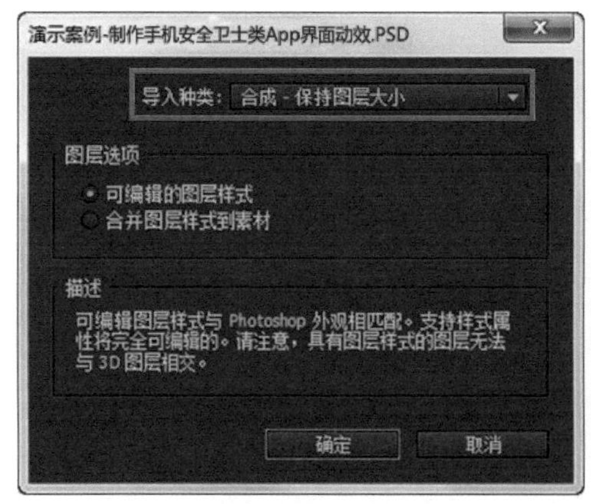

（a）导入素材

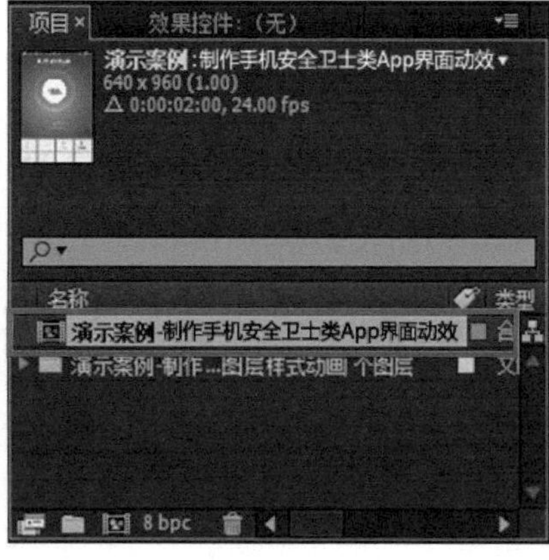

（b）“项目”面板

图 3-36　打开素材

② 在“时间轴”面板中选择“点击清理”图层，按 T 键展开该图层的不透明度属性。然后将时间线移动至 0:00:00:00 的位置，将不透明度参数设置为 56% 并激活关键帧。将时间线移动至 0:00:00:02 的位置，将不透明度参数设置为 71%。最后分别将 0:00:00:20 及 0:00:01:00 位置的不透明度参数设置为 100% 及 56%，如图 3-37 所示。

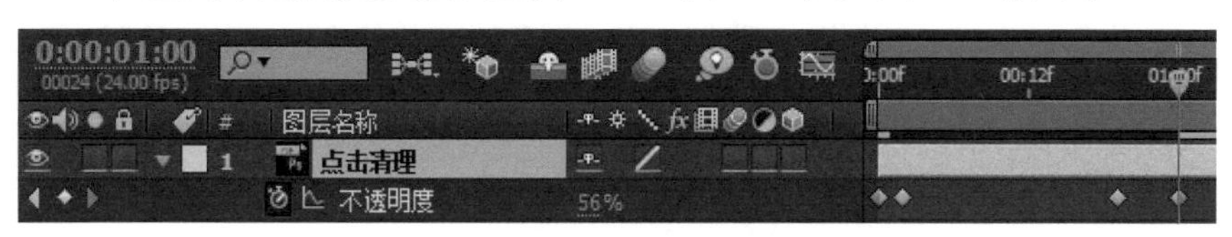

图 3-37　“点击清理”图层不透明度参数的设置

③ 选择“按钮”图层，单击鼠标右键，在弹出的快捷菜单中执行“图层样式 – 内发光”命令。将时间线移动至 0:00:00:00 的位置，将“外发光”图层样式的不透明度参数设置为 0%，然后分别将 0:00:00:02、0:00:00:20 及 0:00:01:00 位置的不透明度参数设置为 50%、100% 及 0%。参数设置如图 3-38 所示，动画效果如图 3-39 所示。

图 3-38　“外发光”图层样式不透明度参数的设置

（a）发光前

（b）发光时

（c）发光消失后

图 3-39　按钮发光动效

2. 制作渐变动效

① 选择“径向渐变背景”图层，为其添加“渐变叠加”图层样式，将样式设置为“径向”。然后将时间线移动至 0:00:00:00 的位置，单击颜色属性右侧的“编辑渐变”，在弹出的对话框中将渐变颜色设置为从黄色到橙色并激活关键帧，操作过程如图 3-40 所示。

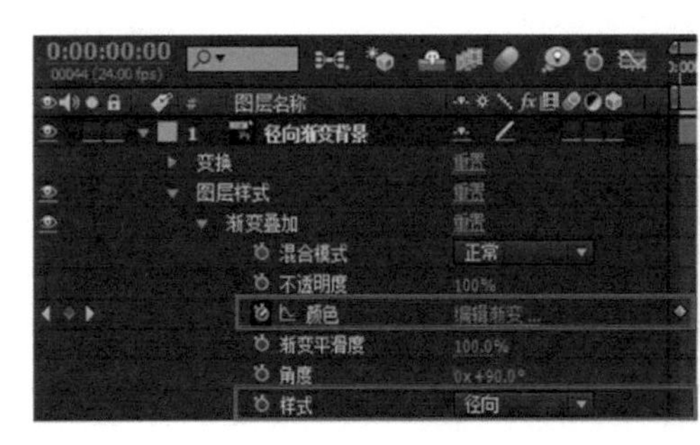

（a）属性设置

（b）编辑渐变

（c）效果

图 3-40　制作黄橙径向渐变

② 单击选择第一个关键帧，按组合键 Ctrl+C 复制之。将时间线移动至 0:00:01:00 的位置，按组合键 Ctrl+V 粘贴关键帧，生成第二个关键帧。然后将时间线移动至 0:00:02:00 的位置，单击颜色属性右侧的“编辑渐变”，将渐变颜色更改为从青色到蓝色，此时会自动生成第三个关键帧，将该关键帧复制至 0:00:04:00 的位置，生成第四个关键帧。关键帧设置如图 3-41 所示，效果如图 3-42 所示。

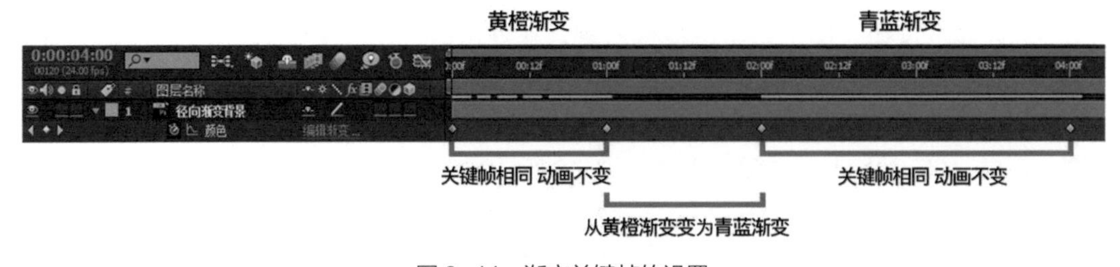

图 3-41　渐变关键帧的设置

③ 将时间线移动至 0:00:05:00 的位置，设置渐变颜色为从嫩绿色到墨绿色，此时会自动生成第五个关键帧。复制该关键帧并将其粘贴至 0:00:06:00 的位置，获得第六个关键帧。3 种渐变的最终效果如图 3-43 所示。

（a）黄橙渐变　　（b）渐变变化时的效果　　（c）青蓝渐变

图 3-42　渐变动效

图 3-43　3 种渐变动效

④ 同理，为“圆 2”“圆 3”“圆 4”这 3 个图层添加“颜色叠加”图层样式后，分别在 0:00:00:00、0:00:01:00、0:00:02:00、0:00:04:00、0:00:05:00、0:00:06:00 位置处设置颜色的过渡，并将这 3 个图层的混合模式设置为“柔光”，如图 3-44 所示。

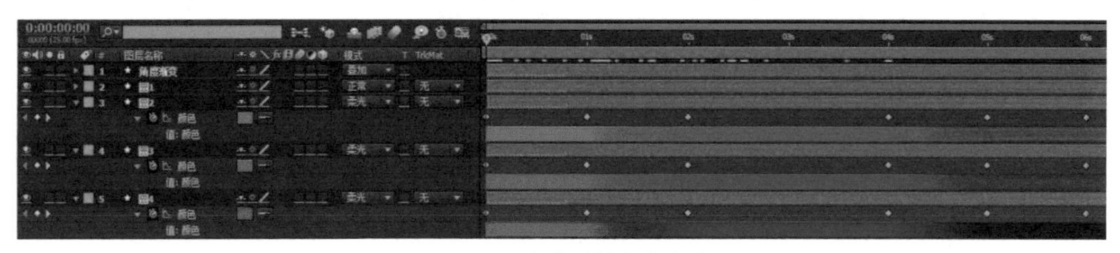

图 3-44　渐变动效制作完成

3. 制作雷达扫描动效

演示案例：制作手机安全卫士动画 -2

① 选择“角度渐变”图层并将其混合模式设置为“叠加”。然后为该图层添加“渐变叠加”图层样式，将其样式设置为“角度”；再为其设置从白色到黑色的渐变，设置白色色标的不透明度参数为 100%、黑色色标的不透明度参数为 0%，如图 3-45 所示。

图 3-45　编辑角度渐变效果

② 将时间线移动到 0:00:00:00 的位置并激活角度属性的关键帧。将时间线移动至 0:00:06:00 的位置，将旋转参数设置为 3，让雷达效果在 6 秒内逆时针旋转 3 圈；最后按 T 键调出该图层的不透明度属性，单击该图层不透明度属性左侧的码表。然后将时间线移动至 0:00:06:15 的位置，将不透明度参数从 100% 调整为 0%，动画效果如图 3-46 所示。

图 3-46　雷达扫描动效

4. 制作字符变化动效

① 用文本工具在“合成”面板中输入 100%，将数字 1、0、0 及符号 % 置于 4 个不同的图层，分别命名为百位数、十位数、个位数及百分号。选择“个位数”图层，将时间线移动至 0:00:00:20 的位置，激活“字符位移”属性的关键帧，如图 3-47 所示。

演示案例：制作手机安全卫士动画 -3

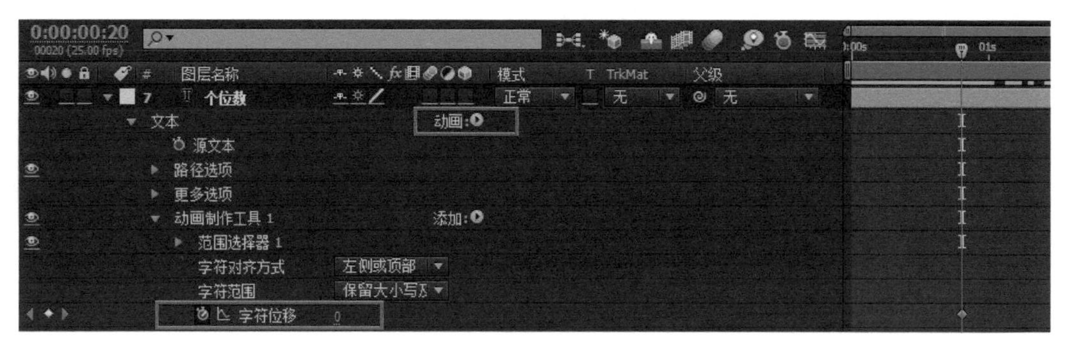

图 3-47　添加字符位移动画

注意： 在字符位移动画中，当字符位移参数为 0、10 或 −10 时，“合成”面板中的数字皆为 0；若该参数在第一个关键帧为 0，在第二个关键帧为 10，那么“合成”面板中的数字会从 0 顺数至 9 后变为 0，完成一个周期变化；若该参数在第二个关键帧为 −10，那么“合成”面板中的数字变成 9 后会倒数至 0，完成一个周期变化。

当前案例中，字符从 100% 倒数至 90%，所以第二个关键帧的字符位移参数应为 −10，这样才能保证字符从 100% 变成 99%、98%、…、90%。当字符变成 90% 后，需要过渡成 89%，所以第三个关键帧的字符位移参数必须为 9 或 −1。

② 将时间线移动至 0:00:01:10 的位置，将字符位移参数更改为 −10；将时间线移动至 0:00:01:11 的位置，将字符位移参数更改为 9，此时完成数值从 100% 倒数至 90% 再演变成 89% 的动画。同理可使数值从 89% 倒数至 80%，依此类推。“个位数”图层的关键帧设置如图 3-48 所示。

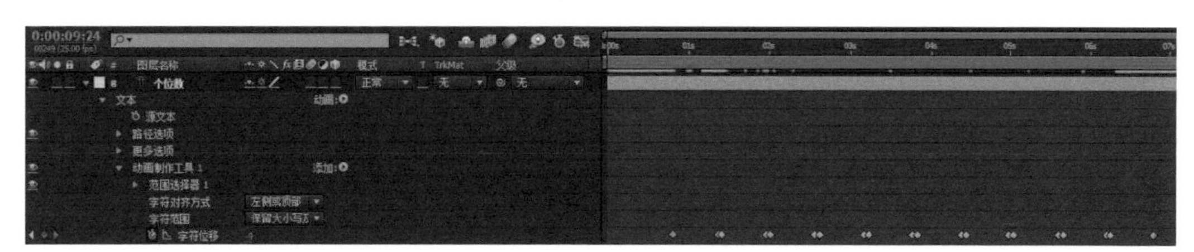

图 3-48　“个位数”图层的关键帧设置

③ 选择“十位数”图层，为其添加字符位移文本动画，将其素材长度裁剪至 0:00:06:08。选择“百位数”图层，将其素材长度修剪至 0:00:00:21，即从 21 帧开始变化，百位数字 1 开始消失，如图 3-49 所示。

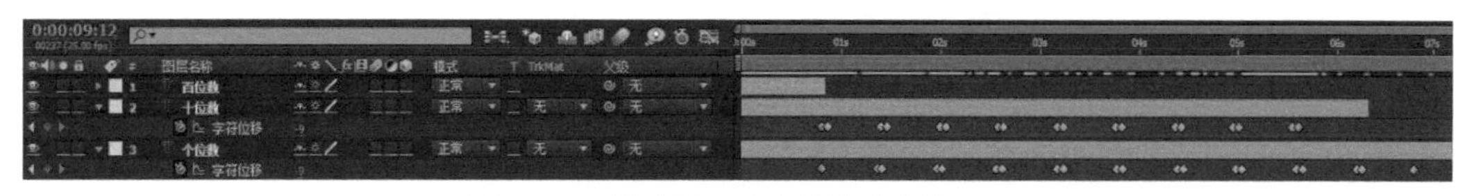

图 3-49　数字图层的字符位移参数设置

④ 选择“圆 2”图层，按 U 键展开其所有关键帧。框选“颜色叠加”图层样式上的所有关键帧，按组合键 Ctrl+C 复制所有关键帧，然后选择“个位数”及“十位数”图层，将时间线移动至 0:00:00:20 的位置，按组合键 Ctrl+V 将关键帧粘贴到这两个图层上。最后选择“个位数”图层，让其从 0:00:06:20 至 0:00:07:10 间逐渐消失，并适当向右移动。所有关键帧设置如图 3-50 所示。“完成”及“垃圾清理”等文本图层的动画较为简单，

仅有位置及不透明度变化，此处不再赘述。最终完成效果如图 3-35 所示。

图 3-50　数字图层的关键帧设置

【素材位置】教材配套资源 / 第 3 章 / 演示案例 / 演示案例：制作手机安全卫士类 App 界面动效。

3.2 动效设计中的文本图层

在动效设计中，文字不仅充当着补充画面信息和交流媒介的角色，还常常被用来作为视觉设计的辅助元素。本节围绕文字图层的功能，重点讲解文本图层的创建、文本的属性及文本动画的制作等，旨在使读者掌握 After Effects 中与文字相关的常用功能，并能制作出符合需求的文本动画。

3.2.1 文本图层的创建与修改

1. 文本图层的创建

在 After Effects 中，文本图层的创建可以通过以下方式来实现。

在工具栏中单击文字工具即可创建文字。在该工具上长按鼠标左键，可以打开文字工具组，在其中可以选择横排文字工具或直排文字工具，如图 3-51 所示。选择相应的文字工具后，在“合成”面板中单击以确定文字的输入位置，当出现光标后即可输入文字，按 Enter 键即可完成文字的输入操作，并会在“时间轴”面板中自动新建一个文本图层。

图 3-51　文字工具组

另外，还可以执行“图层 - 新建 - 文本”菜单命令创建文本图层，如图 3-52 所示，然后在“合成”面板中单击即可输入文字。也可以在“时间轴”面板的空白处单击鼠标右键，在弹出的快捷菜单中执行“新建 - 文本”命令创建文本图层，如图 3-53 所示。

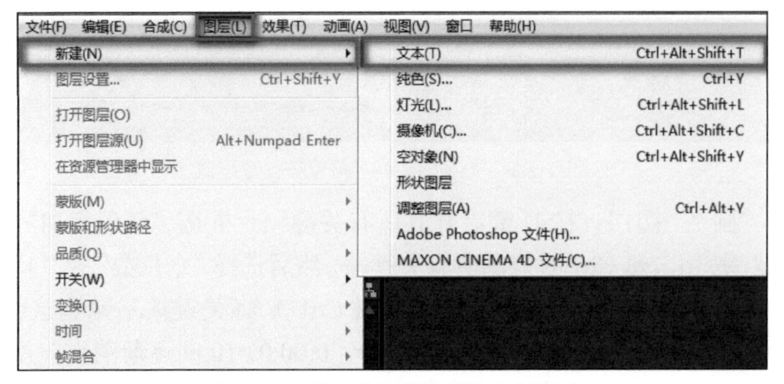

图 3-52　执行菜单命令创建文本图层

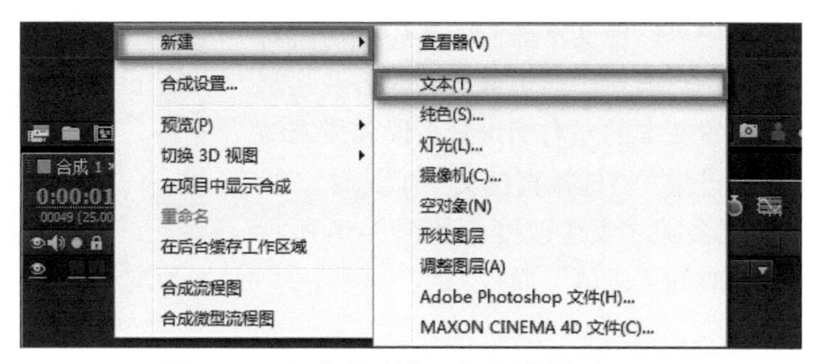

图 3-53 在“时间轴”面板中创建文本图层

2. 文本图层的修改

当文本图层编辑好之后，如果需要对文本内容进行修改，则可以在工具栏中选择相应的文本工具，然后在“合成”面板中按住鼠标左键并拖曳以选择需要修改的文字部分，最后输入新的文字内容即可，如图 3-54 所示。

图 3-54 修改文字内容

3.2.2 文本图层的属性

完成文本图层的创建后，一般都会根据设计要求或设计风格对文字进行美化，包括文字的内容、字体、颜色、风格、间距和行距等。修改文字的属性需要用到“字符”面板和“段落”面板。执行“窗口－字符 / 段落”菜单命令即可打开“字符”或“段落”面板。图 3-55 所示为“字符”面板和“段落”面板。

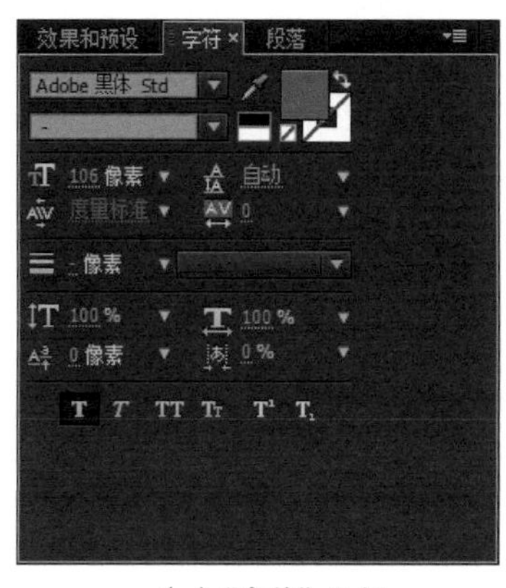

(a)“字符”面板

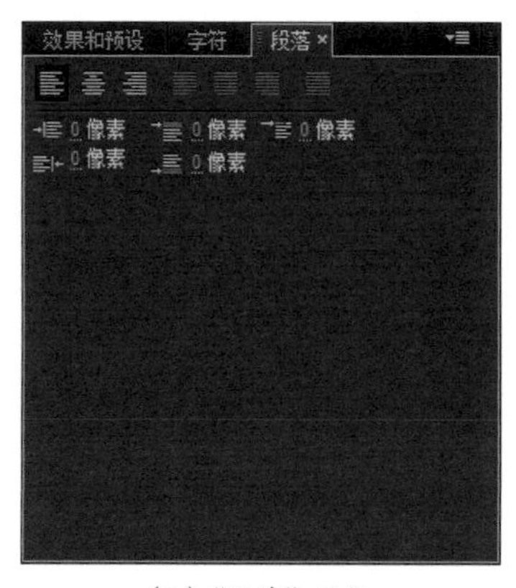

(b)“段落”面板

图 3-55 文字的属性设置面板

在“字符”面板中可以更改文字的字体、大小和样式。使用吸管工具还可以吸取想要的颜色作为文字或描边的颜色。在该面板中可以对文字之间的行距和间距进行调整，还可以对描边的粗细进行设置。文字的高度、宽度、基线、粗体和斜体等都可以在此进行设置。

在“段落”面板中可以使文本居左、居中或居右对齐，也可使文本最后一行居左、居中或居右对齐及强制两边对齐，还可以设置文本的左右缩进量、段前段末的间距及段落的首行缩进量。当选择直排文字工具时，“段落”面板中的属性也会随之发生改变，如图 3-56 所示为选择直排文字工具时的“段落”面板。

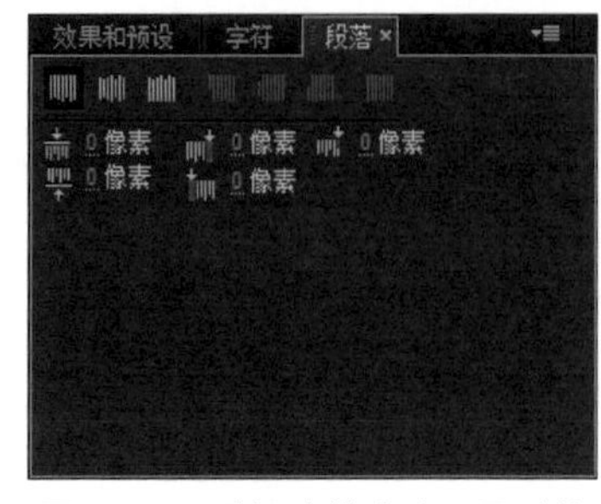

图 3-56　选择直排文字工具时的“段落”面板

3.2.3　创建文字形状图层

创建文字形状图层，顾名思义就是建立一个以文字轮廓为形状的图层。具体操作为选择文本图层，执行“图层－从文本创建形状”菜单命令，系统将会自动生成一个新的文字形状轮廓图层，同时原始的文本图层将会自动关闭显示。图 3-57 所示为从文本创建形状的操作及“时间轴”面板中的变化。

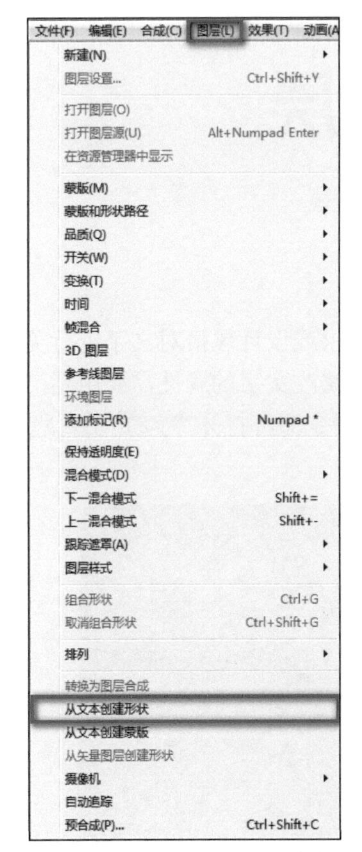

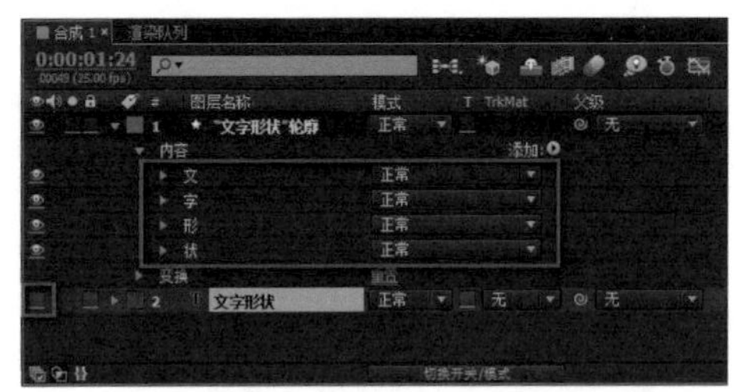

图 3-57　从文本创建形状

3.2.4　文本动画

After Effects 为文本图层提供了单独的文本动画选择器，可以用它来创建丰富多彩的文本动画效果，进而使文本更加生动形象。在实际的操作中，文本动画可以通过源文本属性来制作；也可以通过将文本图层自带的基本动画与选择器相结合来制作单个文字动画或文本动画；还可以通过选择文本图层，执行“窗口－效果和预设”菜单命令来调用预设的文本动画，然后根据需要进行个性化修改，如图 3-58 所示。

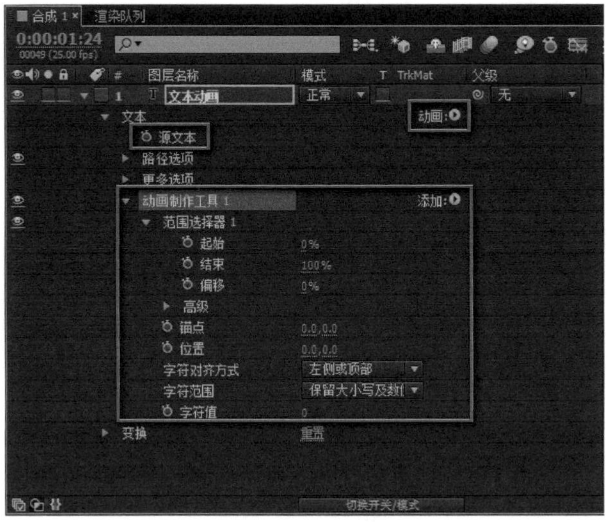

图 3-58　文本动画的制作

1. 源文本属性

源文本属性可以对文本的内容和段落格式等进行动画设计，此种动画设计方法的局限性是所制作的动画只能是突发性的动画，较短的动画视频的字幕可以使用此方法来制作。

2. 动画制作工具

创建文本图层之后，单击图 3-58 所示的动画属性右侧的按钮，选择相应的属性后即可创建动画制作工具。在实际工作中，可以使用动画制作工具方便快速地创建出复杂的动画效果，一个动画制作工具组中可以包含一个或多个动画选择器及动画属性。动画属性用来设置文本动画的主要参数，并且所有的动画属性都可以单独对文本产生动画效果。图 3-59 所示为文本图层所具有的动画属性。

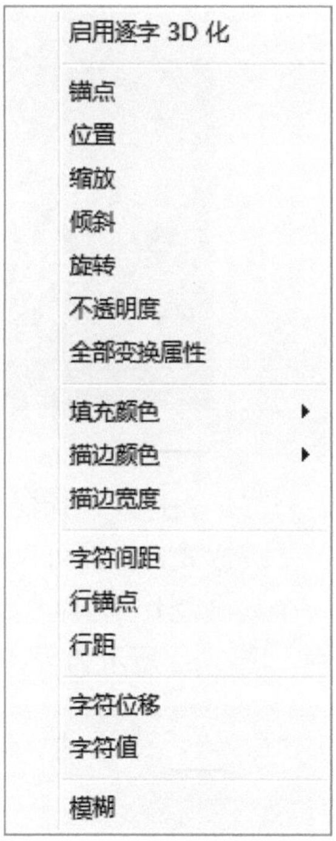

启用逐字 3D 化
锚点
位置
缩放
倾斜
旋转
不透明度
全部变换属性
填充颜色
描边颜色
描边宽度
字符间距
行锚点
行距
字符位移
字符值
模糊

图 3-59　文本图层的动画属性

在每个动画制作工具组中，单击添加右侧的按钮，可以在展开的菜单中选择动画的 3 个选择器，包括“范围”“摆动”“表达式”。图 3-60 所示为动画制作工具的 3 个选择器。

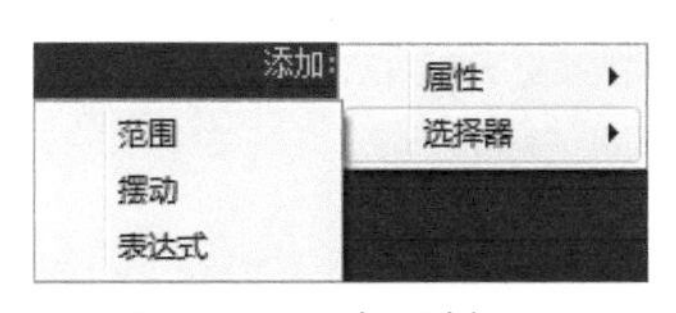

图 3-60　动画选择器

（1）范围选择器

范围选择器可以使文字按照特定的顺序进行移动和缩放。图 3-61 所示为范围选择器的属性。

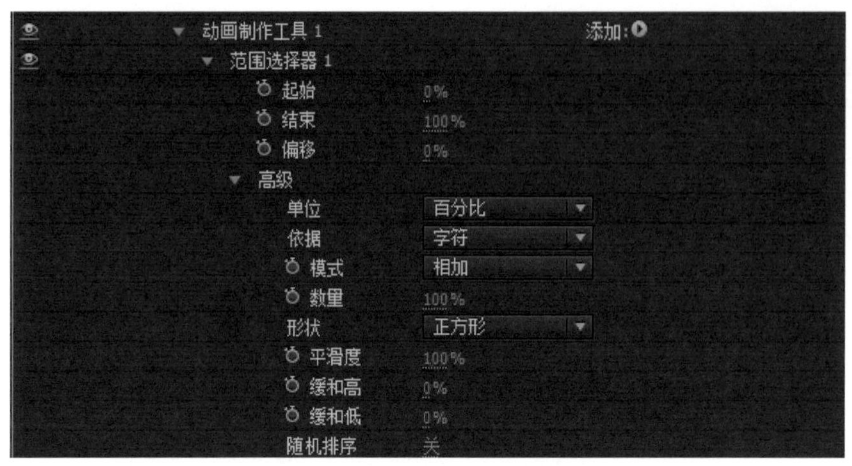

图 3-61　范围选择器的属性

（2）摆动选择器

摆动选择器的作用是让选择器在指定的时间段内产生摇摆动画。图 3-62 所示为摆动选择器的属性。

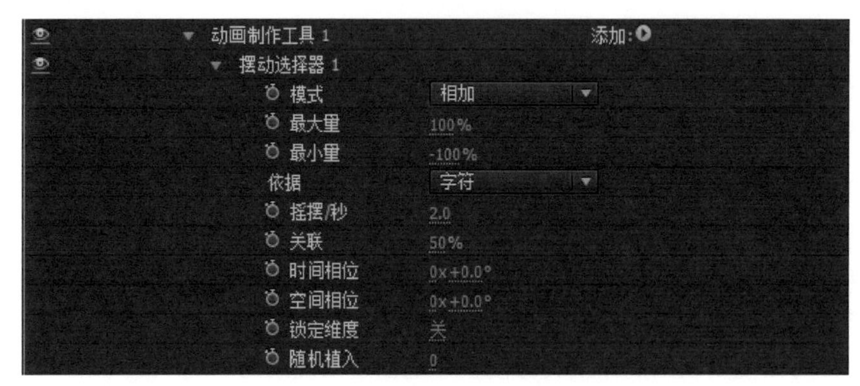

图 3-62　摆动选择器的属性

（3）表达式选择器

表达式选择器可以很方便地使用表达式来设置动画属性对文本的影响范围。可以在一个动画制作工具组中使用多个表达式选择器，并且每个选择器可以包含多个动画属性。图 3-63 所示为表达式选择器的属性。

图 3-63　表达式选择器的属性

3. 路径动画文字与预设的文本动画

路径动画文字指的是在文本图层中创建一个蒙版路径，将这个蒙版路径作为文字的路径来制作动画。路径的蒙版可以是闭合的，也可以是开放的，但是如果使用闭合的蒙版作为路径，那么蒙版的模式必须设置为“无”。图 3-64 所示为“文本”图层的路径选项属性。

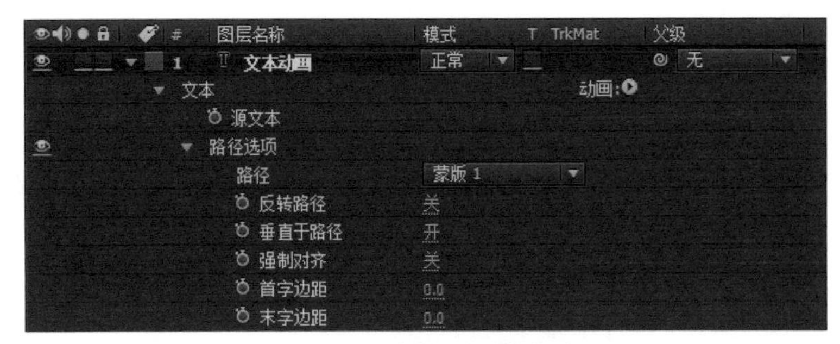

图 3-64 “路径选项”参数

预设的文本动画是指系统自带的文本动画，用户可以通过执行“窗口 – 效果和预设”菜单命令打开“效果和预设”面板，然后直接拖曳需要的文本动画至文本图层上以实现调用这些文本动画效果。图 3-65 所示为“效果和预设”面板。

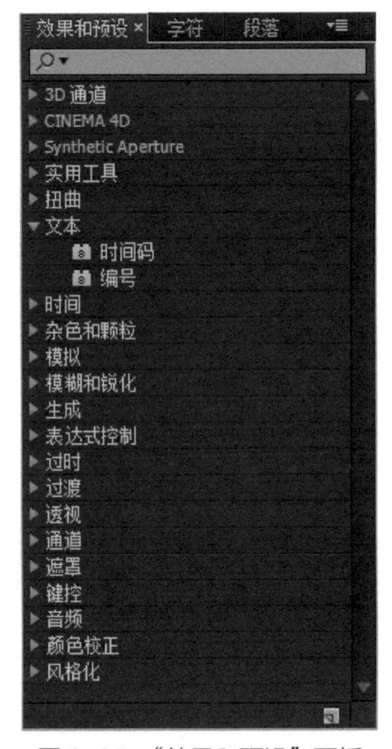

图 3-65 “效果和预设”面板

3.2.5 演示案例：制作下载图标加载动效

请运用文本动画、形状图层的属性知识制作下载图标加载动效，完成效果如图 3-66 所示。本案例中主要的动画包括：加载进度从 0% 至 99%；箭头变成圆点并旋转，然后变成对钩。

图 3-66 下载图标加载动效

1. 制作文本动画

① 选择“准备下载”文本图层，调出其位置属性与不透明度属性，让其在 0:00:00:00 至 0:00:00:11 之间自下而上运动并逐渐消失。选择“横线”图层，调出其缩放属性，取消该属性的约束比例，将 X 参数调整为 0%。参数设置如图 3-67 所示，动画效果如图 3-68 所示。

图 3-67 “准备下载”及“横线”图层的参数设置

(a) 原始形态

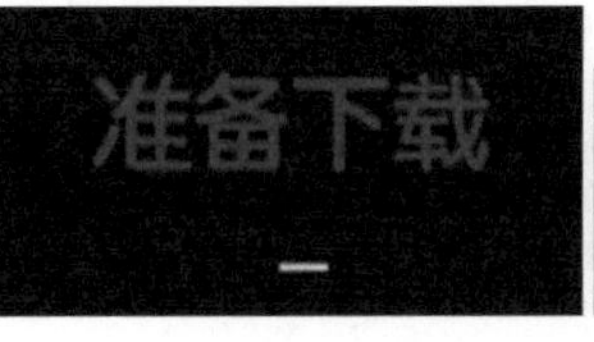

(b) 文字上移与线段收缩

(c) 文字与线段消失

图 3-68 动画效果

② 使用文本工具输入数字 0 及符号 % 并将它们置于两个图层中，将数字图层命名为“十位数”，使两个图层在 0:00:00:16 至 0:00:01:05 之间自上而下滑落并逐渐出现，其动画效果与“准备下载”图层的动画效果相反。参数设置如图 3-69 所示。

图 3-69 “十位数”及“%”图层的参数设置

③ 将时间线移动至 0:00:01:05 的位置，选择“十位数”图层并调出其字符位移属性，激活字符位移属性的关键帧。将时间线移动至 0:00:01:14 的位置，将字符位移参数从 0 更改为 9，使数字从 0 逐步变成 9。将时间线移动至 0:00:01:15 的位置，将字符位移参数更改为 1，使数字从 9 变成 10，此时需要保证“个位数”图层出现且其字符位移参数为 0。参数设置如图 3-70 所示。

图 3-70 “十位数”图层字符位移参数的设置

④ 选择“十位数”图层，复制其 0:00:01:15 位置上的关键帧并将其粘贴至 0:00:01:24 的位置，保证在此区间内，“个位数”图层动画从 0 变成 9，即数字从 10% 过渡到 19%。将时间线移动至 0:00:02:00 的位置并将字符位移参数更改为 2，个位数动画再次从 0 变成 9，即数字从 20% 过渡到 29%。其余关键帧设置原理相同，参数设置如图 3-71 所示。

图 3-71 数字图层字符位移参数的设置

2. 制作箭头动画

① 将工具切换至钢笔工具，并将其填充设置为“无”，描边粗细设置为 12px，颜色设置为白色。画出箭头的外形，将箭头各个组件分别命名为“箭头 - 左”“箭头 - 右”“箭头 - 中”，然后将线段端点类型设置为“圆头端点”。最后按组合键 Ctrl+Shift+C 对这 3 个图层进行预合成操作，并为该预合成添加“斜面和浮雕”与“投影”图层样式，如图 3-72 所示。

（a）设置线段端点

（b）添加图层样式　（c）效果变化

图 3-72 制作箭头

② 为 3 个箭头图层分别添加修剪路径属性，选择“箭头 - 左”“箭头 - 右”两个图层，激活它们结束属性的关键帧，并将结束参数设置为 100%。将时间线移动至 0:00:00:08 的位置，并将结束参数设置为 0% 以使箭头逐渐消失。参数设置如图 3-73 所示。

图 3-73 箭头左右组件的参数设置

③ 选择“箭头 - 中”图层，将线段长度延长至圆形外；分别调出其开始及结束属性，将开始参数从 0% 改成 100%，将结束参数从 37% 改成 100%，使其一端生长，另一端消亡，直至变成一个圆。参数设置如图 3-74 所示，效果如图 3-75 所示。

图 3-74 “箭头 - 中”图层的参数设置

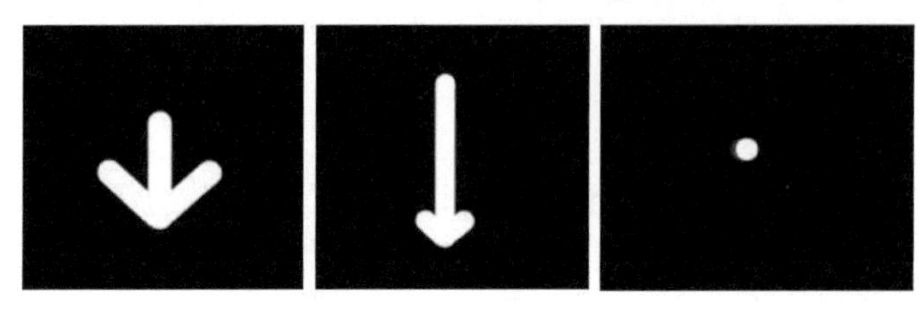

（a）原始形态　　（b）变化过程　　（c）变成圆

图 3-75　箭头的动画效果

④ 在预合成内使用椭圆工具绘制一个圆形，命名为“球”，使其与箭头中间组件演变的圆重合，开启“球”图层的运动模糊开关。将该图层的入点设置为 0:00:00:15，将时间线移动至 0:00:00:15 的位置，调出该图层的旋转属性并激活关键帧。然后将时间线移动至 0:00:05:04 的位置，将旋转参数设置为 −5 × −60°，以使小球逆时针旋转。最后将该图层的出点设置为 0:00:05:04。参数设置如图 3-76 所示。

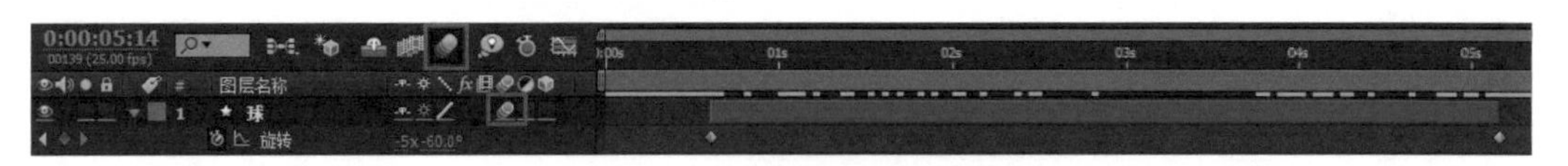

图 3-76 “球”图层的参数设置

3. 制作对钩动画

① 使用钢笔工具画出一个对勾的形状，且对钩左边与小球旋转后停止的位置重合。将该图层的入点设置为 0:00:05:04，然后为对钩添加修剪路径属性，激活其结束属性的关键帧，并将结束参数设置为 0%。将时间线移动至 0:00:05:14 的位置，将结束参数设置为 100%。最后将时间线移动至 0:00:05:15 的位置，将结束参数设置为 92%，使对钩全部出现后适当回弹。动画效果如图 3-77 所示。

（a）开始出现　　（b）全部出现　　（c）末端回弹

图 3-77　对钩出现的动画效果

② 将时间线移动至 0:00:05:07 的位置，激活开始属性的关键帧，将开始参数设置为 0%。然后将时间线移动至 0:00:05:14 的位置，将开始参数设置为 32%。最后将时间线移动至 0:00:05:15 的位置，将开始参数设置为 28%，使对钩左侧在消失后出现回弹。动画效果如图 3-78 所示。最终完成效果如图 3-66 所示。

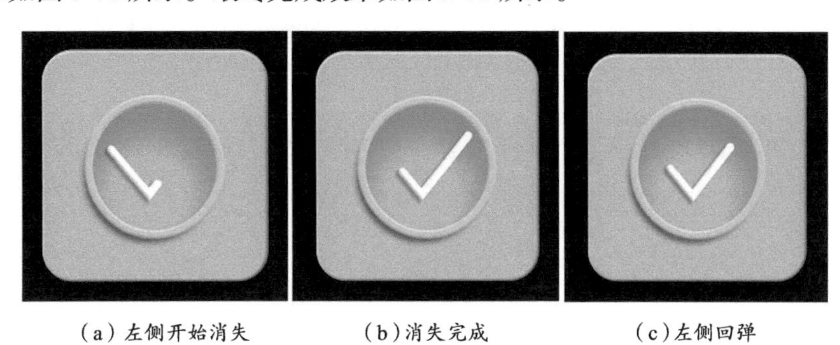

（a）左侧开始消失　（b）消失完成　（c）左侧回弹

图 3-78　对钩左侧回弹动画

【素材位置】教材配套资源 / 第 3 章 / 演示案例 / 演示案例：制作下载图标加载动效。

3.3　动效设计中的形状图层

形状图层在动效设计中应用得十分广泛，为动效设计作品提供了更为丰富与生动的效果。在 After Effects 中，形状图层可以通过形状工具来创建，并且用形状工具绘制的形状为矢量图形。形状的颜料属性和路径变形属性更是为动效设计提供了无限的可能。

3.3.1　形状图层的创建

形状工具既可以创建形状图层，也可以创建形状路径。在工具栏中长按形状工具即可展开形状工具组，形状工具组中包括矩形工具、圆角矩形工具、椭圆工具、多边形工具和星形工具，如图 3-79 所示。

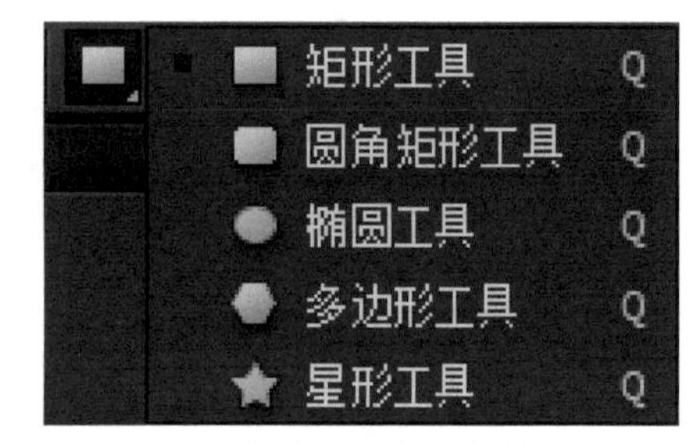

图 3-79　形状工具组

使用形状工具创建形状图层后，工具栏中会出现“工具创建形状”按钮和“工具创建蒙版”按钮，如图 3-80 所示。和文本图层一样，形状图层创建后会在“时间轴”面板中以图层的形式显示出来。

图 3-80　“工具创建形状”和“工具创建蒙版”按钮

在未选择任何图层的情况下，使用形状工具创建出来的是形状图层，而不是蒙版。若选择了素材图层或纯色图层，那么使用形状工具只能创建蒙版；若选择了形状图层，那么可以继续使用形状工具创建图形或为当前图层创建蒙版。

在创建形状图层时，如果需要创建多个路径或形状并使它们存在于同一个形状图层时，则可以在创建第二个图层时，在“时间轴”面板中选择该形状图层，再使用形状工具进行创建，如图 3-81 所示。如果要创建多个路径或形状并使它们存在于不同的形状图层时，则不需要选择任何图层，直接绘制即可，如图 3-82 所示。

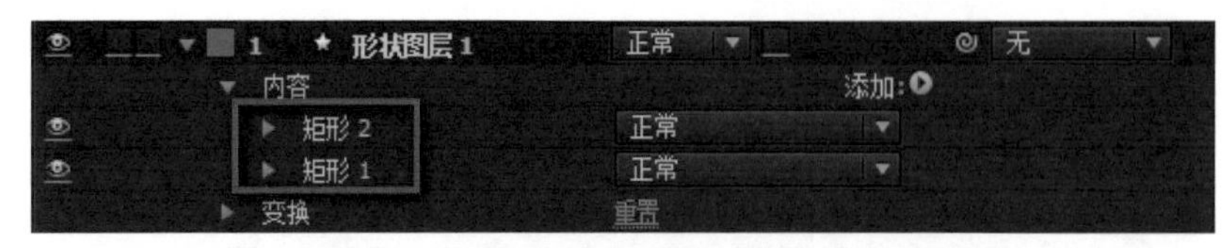

图 3-81　多个路径或形状并存于同一个形状图层

图 3-82　多个路径或形状存在于不同的形状图层

3.3.2　形状图层的描边与填充

形状图层创建后，在工具栏中可以设置图形的填充与描边属性，如图 3-83 所示。

图 3-83　形状的填充与描边属性

单击工具栏中的“填充”或“描边”图标即可打开“填充选项”对话框或“描边选项”对话框，如图 3-84 所示。在对话框中可以设置图层的填充、混合模式和不透明度。其中填充类型包括“无”“纯色”“线性渐变”“径向渐变”。

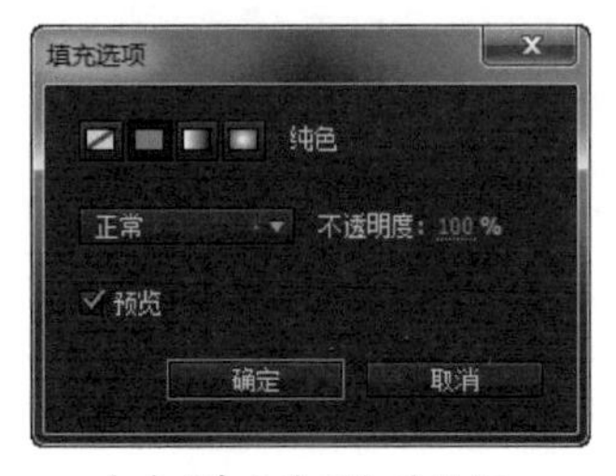

（a）“填充选项”对话框

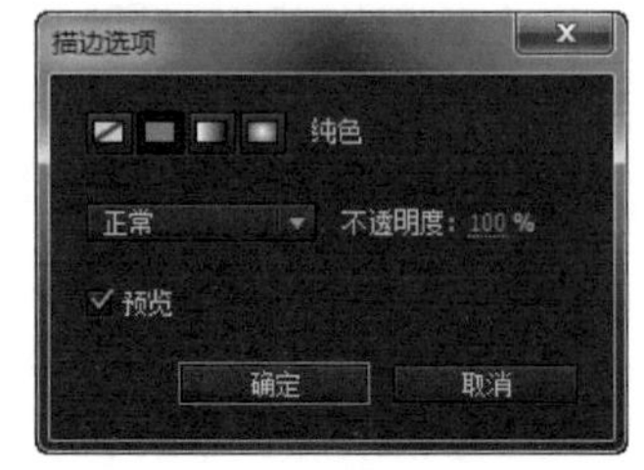

（b）“描边选项”对话框

图 3-84　“填充选项”与“描边选项”对话框

3.3.3　形状图层的属性

创建形状图层后，单击形状图层右侧的“添加”按钮即可弹出形状图层的属性，单击相应的属性即可为形状或形状组添加动画属性，如图 3-85 所示。

其中，“矩形”“椭圆”“多边星形”“路径”统称为路径属性；“填充”“描边”“渐变填充”“渐变描边”统称为颜料属性；剩下的称为路径变形属性。形状图层的动画都是通过路径变形属性来实现的。在同一个群组中，路径变形属性可以对位于其上层的所有路径起作用，用户也可以对路径变形属性进行复制、剪切、粘贴等操作。

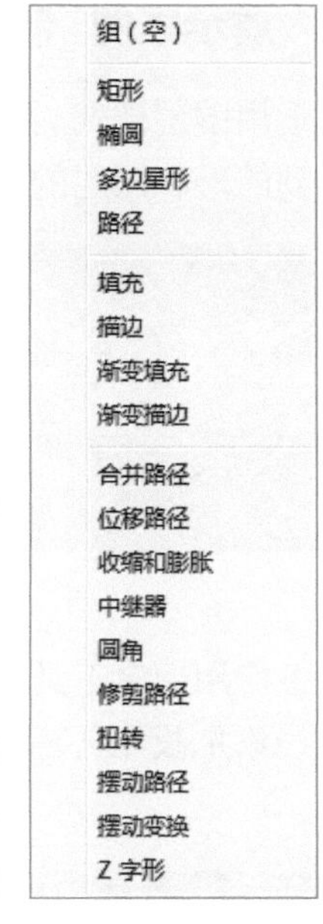

图 3-85　形状图层的属性

合并路径：该属性主要针对形状群组。为一个路径组添加该属性后，可以设置 5 种不同的模式，即合并、相加、相减、相交及排除交集，如图 3-86 所示。

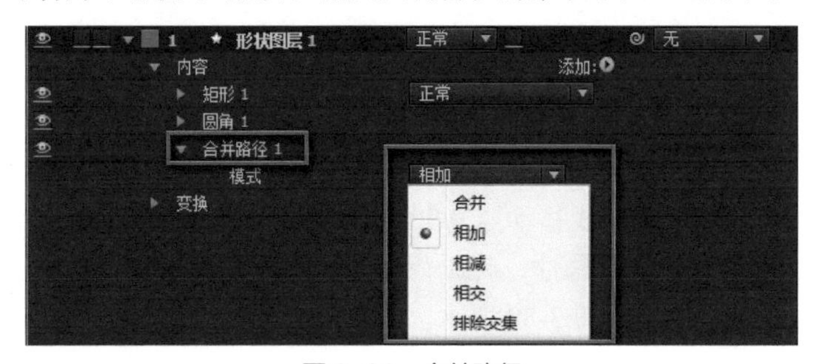

图 3-86　合并路径

位移路径：可对原始路径进行缩放。

收缩和膨胀：该属性可以使原曲线中向外凸起的部分向内凹陷，使向内凹陷的部分向外凸出。

中继器：该属性可以复制形状，然后为每个复制所得的形状应用指定的变换属性。

圆角：可对图形中尖锐的拐点进行圆滑处理。

修剪路径：可为路径制作生长动画。

扭转：可以形状中心为圆心对形状进行扭曲，正值可以使形状按顺时针方向进行扭曲，负值可以使形状按逆时针方向进行扭曲。

摆动路径：可以将路径变成各种效果的锯齿状路径，并且该属性会自动记录动画。

摆动变换：可使用路径形状制作摇摆动画。

Z 字形：可以将路径变成具有统一规律的锯齿状路径。

读者在平时的工作中可以尝试应用各种路径变形属性，熟悉它们所能实现的效果，并将它们运用在自己的作品中。

3.3.4 演示案例：制作 Z 字形加载动画

请运用图层样式、形状图层的属性等知识制作Z字形加载动画，效果如图3-87所示。其中用到的形状图层的“添加”属性包括“Z字形”与“修剪路径”。

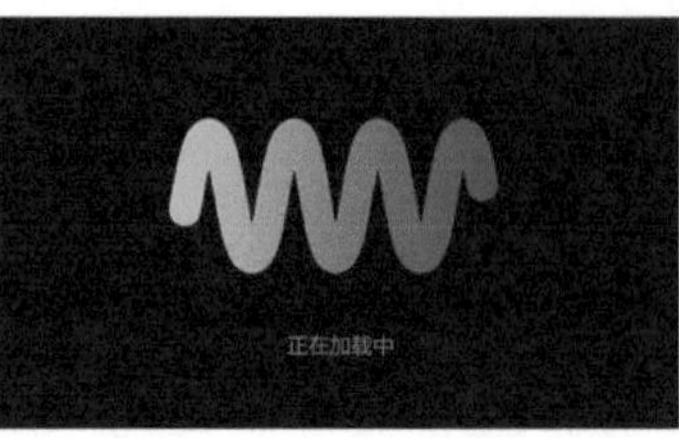

图 3-87　Z 字形加载动画效果

（1）使用钢笔工具画出一条22px的直线，将线段端点类型设置为“圆头端点”。然后为直线添加投影与渐变叠加图层样式，并将渐变样式设置为“线性”，效果如图3-88所示。

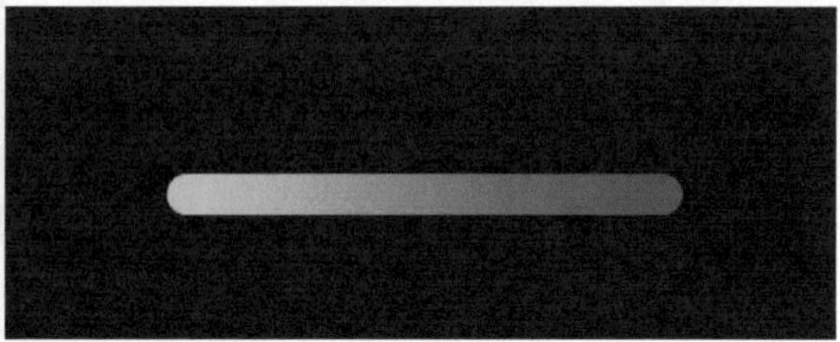

图 3-88　添加图层样式

（2）将时间线移动至0:00:00:00的位置，选择“直线”图层，调出其位置属性，激活位置属性的关键帧。将时间线移动至0:00:00:20的位置，将“直线”图层从左向右横向平移。然后为其添加Z字形属性，将锯齿1的大小设置为41、每段的背脊设置为8、点的类型设置为平滑，效果如图3-89所示。

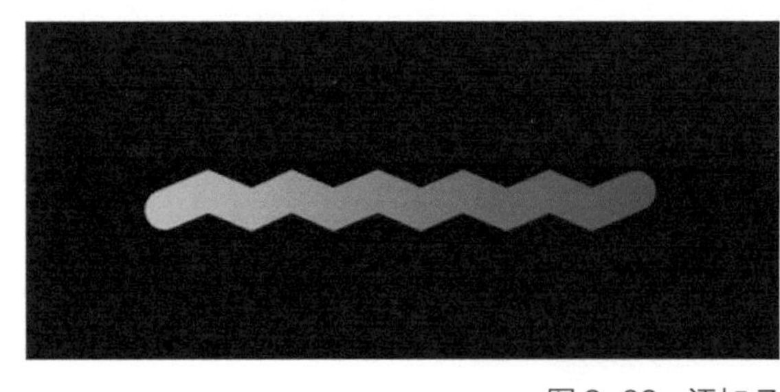
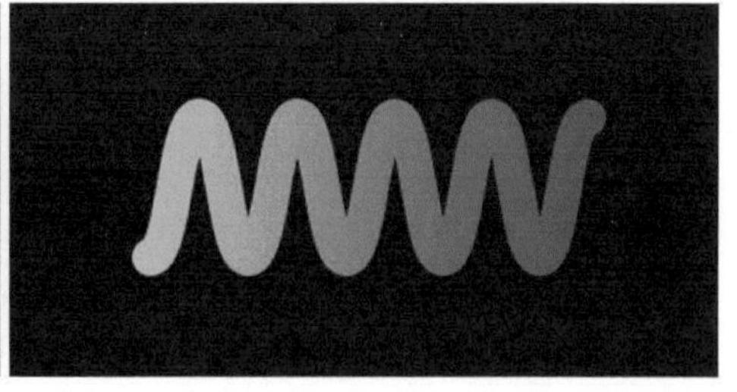

图 3-89　添加 Z 字形属性

（3）选择“直线”图层，为其添加修剪路径属性。将时间线移动至0:00:00:00的位置，激活开始属性的关键帧，将开始参数设置为22%；将时间线移动至0:00:00:20的位置，将开始参数设置为0%，保证波浪线在向右移动的同时左侧曲线向左生长，效果如图3-90所示。激活结束属性的关键帧，将0:00:00:00与0:00:00:20位置上的结束参数分别设置为100%与78%，保证波浪线在向右移动的同时右侧曲线向左消亡，效果如图3-91所示。

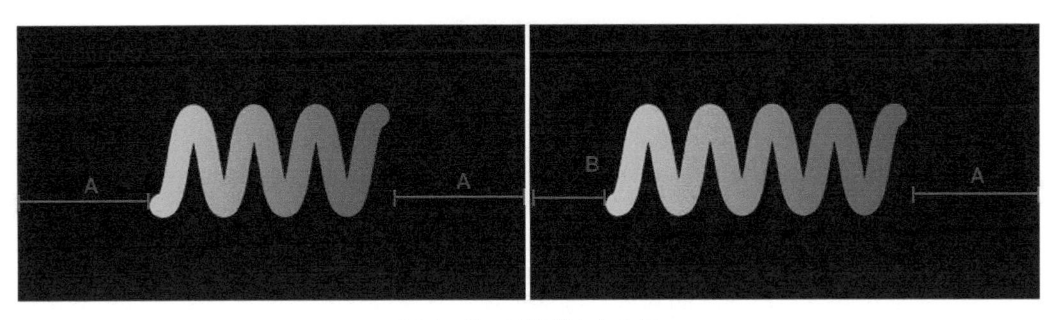

图 3-90　波浪线向左生长

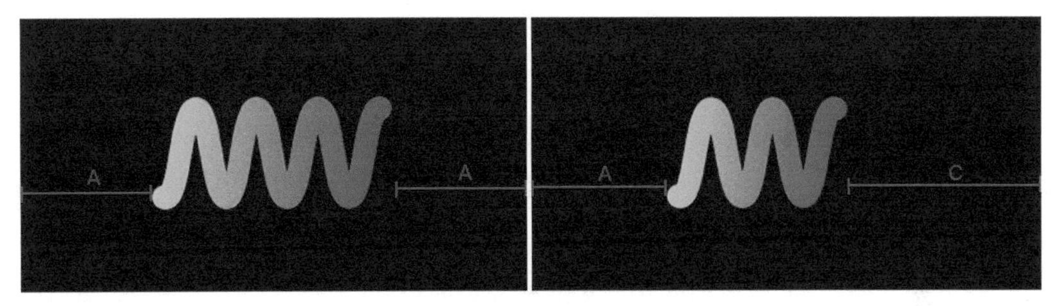

图 3-91　波浪线向左消亡

注意：波浪线的左侧生长完成后，为保证波浪线整体长度不变，波浪线右侧需要消亡相同的距离；波浪线向右平移的距离与向左生长的距离相等时，能保证波浪线在视觉上有移动，但是整体长度不变；在制作动画时，还要注意波浪线整体向左生长，其生长的终点为波浪线未平移前左侧端点的位置，波浪线右侧消亡的终点为未平移前的右侧端点的位置。

【素材位置】教材配套资源 / 第 3 章 / 演示案例 / 演示案例：制作 Z 字形加载动画。

课堂练习：制作雷达角度渐变动画

请运用本章所学的图层样式等知识制作雷达角度渐变动画，完成效果如图 3-92 所示。其中制作雷达扫描过程动画主要会使用“渐变叠加”图层样式中的角度渐变及角度两个属性。

图 3-92　雷达角度渐变动画效果

【素材位置】教材配套资源 / 第 3 章 / 课堂练习 / 课堂练习：制作雷达角度渐变动画。

本章小结

本章围绕 After Effects 中图层的高级功能及类型的应用展开讲解，详细介绍了图层的时间控制、图层样式及图层的混合模式。读者在实际的工作过程中要熟练运用图层的各种混合模式，以实现理想的图层效果。除此之外，本章还对 After Effects 中最常用的文本图层及形状图层做了详细的介绍，包括文本图层和形状图层的创建及其相关属性，以及文本动画和形状图层动画的制作。读者应该通过案例熟悉与图层相关的每一个具体操作方法，并能够掌握图层的相关属性，从而将其灵活运用在动效设计工作中，制作出效果酷炫的动效作品。

课后练习：制作登录页面加载动画

请综合运用本章所学的图层样式、文本动画、形状图层的属性等知识制作登录页面加载动画，主要页面如图 3-93 所示。其中动画制作流程如下。

① 登录页面：用登录按钮的颜色变化来模拟按钮按下时的高亮显示状态，然后以画面淡入的方式过渡到加载页面。

② 加载页面：字符从 1% 变成 100%，与此同时，彩色进度条从左向右生长，直至加载完成，最后以画面淡入的方式过渡到首页页面。

③ 首页页面：首页页面以从小到大、从模糊到清晰的方式快速出现。

（a）登录页面　（b）加载页面　（c）首页页面

图 3-93　主要页面展示

【素材位置】教材配套资源 / 第 3 章 / 课后练习 / 课后练习：制作登录页面加载动画。

第 4 章

After Effects 中动画的制作

【本章目标】

- 熟悉动画关键帧的概念及形成条件，掌握 After Effects 中关键帧的基本操作。
- 掌握图表编辑器的原理与操作方法，了解图表编辑器的参数及使用方法。
- 了解常见的动画形式，如缓动、父子关系、过渡、值变、遮罩、覆盖等。
- 了解嵌套的基本概念，掌握嵌套的具体使用方法。
- 掌握折叠变换与连续栅格化的设置方法。

【本章简介】

动效设计中最关键且被称为核心的就是动画的制作。读者在掌握了 After Effects 的工作流程及图层的相关知识后，需要对 After Effects 中动画的制作进行详细且深入的学习。本章将讲解动画的相关操作，主要包括动画关键帧的相关操作与设置方法、图表编辑器的功能介绍及嵌套的使用方法，旨在帮助读者制作出流畅、精致的动画效果，给观者带来舒适自然的视觉效果与体验。

4.1 关键帧

4.1.1 关键帧的概念及形成条件

在 After Effects 中，动画主要是使用关键帧配合图表编辑器来实现的。后续将讲解如何利用表达式制作动画。

关键帧指的是记录图层属性关键变化信息的帧。在 After Effects 中，必须要有两个或两个以上的关键帧才能产生动画。第一个关键帧表示动画的初始状态，第二个关键帧表示动画的结束状态。两个关键帧中间的动态将会由计算机通过插值的方式计算得出。典型的例子如图 4-1 所示的钟摆摆动，左边为初始状态，右边为结束状态，中间为计算机通过插值计算生成的动画。

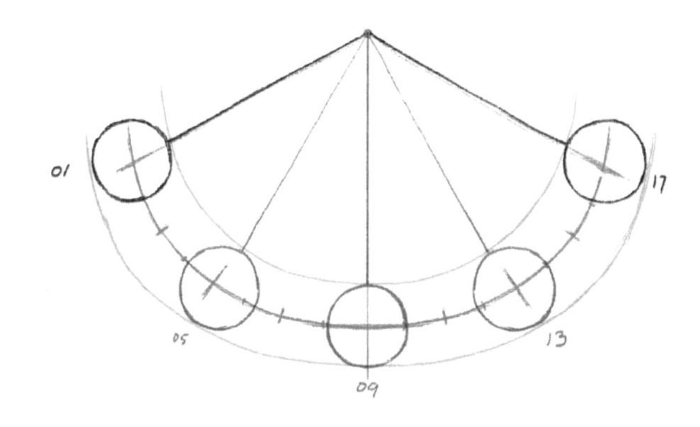

图 4-1 钟摆摆动

第一个关键帧是图层属性第一个状态的记录，通过单击图层属性左侧的码表来激活。而图层属性的变化在时间上留有间隔，这是通过时间线的移动来实现的。其他关键帧通过改变属性的参数值自动形成。

4.1.2 关键帧的基本操作

关键帧的基本操作包括关键帧的激活、关键帧导航器、关键帧的选择、关键帧的编辑及关键帧插值。下面详细讲解它们的具体操作方式。

1. 关键帧的激活

在 After Effects 中，每一个可以制作动画的图层，其属性的左侧都有一个“时间变化秒表”（又称“码表”）按钮，单击该按钮，按钮将呈现为凹陷状态，此时即可开始制作关键帧动画。关键帧一旦被激活，在“时间轴”面板中的任何时间进程都将产生新的关键帧。再次单击“时间变化秒表”后，关键帧的属性会随之被关闭，但会保持当前所设置的参数值。图 4-2 所示为激活的关键帧与未激活的关键帧按钮。

2. 关键帧导航器

在为图层添加第一个关键帧时，“时间轴”面板中会显示出关键帧导航器。关键帧导航器的作用是添加或移除关键帧，也可以通过它快速地从一个关键帧跳转到上一个或下一个关键帧。图 4-3 所示为关键帧导航器。

图 4-2 关键帧按钮

图 4-3 关键帧导航器

单击按钮可以跳转到上一个关键帧的位置，快捷键为 J 键。单击按钮可以跳转到下一个关键帧的位置，快捷键为 K 键。表示当前存在关键帧，单击该按钮可删除当前的关键帧。表示当前没有关键帧，单击该按钮可添加一个关键帧。这里需要注意的是，关键帧导航器是针对当前属性的关键帧进行导航的，而 J 键和 K 键是针对所有关键帧进行导航的。在“时间轴”面板中选择图层，按 U 键可以展开或收起该图层中所有属性的关键帧。

3. 关键帧的选择

在选择关键帧的时候，如果要选择单个关键帧，只需要单击该关键帧即可；如果要选择多个关键帧，则可以在按住 Shift 键的同时单击需要选择的关键帧，或者对需要选择的多个关键帧进行框选。单击“时间轴”面板中的图层属性可以选择图层属性中的所有关键帧。如果要选择图层的属性里数值相同的关键帧，则需要在其中一个关键帧上单击鼠标右键，然后在弹出的快捷菜单中执行“选择相同关键帧”命令。如果要选择某个关键帧之前或之后的关键帧，则只需要选择该关键帧，然后单击鼠标右键，在弹出的快捷菜单中执行“选择前面的关键帧”命令或“选择跟随关键帧”命令即可。图 4-4 所示为选择某关键帧之后单击鼠标右键弹出的快捷菜单。

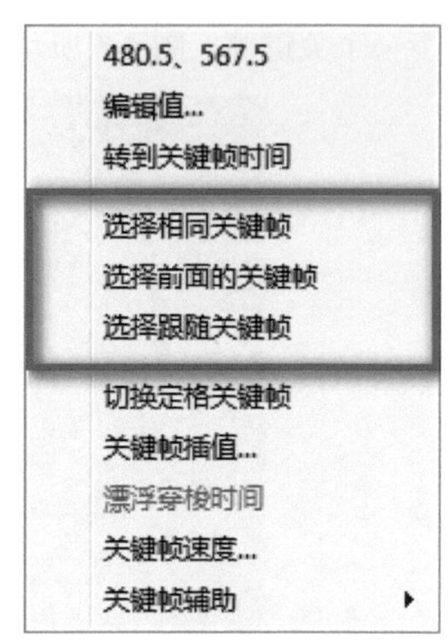

图 4-4 单击关键帧后弹出的快捷菜单

4. 关键帧的编辑

编辑关键帧包括设置关键帧数值、移动关键帧、对一组关键帧进行时间整体缩放、复制和粘贴关键帧、删除关键帧等操作。

（1）设置关键帧数值

在实际的动效设计制作过程中，激活关键帧后，可能需要调整关键帧的数值。调整关键帧数值的方法是，在当前选择的关键帧上双击，再在打开的对话框中调整相应的数值即可。双击不同的图层属性的关键帧所打开的对话框是不同的。图 4-5 所示为双击图层位置属性的关键帧后弹出的对话框。此外，在当前关键帧上单击鼠标右键，在弹出的快捷菜单中执行“编辑值”命令也可以调整关键帧数值，如图 4-6 所示。

图 4-5 双击位置属性的关键帧后弹出的对话框

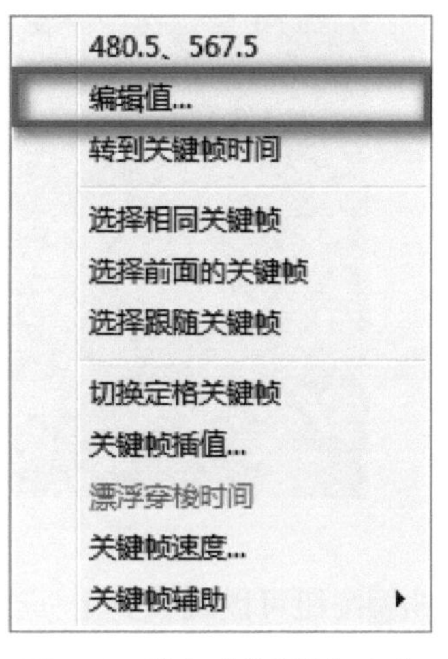

图 4-6 执行“编辑值”命令

（2）移动关键帧

在选择关键帧后，按住鼠标左键并拖曳关键帧即可改变关键帧的位置。若选择的是多个关键帧，则在移动关键帧后，这些关键帧之间的相对位置会保持不变。

（3）对一组关键帧进行时间整体缩放

对一组关键帧进行时间整体缩放，需要同时选择 3 个以上的关键帧，在按住 Alt 键和鼠标左键的同时拖曳第一个或者最后一个关键帧，可以对这组关键帧进行整体时间缩放。

（4）复制和粘贴关键帧

不同图层中相同属性或不同属性的关键帧都可以进行复制和粘贴操作，可以互相复制的关键帧的图层属性包括：具有相同维度的图层属性，如“不透明度”和“旋转”属性；效果的角度控制属性和具有滑块控制的图层属性；效果的颜色属性；蒙版属性和图层的空间属性。

复制和粘贴关键帧的操作步骤为：在“时间轴”面板中展开需要复制关键帧的属性，选择单个或多个关键帧，执行“编辑 – 复制”菜单命令或按组合键 Ctrl+C 复制关键帧；在“时间轴”面板中展开需要粘贴的关键帧的目标图层属性，然后将时间滑块拖曳到需要粘贴的时间处；选择目标属性后执行“编辑 – 粘贴”菜单命令或按组合键 Ctrl+V 粘贴关键帧。如果粘贴的关键帧与目标图层上的关键帧在同一时间位置，则粘贴的关键帧将覆盖目标图层上原有的关键帧。

（5）删除关键帧

删除关键帧最简单的方法就是选择一个或多个关键帧，直接按 Delete 键进行删除；也可以执行“编辑 – 清除”菜单命令删除关键帧；另外还可以单击关键帧导航器中的◆按钮来删除关键帧。

5. **关键帧插值**

关键帧插值指的是在两个关键帧之间插入新的数值，使用插值的方法可以制作出更加自然流畅的动画效果。

在 After Effects 中，常见的插值方法有两种，即“线性”插值和“贝塞尔”插值。“线性”插值指的是在选择的关键帧之间对数据进行平均分配；“贝塞尔”插值指的是基于贝塞尔曲线的形状来改变数值变化的速度。添加插值的方式为选择关键帧，执行“动画 – 关键帧插值”菜单命令或按组合键 Ctrl+Alt+K。图 4-7 所示为“关键帧插值”对话框。

图 4-7　“关键帧插值”对话框

在“关键帧插值”对话框中，可以调节关键帧的“临时插值”“空间插值”“漂浮”。其中，“临时插值”可以用于调整与时间相关的属性、控制进入关键帧和离开关键帧时的速度变化，也可以实现匀速运动、加速运动和突变运动等。“空间插值”仅对位置属性起作用，主要用于控制空间运动路径。漂浮关键帧可以跨多个关键帧轻松创建平滑运动，“漂浮”可以用于使漂浮关键帧及时漂浮以调平速度图表。第一个和最后一个关键帧无法漂浮。漂浮关键帧仅适用于空间图层属性，如位置、中心点及效果控制点。

4.1.3　关键帧的基本类型

关键帧的基本类型包括菱形关键帧、缓入、缓出、缓动及平滑关键帧。可以对关键帧的进出方式进行设置，从而改变动画的状态。进出方式不同的关键帧在外观上也有所不同。在默认情况下，关键帧为菱形。若要改变关键帧类型，则需要选择关键帧，并单击鼠标右键，在弹出的快捷菜单中执行“关键帧辅助 – 缓入 / 缓出 / 缓动”命令，如图 4-8 所示。

关键帧的基本类型

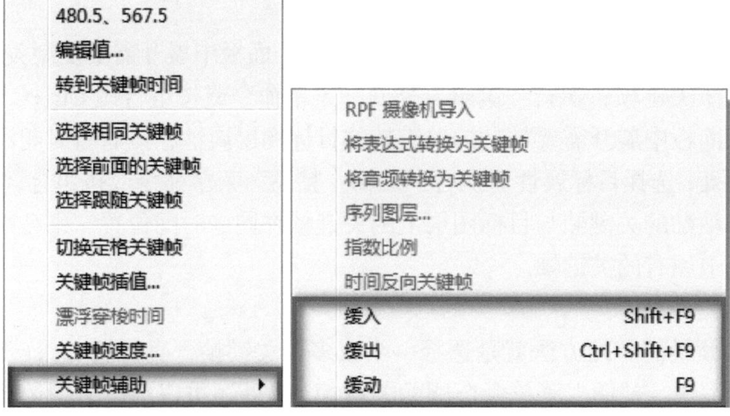

图 4-8 “关键帧辅助”命令

- 菱形关键帧：表现为线性的匀速运动。
- 缓入：表现为线性匀速方式进入，组合键为 Shift+F9。
- 缓出：入点采用线性方式，出点采用贝塞尔方式，组合键为 Ctrl+Shift+F9。
- 缓动：进出的速度以贝塞尔方式表现，快捷键为 F9。
- 平滑关键帧：表现为自动缓冲速度变化，组合键为 Ctrl+ 鼠标左键。

4.2 图表编辑器

图表编辑器可以用来精确调整关键帧，并且除了可以调整关键帧的数值外，还可以调整关键帧动画的出入方式。

4.2.1 图表编辑器的基本操作

在 After Effects 的“时间轴”面板中，选择添加了关键帧的属性，单击“图表编辑器”按钮即可打开其动画曲线。在动画曲线中，可以对关键帧进行精确的调整，如图 4-9 所示。需要注意的是，在单击“图表编辑器”按钮之前，一定要选择关键帧的属性，否则进入动画曲线面板后将不会显示相应的内容。

图表编辑器的基本操作

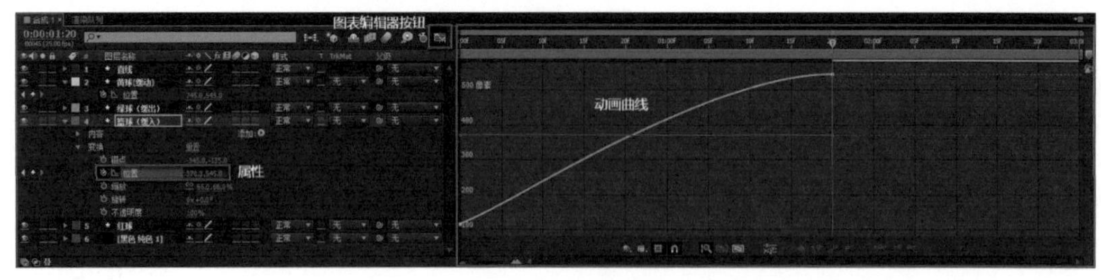

图 4-9 动画曲线

4.2.2 图表编辑器的功能介绍

单击“图标编辑器”按钮后，在动画曲线面板下方会显示一排功能按钮，具体包含：选择具体显示在图表编辑器中的属性；选择图表类型和选项；选择多个关键帧时，显示

“变换”框；对齐；自动缩放图表高度；使选择适于查看；使所有图表适于查看；单独尺寸；编辑选定的关键帧；将选定的关键帧转换为定格；将选定的关键帧转换为“线性”；将选定的关键帧转换为自动贝塞尔曲线；缓动；缓入；缓出。图 4-10 所示为图表编辑器的各个按钮。

图 4-10 图表编辑器

选择具体显示在图表编辑器中的属性：单击该按钮可以选择具体显示在图表编辑器中的属性和曲线，其中的“显示选择的属性”即显示被选择属性的运动属性、“显示动画属性”即显示所有包含动画信息属性的运动曲线、“显示图表编辑器集”即同时显示属性变化曲线和速度变化曲线。

选择图表类型和选项：单击该按钮可以浏览指定的动画曲线类型和选择是否显示其他附加信息，包含“自动选择图表类型”“编辑值图表”“编辑速度图表”“显示参考图表”“显示音频波形”“显示图层的入点 / 出点”“显示图层标记”“显示图表工具技巧”“显示表达式编辑器”。

选择多个关键帧时，显示“变换”框：当激活该功能后，可以在选择多个关键帧后显示一个变换框。

对齐：当激活该功能后，可以在编辑时使关键帧与入点和出点、标记、当前时间指针及其他关键帧等进行自动吸附对齐等操作。

调整“图表编辑器”的视图工具：从左到右依次为“自动缩放图表高度”“使选择适于查看”“使所有图表适于查看”。

单独尺寸：在调节位置属性的动画曲线时，单击该按钮可以分别单独调节该属性各个维度的动画曲线，从而获得更加自然平滑的位移动画效果。

编辑选定的关键帧：可以从其展开的菜单选项中选择相应的命令来编辑选择的关键帧。

关键帧插值方式设置按钮：从左至右依次为“将选定的关键帧转换为定格”“将选定的关键帧转换为‘线性’”“将选定的关键帧转换为自动贝塞尔曲线”。

关键帧类型设置按钮：从左至右依次为“缓动”“缓入”“缓出”。

在实际的设计制作中，动画曲线千变万化，读者在平时的工作中要对其进行反复的练习，总结出其大概的运动规律并掌握其核心，因为“万变不离其宗”。

4.2.3 常见的动画形式

在动效设计中，为了使画面效果达到最佳，通常会根据页面元素或者场景选择合适的动画展示形式。常见的动画形式包括缓动、偏移 & 延迟、父子关系、过渡、值变、遮罩、覆盖、复制、视差、景深、折叠与滑动变焦，如图 4-11 所示。

常见的动画形式与嵌套关系

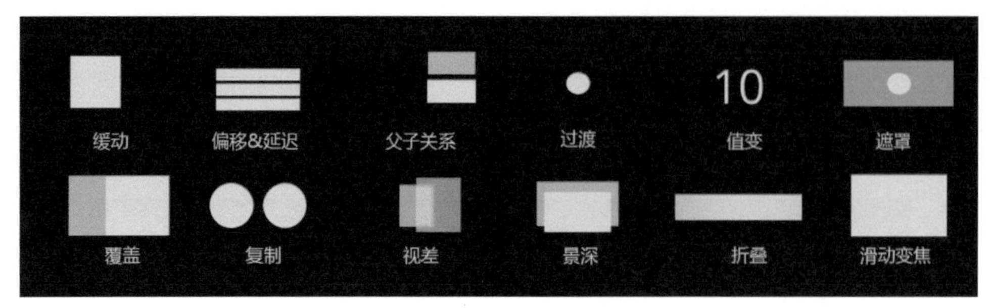

图 4-11　常见的动画形式

4.2.4　演示案例：制作音乐类 App 界面动效

请运用本章所学的缓动、缓入等知识制作音乐类 App 界面动效，使动画的视觉效果更为自然逼真，更符合现实生活中物体的运动规律，效果如图 4-12 所示。其中播放进度条做匀速运动，菜单、歌单的切入动画做缓入运动，Banner 切换做缓动运动。

图 4-12　音乐类 App 界面动效

1. 制作播放界面动效

① 选择“光盘”图层，调出该图层的旋转属性。将时间线移动至 0:00:00:00 的位置并激活旋转属性的关键帧；将时间线移动至 0:00:14:00 的位置，将旋转参数设置为 1 × +0°。动画效果如图 4-13 所示。

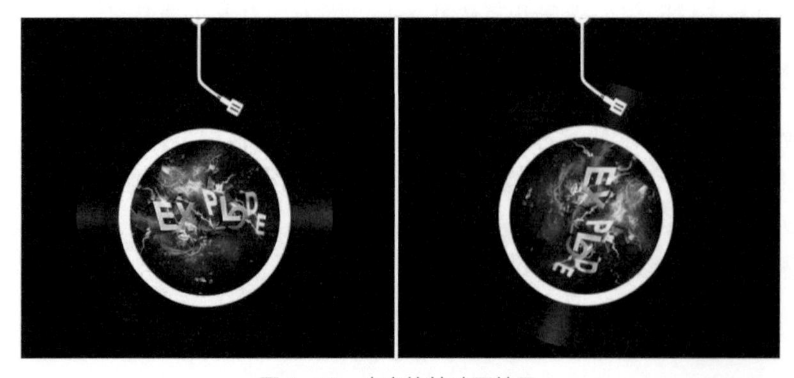

图 4-13　光盘旋转动画效果

② 使用钢笔工具绘制播放进度条，并为其添加紫色“外发光”图层样式。为进度条所在图层添加修剪路径属性，在 0:00:00:00 的位置激活结束属性的关键帧；然后将时间线移动至 0:00:02:00 的位置，将结束参数设置为 59%。动画效果如图 4-14 所示。

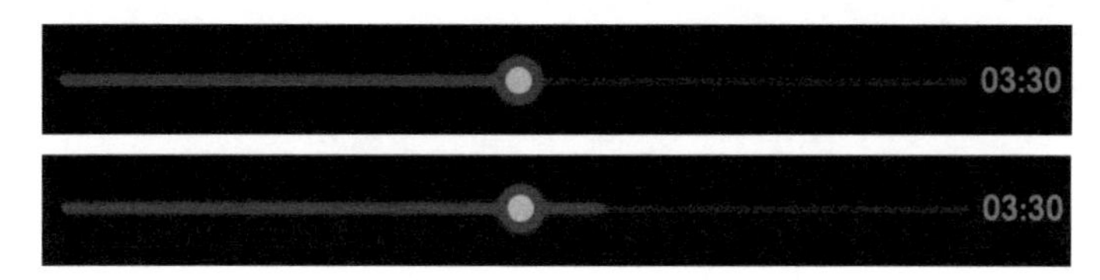

图 4-14　播放进度动画效果

注意：为保证动画从歌单界面再次切换回播放界面时，播放界面的动画能无缝衔接，需要在 0:00:00:00 至 0:00:14:00 之间保持动画不间断；当然，呈现歌单界面时播放进度动画可以暂停，所以在 0:00:12:00 至 0:00:14:00 之间动画不能间断。

③ 将时间线移动至 0:00:12:00 的位置，单击图层左侧的“在当前时间添加或移除关键帧”按钮，在当前位置添加一个关键帧。将时间线移动至 0:00:12:01 的位置，将结束参数设置为 41%。最后将时间线移动至 0:00:14:00 的位置，将结束参数设置为 50%。关键帧设置如图 4-15 所示。

图 4-15　播放进度关键帧设置

④ 将“白圆”图层的父级指定为“紫圆”图层，然后选中“紫圆”图层，调出其位置属性，在 0:00:00:00 的位置激活位置属性的关键帧，并将其参数设置为 297。将 0:00:02:00、0:00:12:00、0:00:12:01、0:00:14:00 处的位置属性的 X 轴参数分别设置为 338、338、254、297，使圆点跟随直线做横向运动，效果如图 4-16 所示。

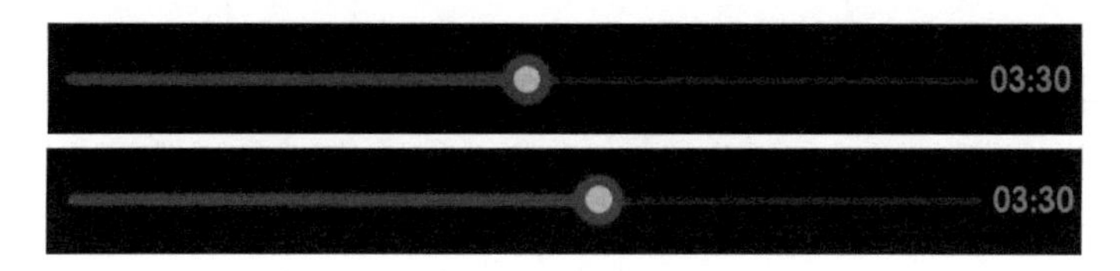

图 4-16　圆点动画效果

⑤ 使用椭圆工具在界面右下角的菜单栏图标上绘制一个白圆，调出“白圆”图层的缩放及位置属性，将时间线移动至 0:00:01:11 的位置，将缩放参数设置为“0%，0%”，将不透明度参数设置为 100%。将时间线移动至 0:00:02:00 的位置，将缩放参数设置为“197%，197%”，将不透明度参数设置为 0%。最后框选 4 个关键帧，按组合键 Shift+F9 以将关键帧的类型设置为“缓入”。动画效果如图 4-17 所示，关键帧设置如图 4-18 所示。

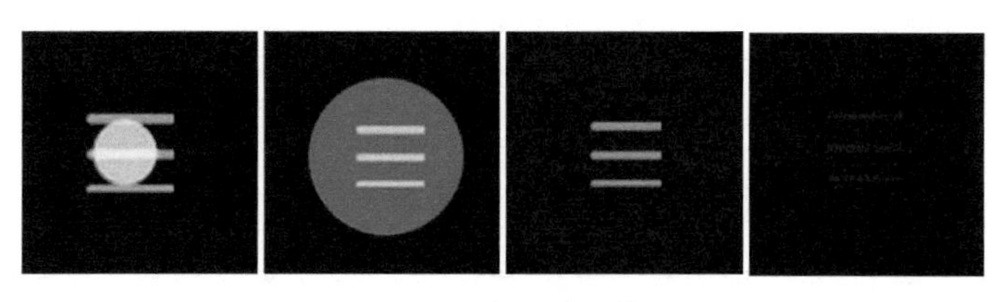

图 4-17　白圆动画效果

图 4-18 “白圆”图层的关键帧设置

⑥ 选择“播放界面”图层并调出其不透明度属性，将时间线移动至 0:00:01:20 的位置，激活不透明度属性的关键帧，并将其参数设置为 100%；然后将 0:00:02:04、0:00:12:00、0:00:12:14 处的不透明度参数分别设置为 0%、0%、100%；最后框选 4 个关键帧，按 F9 键将关键帧类型设置为“缓动”。关键帧设置如图 4-19 所示，动画效果如图 4-20 所示。

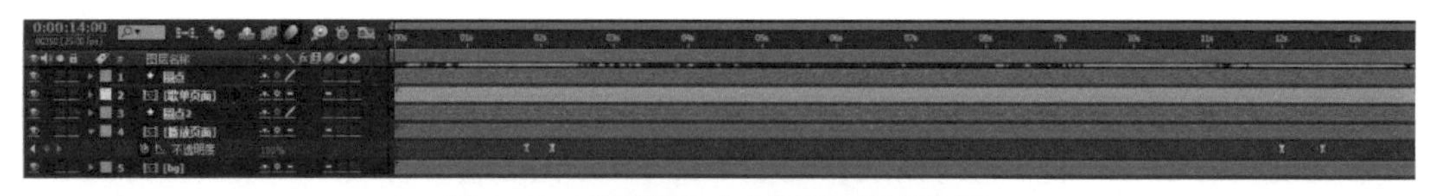

图 4-19 “播放界面”图层的关键帧设置

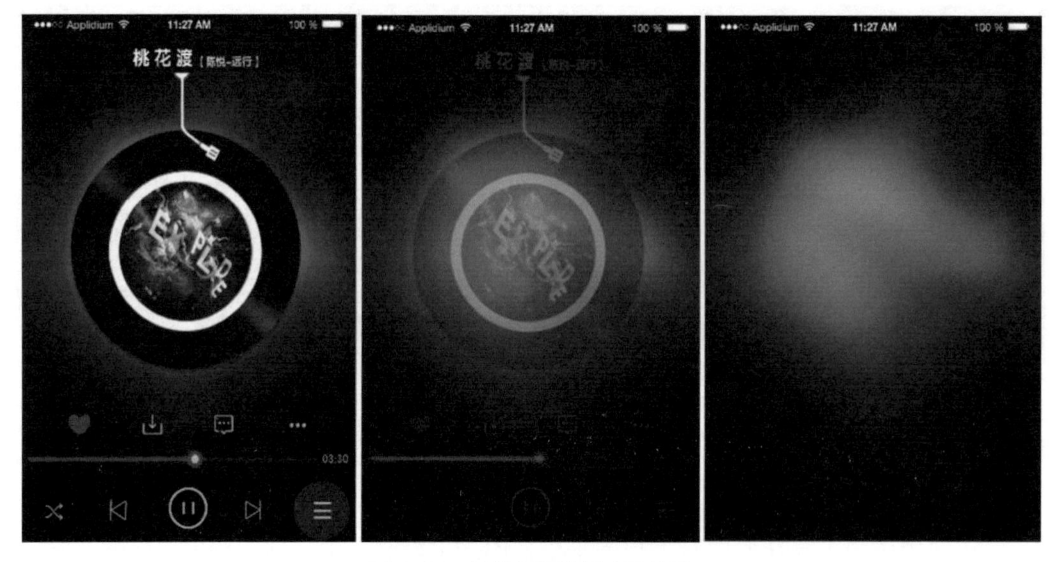

图 4-20 播放界面转场动画效果

2. 制作歌单界面动效

① 选择所有歌单界面的图层并调出它们的位置属性，将时间线移动至 0:00:02:15 的位置，同时激活所有图层位置属性的关键帧，将位置属性的 X 轴参数设置为 1045；然后分别将 0:00:03:02 和 0:00:03:23 处位置属性的 X 轴参数设置为 210 和 302，使所有图层横向移入画面并出现反弹效果。最后框选所有关键帧，按组合键 Shift+F9 将关键帧类型设置为“缓入”并开启运动模糊效果，如图 4-21 所示。

② 确保合成总时长为 15s 且合成帧速率为 25 帧 / 秒后，长按 Ctrl 键依次选择图层 5、图层 4、图层 3、图层 2、图层 1，执行“动画 – 关键帧辅助 – 序列图层”菜单命令，在

弹出的“序列图层”对话框中勾选“重叠”选项，将持续时间设置为 0:00:14:21，使每两个图层间错开 4 帧，如图 4-22 所示。错帧效果如图 4-23 所示，动画效果如图 4-24 所示。

图 4-21　歌单界面图层的位置关键帧设置

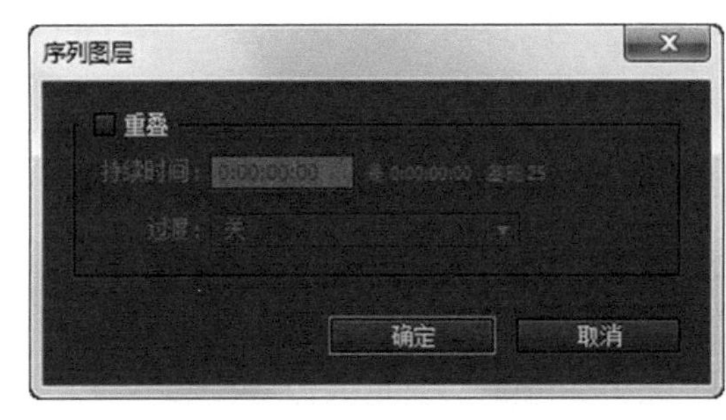

(a) 勾选“重叠”选项

(b) 设置“持续时间”

图 4-22　设置“序列图层”

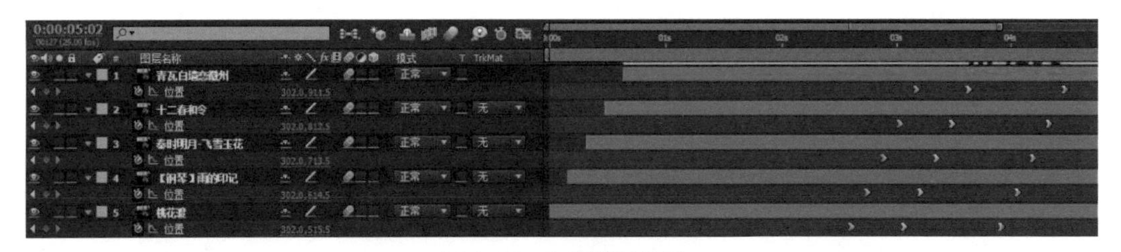

图 4-23　图层错帧效果

图 4-24　歌单动画效果

同理可以设置所有 Banner 及轮播小圆点移入画面的效果，此处不再赘述。Banner 轮播过程主要涉及位置及缩放属性的变化：Banner 移入画面时，将其缩放参数增大；Banner 移出画面时，将其缩放参数减小。Banner 轮播完毕后，“歌单界面”图层的不透明度将会降低，切换回播放界面即可实现动画循环播放。

【素材位置】教材配套资源 / 第 4 章 / 演示案例 / 演示案例：制作音乐类 App 界面动效。

4.3 嵌套关系

嵌套指的是将一个合成作为另一个合成的一个素材并进行相应的操作。嵌套功能常用于对同一个图层使用两次或两次以上的相同属性变换，即在使用嵌套时，用户可以使用两次蒙版、滤镜和变换属性。

4.3.1 嵌套的方法

在动效制作中，图层嵌套的方法有两种：一种是最简单的拖曳，另一种是通常所说的创建预合成。二者的具体操作方法如下。

① 将“项目”面板中的合成项目直接拖曳到“时间轴”面板中的另一个合成中，如图 4-25 所示。

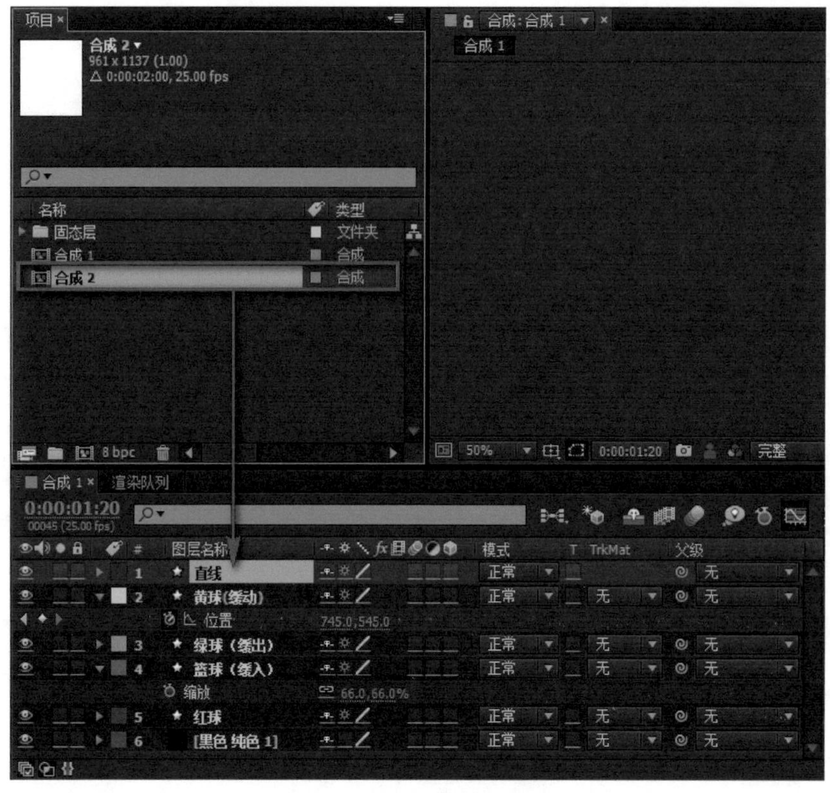

图 4-25　拖曳完成嵌套

② 在“时间轴”面板中选择一个或多个图层，执行“图层－预合成”菜单命令或按组合键 Ctrl+Shift+C 打开“预合成”对话框，设置相应参数，单击“确定”按钮即可完成嵌套合成操作。图 4-26 所示为菜单命令和“预合成”对话框。

在“预合成”对话框中，可以设置新合成的名称。“保留‘合成’中的所有属性”可将所有的属性、动画信息及效果保留在合成中，而只对所选的图层进行简单的嵌套合成处理；“将所有属性移动到新合成”可将所有的属性、动画信息及效果移入新建的合成中；“打开新合成”可在执行完嵌套合成操作后，决定是否在“时间轴”面板中立刻打开新建的合成。

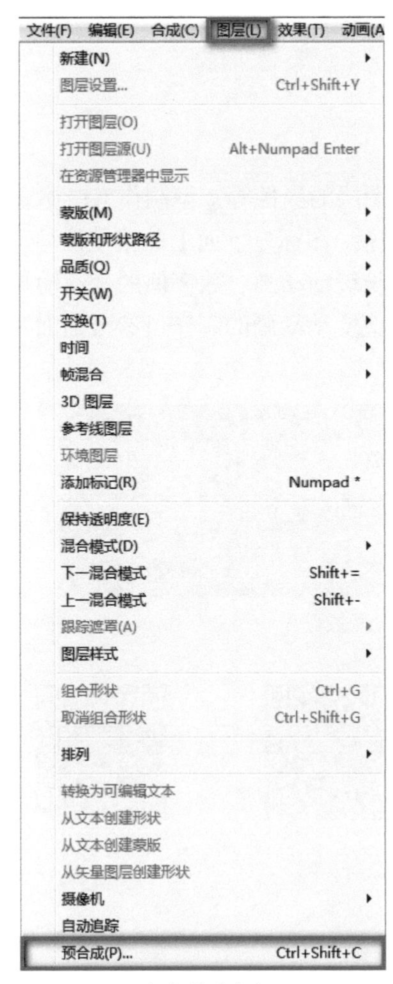

（a）菜单命令

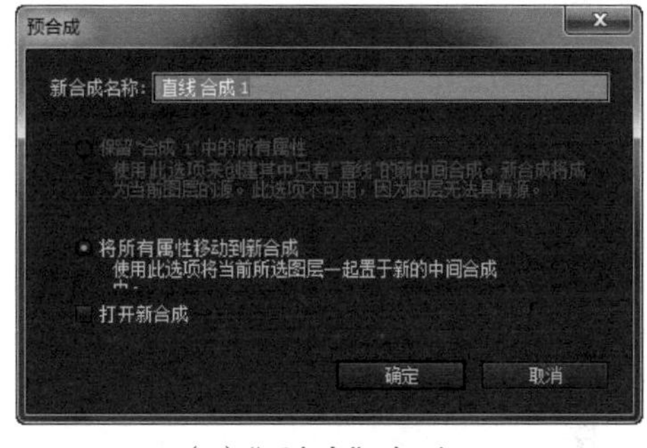

（b）"预合成"对话框

图 4-26　创建预合成

4.3.2　折叠变换 / 连续栅格化

在进行嵌套时，如果新合成不继承原始合成项目的分辨率，那么在对新合成制作缩放类的动画时有可能会出现马赛克效果，此时就需要用到"折叠变换 / 连续栅格化"功能。使用"折叠变换 / 连续栅格化"功能可以提高图层的分辨率，避免出现马赛克等模糊效果，从而保持画面清晰。

可以通过单击"时间轴"面板中的"折叠变换 / 连续栅格化"按钮☼来打开"折叠变换 / 连续栅格化"功能，如图 4-27 所示。

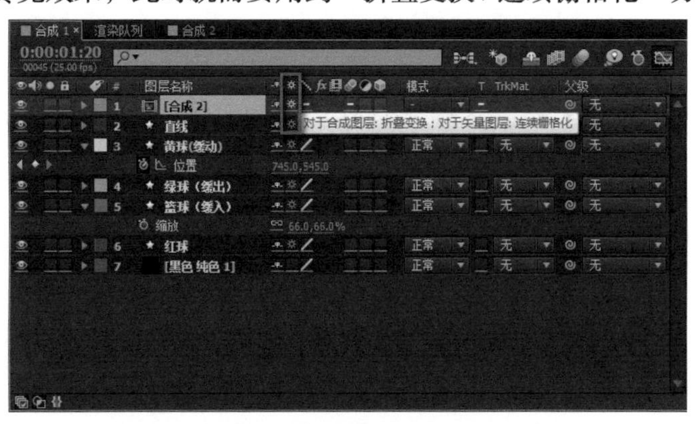

图 4-27　单击"折叠变换 / 连续栅格化"按钮

当图层中包含 Adobe Illustrator 素材文件时，开启“折叠变换 / 连续栅格化”功能可以提高素材的质量。

4.3.3 演示案例：制作 KPI 数据展示页面

请运用嵌套、序列图层、关键帧类型及形状图层的属性等知识制作 KPI 数据展示页面，动画过程如图 4-28 所示。其中主要的动画包括：图标自下而上的错帧位移动画、柱形图自下而上的错帧生长动画、达标率曲线的生长缓动动画、数字值的变动动画等。

下面着重讲解位移及生长动画的制作，数字值变动动画的制作可参考前面章节中关于文本动画的制作方法，此处不再赘述。

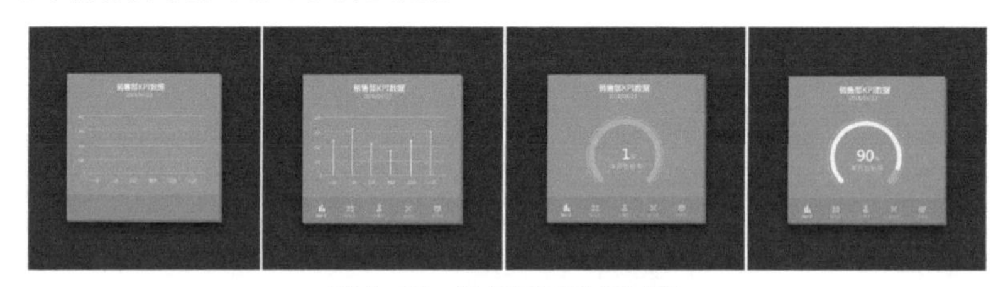

图 4-28 数据展示动画过程

1. 制作图标位移动画

① 将图标注释文字的父级设置为对应的图标图层，选择所有图标图层并调出其位置属性，将时间线移动至 0:00:00:00 处并激活所有图层的位置属性的关键帧，将所有图标的位置属性的 *Y* 轴参数设置为 612，使它们位于合成底部边缘以外。将时间线移动至 0:00:00:10 处，位置属性的 *X* 轴参数保持不变，*Y* 轴参数更改为 510，使图标自下而上移入合成。将时间线移动至 0:00:00:12 处，位置属性的 *X* 轴参数保持不变，*Y* 轴参数更改为 520，使图标回弹下落一定高度。关键帧设置如图 4-29 所示。

图 4-29 图标图层位置属性的关键帧设置

② 框选 0:00:00:00 及 0:00:00:10 处的所有关键帧，按组合键 Shift+F9 将关键帧类型转换成“缓入”；框选 0:00:00:12 处的所有关键帧，按组合键 Ctrl+Shift+F9 将关键帧类型转换成“缓出”。确保合成总时长为 8 秒且合成帧速率为 25 帧 / 秒，然后依次选择图层 6、图层 7、图层 8、图层 9 和图层 10，执行“动画 – 关键帧辅助 – 序列图层”菜单命令，将持续时间设置为 0:00:07:23，使每两个图标间出现的次序错开 2 帧。关键帧设置如图 4-30 所示，动画效果如图 4-31 所示。

图 4-30　图标图层错帧的关键帧设置

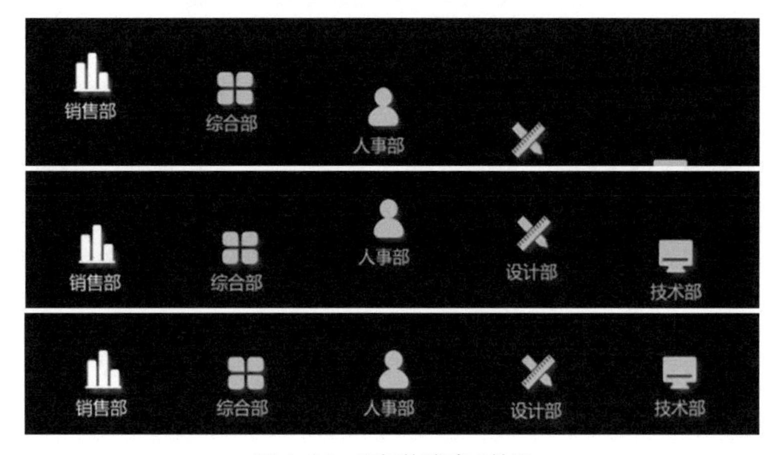

图 4-31　图标位移动画效果

2. 制作柱形图生长动画

① 使用钢笔工具绘制柱形图的直线并为其添加修剪路径属性，将时间线移动至 0:00:01:00 处并激活结束属性的关键帧，将结束参数设置为 0%。将时间线移动至 0:00:01:05 处，将结束参数设置为 67.6%。然后框选两个关键帧，按组合键 Shift+F9 将关键帧类型设置为“缓入”。动画效果如图 4-32 所示。

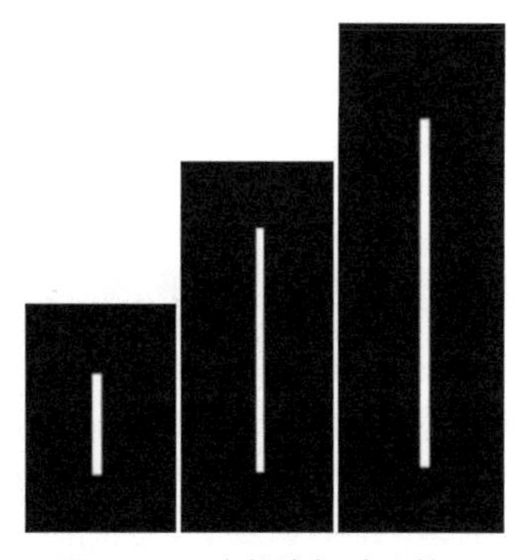

图 4-32　直线生长动画效果

② 使用椭圆工具绘制一个小圆点，将其移动至直线

的底部，并将图层的入点设置为 0:00:01:00。展开形状图层的椭圆路径 1 的位置属性，将时间线移动至 0:00:01:00 处并激活位置属性的关键帧，此时位置参数为“0，0”；将时间线移动至 0:00:01:05 处，将位置参数设置为“0，−150”；将时间线移动至 0:00:01:07 处，将位置参数设置为“0，−132”。最后框选 3 个关键帧，按 F9 键将关键帧类型设置为“缓动”。参数设置如图 4-33 所示，动画效果如图 4-34 所示。

图 4-33　小圆点位置属性的关键帧设置

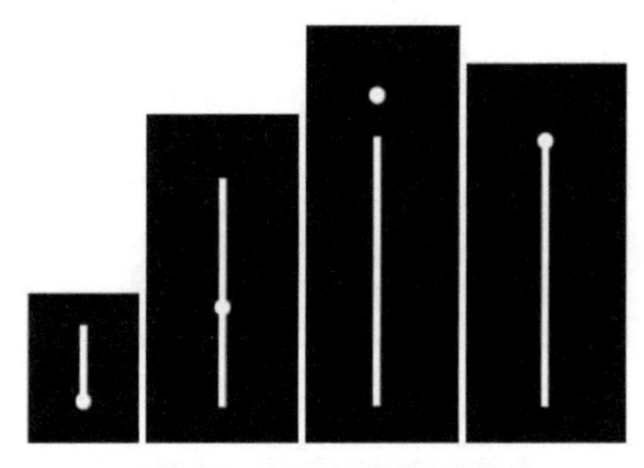

图 4-34　小圆点弹跳动画效果

注意：此处禁用图层变换属性下的位置属性制作小圆点弹跳动画，为避免图层重复并在平移圆点时圆点弹跳动画出现错乱，须使用形状图层路径下的位置属性制作动画。

③ 选择直线与小圆点图层，按组合键 Ctrl+D 对两个图层进行“重复”操作。然后将得到的两个图层横向移动，适当调整直线生长的高度与圆点弹起的高度、图层的入点时间。同理将直线与小圆点重复多次并适当调整后即可制作出柱形图生长动画，效果如图 4-35 所示。

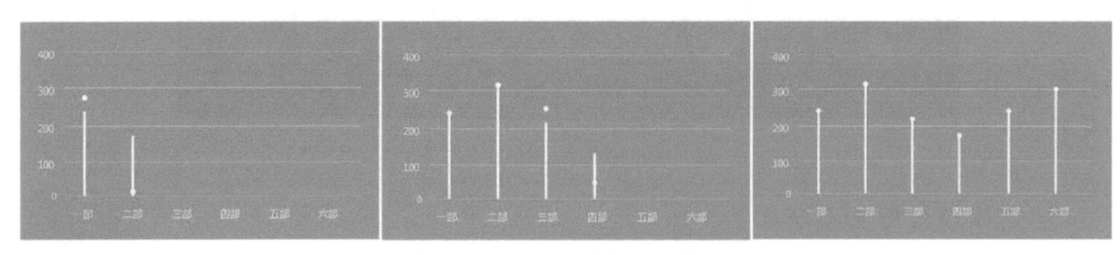

图 4-35　柱形图生长动画效果

④ 选择“柱形图”预合成并调出其位置属性，将时间线移动至柱形图动画演示完后的位置，将“柱形图”预合成从右向左移出预合成的边缘，框选两个关键帧并将它们设置成“缓出”。然后选择“饼形图”预合成，使其从右向左移入画面，同时将其关键帧类型设置为“缓出”。最后开启两个预合成的运动模糊开关，效果如图 4-36 所示。同理，当“饼形图”预合成移出画面时，“柱形图”预合成再次移入画面，以实现动画的循环播放，相关关键帧设置的方法与上述方法类似，此处不再赘述。

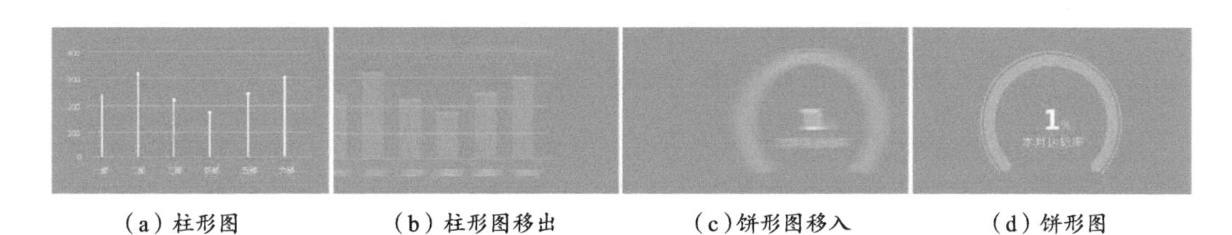

（a）柱形图　　（b）柱形图移出　　（c）饼形图移入　　（d）饼形图

图 4-36　转场动画效果

3. 制作圆环生长动画

① 使用椭圆工具绘制一个描边圆，将其端点类型更改为“圆头端点”，然后为其添加修剪路径属性。激活结束属性的关键帧，并将其参数设置为 0%。适当调整时间线的位置，并修改结束参数为 67%。最后框选两个关键帧并将它们设置成“缓入”，动画效果如图 4-37 所示。

图 4-37　圆环生长动画效果

注意：在动效设计中，属性的参数设置、时间位置的定位都不是固定的，读者须根据浏览效果灵活调整参数及关键帧的位置，以使动画更为流畅自然。

② 按组合键 Ctrl+N 新建一个合成，将其命名为“制作数据展示页面”，接着新建一个藏青色的纯色图层作为背景。然后在“项目”面板中将柱形图与饼形图所在的合成命名为“被嵌套的合成”，并将其拖入“制作数据展示变速运动页面”合成中，如图 4-38 所示。最后使用“投影”图层样式与形状图层为“被嵌套的合成”添加厚度与阴影效果，效果如图 4-39 所示。

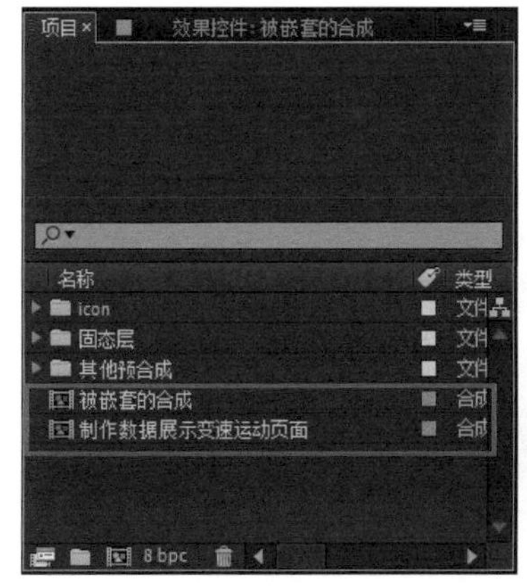

图 4-38　合成的嵌套

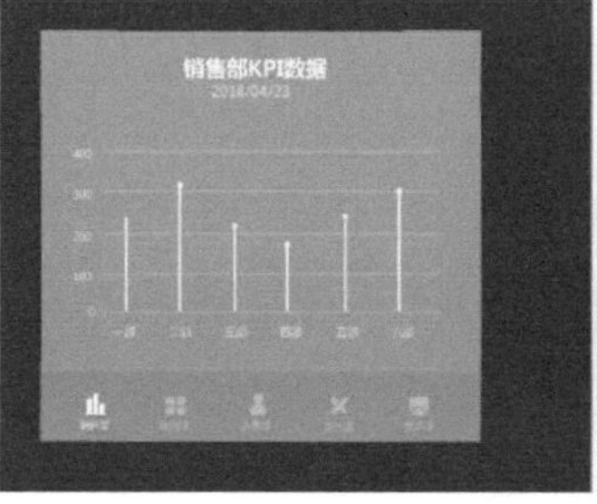

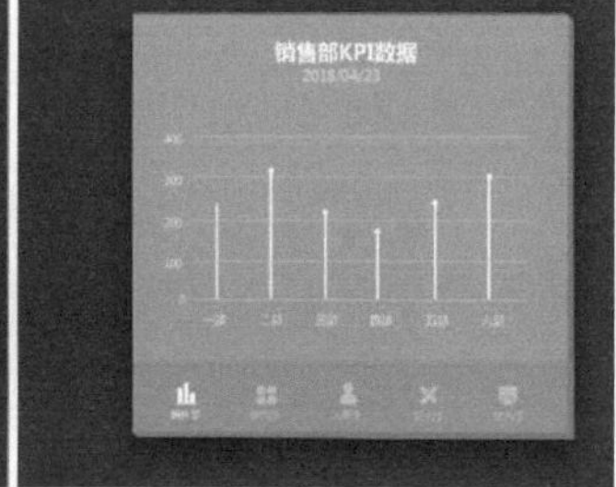

图 4-39　厚度与阴影效果

【素材位置】教材配套资源 / 第 4 章 / 演示案例 / 演示案例：制作 KPI 数据展示页面。

课堂练习：制作 Banner 滑动页面

请运用本章所学的关键帧的基本类型及嵌套的方法等知识制作 Banner 滑动页面，完成效果如图 4-40 所示。其中菜肴及文字以卡片为边缘自下而上地进行移动，进而实现 Banner 的轮播，其位移的速度先快后慢，所以应使用“缓入”的关键帧类型。卡片须进行预合成，然后嵌套到另一个更大的合成中，以保证菜肴及文字在卡片范围内进行移动。

图 4-40　Banner 滑动页面

【素材位置】教材配套资源 / 第 4 章 / 课堂练习 / 课堂练习：制作 Banner 滑动页面。

本章小结

本章详细讲解了 After Effects 中有关动画的基本操作，包括关键帧的操作、图表编辑器、嵌套关系等。在关键帧的操作中，要重点掌握关键帧形成的条件及如何编辑关键帧，熟悉和灵活运用不同类型的关键帧制作出效果自然顺畅的动画效果；了解插值操作的两种方法，包括“线性”插值和“贝塞尔”插值，并掌握其设置方法；熟悉和掌握图表编辑器的各项功能及其详细的使用方法，以及利用动画曲线精准地调整关键帧的方法；此外，还需要掌握两种嵌套的方法及“折叠变换 / 连续栅格化”的操作，以避免在设计中出现图像分辨率低的情况。在实战中，动画的形式多种多样，读者需要进行大胆的尝试与摸索，只有这样才能不断突破，进而创作出更多具有创意的动效作品。

课后练习：制作 4 个小球同时落地的动画

请运用本章所学的关键帧的常见基本类型制作 4 个小球同时落地的动画，效果如图 4-41 所示。要求 4 个小球在相同时间内沿 Y 轴下落相同的距离，同时 4 个小球的位移属性关键帧须分别使用匀速、缓入、缓动及缓出这 4 种类型进行制作。

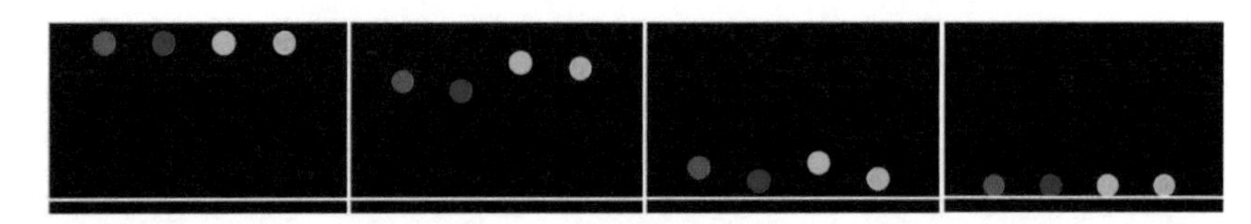

图 4-41　4 个小球同时落地的动画效果

【素材位置】教材配套资源 / 第 4 章 / 课后练习 / 课后练习：制作 4 个小球同时落地的动画。

第 5 章

After Effects 中的蒙版与遮罩

【本章目标】

- 了解蒙版（Mask）的概念，掌握蒙版的创建与修改方法。
- 掌握蒙版的属性及具体设置方法，包括路径、羽化、不透明度及扩展等属性。
- 掌握蒙版动画的制作方法及蒙版的布尔运算，能够运用相加、相减、交集、变亮、变暗、差值制作蒙版动画。
- 了解和掌握遮罩（Matte）的相关概念与操作，熟悉其特点和类型，能够在实际操作中进行灵活的运用。

【本章简介】

蒙版是 After Effects 中最为重要的一个功能组成部分，在使用 After Effects 进行具体操作的过程中，无论是界面动画的制作还是影视后期的特效合成等，都会用到此功能，且此功能与 Photoshop 中的蒙版功能类似。

蒙版与遮罩存在很多相似之处，但无论是在定义上，还是作用方式上，二者都存在差别。本章将从概念到创建再到作用，详细讲解蒙版与遮罩，通过剖析知识点及案例，使读者深入掌握蒙版与遮罩的运用。

5.1 蒙版

5.1.1 蒙版的概念

蒙版是一种路径，分为闭合路径蒙版和开放路径蒙版。若是开放路径，则只能作为路径来使用。有些效果可以同时作用到闭合路径和开放路径上，如描边、路径文本、音频波形、音频频谱等，而填充、改变形状等效果就只能作用在闭合路径之上。图 5-1 所示为使用蒙版创建的文字运动路径和图形运动路径。

（a）文字运动路径

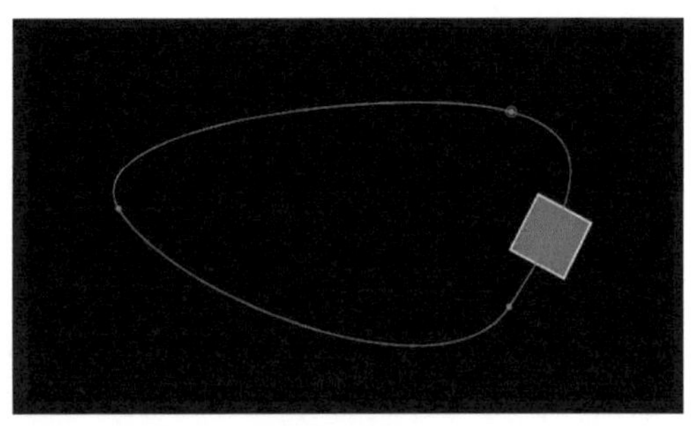

（b）图形运动路径

图 5-1　使用蒙版创建的路径

蒙版相当于一个封闭的贝塞尔曲线所构成的路径轮廓，轮廓之内或之外的区域可以作为控制图层透明区域和不透明区域的依据，如图 5-2 所示。蒙版依附于图层，与效果、变换一样作为图层的属性存在，而非单独的图层。

图 5-2　蒙版控制图层的透明与不透明区域

5.1.2 蒙版的创建与修改

在 After Effects 中，创建蒙版的方法多种多样。在实际的工作中，常用的方法包括使用形状工具创建、使用钢笔工具创建、使用“新建蒙版”命令创建、使用“自动追踪”命令创建。下面就针对这 4 种方法进行讲解。

1. 使用形状工具创建蒙版

使用形状工具创建蒙版是最简单快捷的方法，在形状工具中可以使用矩形工具、圆角矩形工具、椭圆工具、多边形工具、星形工具来创建形状不同的蒙版。形状工具组如图 5-3 所示。

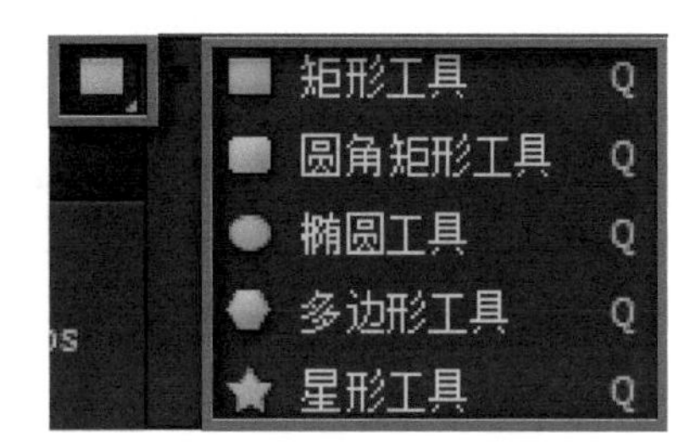

图 5-3　形状工具组

操作步骤为：在“时间轴”面板中选择需要创建蒙版的图层，再在工具栏中选择合适的形状工具，使用选择的形状工具，在“合成”面板或“时间轴”面板中进行拖曳即可创建出蒙版。图 5-4 所示为使用椭圆工具，按住 Shift 键为图层创建圆形蒙版的效果。

（a）原图层

（b）使用椭圆工具创建圆形蒙版后

图 5-4　使用形状工具创建蒙版

在使用形状工具创建蒙版时，双击选择好的形状工具可以在当前图层中自动创建一个最大的蒙版；按住 Shift 键可以创建出等比例的形状蒙版，例如正圆和正方形；按住 Ctrl 键即可创建一个以单击确定的第一个点为中心的蒙版。读者在创作中可以根据需要选择合适的形状工具来创建蒙版。

2. 使用钢笔工具创建蒙版

除了形状工具外，钢笔工具也可以创建蒙版，二者的区别在于，钢笔工具不受限制，可以创建出任意形状的蒙版。需要注意的是，在使用钢笔工具创建蒙版时，蒙版必须为闭合状态。具体操作步骤为：在“时间轴”面板中选择需要创建蒙版的图层，在工具栏中选择钢笔工具，如图 5-5 所示。在绘制的过程中，如果需要在闭合的曲线上添加点，则可以使用添加“顶点”工具；如果需要在闭合的曲线上减少点，则可以使用删除“顶点”工具；如果需要对曲线上的点进行贝塞尔控制调节，则可以使用转换“顶点”工具；如果需要对创建的曲线进行羽化，则可以使用蒙版羽化工具。

图 5-5　钢笔工具

选择钢笔工具后，在“合成”面板或“时间轴”面板中单击确定第一个点，然后继续单击即可绘制出一个闭合的贝塞尔曲线。图 5-6 所示为使用钢笔工具创建的蒙版效果。

（a）使用钢笔工具绘制路径

（b）路径闭合后蒙版的效果

图 5-6　使用钢笔工具创建蒙版

3. 使用“新建蒙版”命令创建蒙版

使用“新建蒙版”命令创建出的蒙版是与图层大小一致的矩形蒙版，与使用形状工具创建出的蒙版类似，形状比较单一。具体操作步骤为：在“时间轴”面板中选择需要创建蒙版的图层，执行“图层－蒙版－新建蒙版”菜单命令或按组合键 Ctrl+Shift+N 即可创建一个与当前图层大小一样的蒙版。图 5-7 所示为使用“新建蒙版”命令创建的图层蒙版。

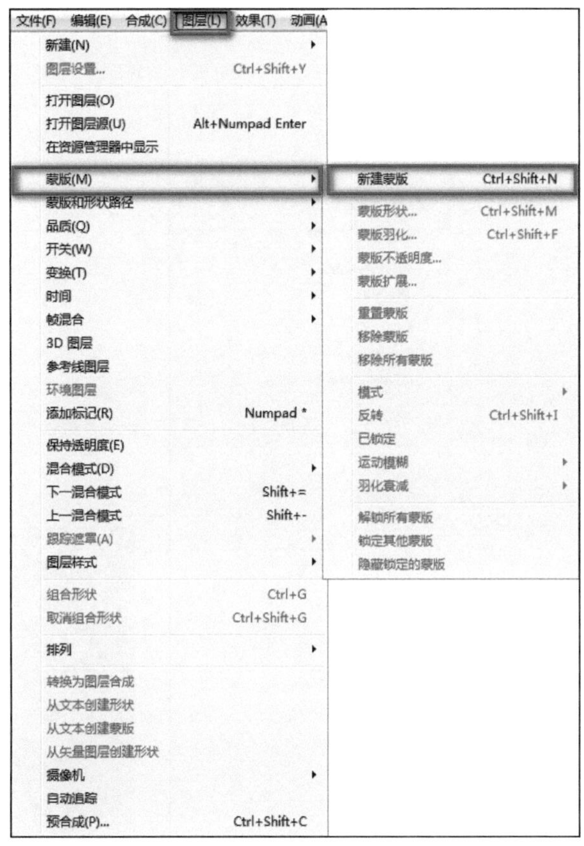

(a) 执行菜单命令

(b) 创建的蒙版效果

图 5-7 使用“新建蒙版”命令创建蒙版

用户在使用“新建蒙版”命令创建蒙版后，还可以根据制作需求对蒙版进行调节。使用选择工具选择蒙版，执行“图层－蒙版－蒙版形状”菜单命令即可打开“蒙版形状”对话框。在“蒙版形状”对话框中，可以对蒙版的位置、单位和形状进行调节；按住鼠标左键左右拖动可以对相应的数值进行调节，还可以在“重置为”下拉列表框中选择“矩形”和“椭圆”两种形状。图 5-8 所示为编辑蒙版的步骤。

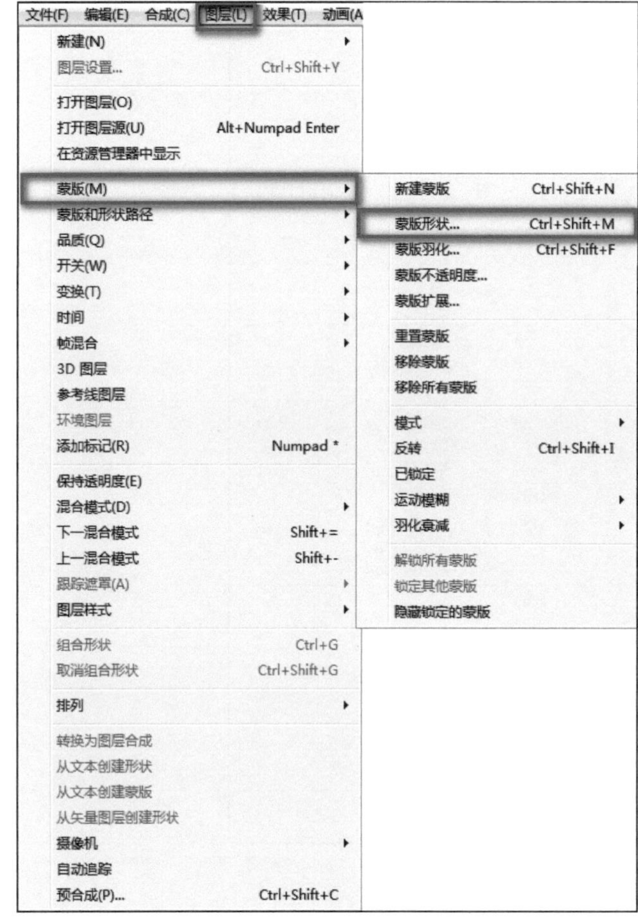

（a）执行“蒙版形状”命令

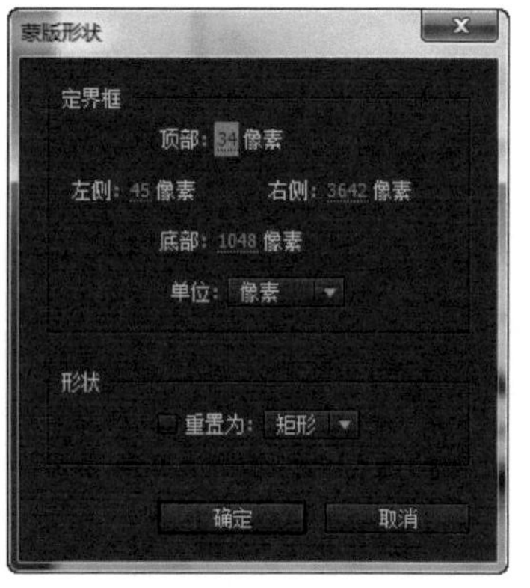

（b）“蒙版形状”对话框

图 5-8　对蒙版进行编辑

4. 使用“自动追踪”命令创建蒙版

“自动追踪”命令可以根据图层的 Alpha、红、绿、蓝和亮度信息来自动生成路径蒙版。具体操作步骤为：执行“图层－自动追踪”菜单命令，打开“自动追踪”对话框，在该对话框中可以设置时间跨度、选项等参数。图 5-9 所示为执行“自动追踪”菜单命令及对应的对话框，图 5-10 所示为使用“自动追踪”菜单命令创建的蒙版效果。

“自动追踪”对话框中的时间跨度用于设置自动追踪的时间区域，当前帧指的是只对当前帧进行自动追踪；工作区是对整个工作区进行自动追踪，选中此选项可能需要花费一定的时间来生成蒙版。通道中包含 Alpha、红色、绿色、蓝色和明亮度 5 个选项。反转指的是反转蒙版的方向。模糊是指在自动跟踪蒙版之前，对原始画面进行虚化处理，这样可以使跟踪蒙版的结果更加平滑。设置容差范围可以判断误差和界限的范围。最小区域是指设置蒙版的最小区域。阈值是指设置蒙版的阈值范围，高于该阈值的区域为不透明区域，低于该阈值的区域为透明区域。圆角值用于设置跟踪蒙版的拐点处的圆滑程度。

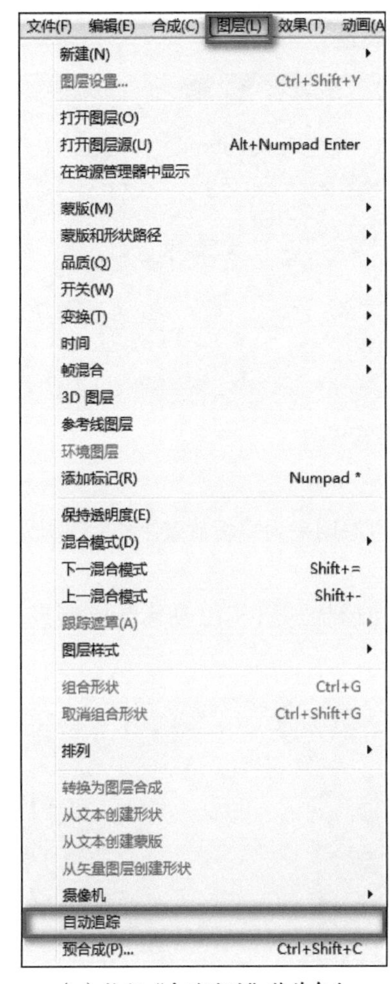

(a) 执行“自动追踪”菜单命令

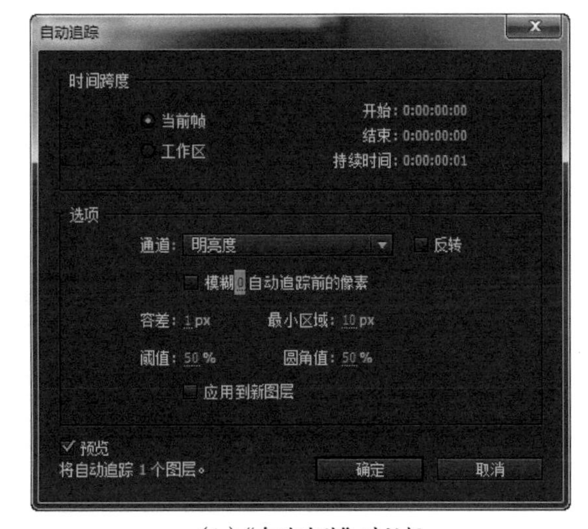

(b)“自动追踪”对话框

图 5-9 打开“自动追踪”对话框

图 5-10 使用“自动追踪”菜单命令创建的蒙版效果

5.1.3 蒙版的属性

蒙版的属性包括蒙版路径、反转、蒙版羽化、蒙版不透明度和蒙版扩展。打开蒙版属性的快捷方法是在“时间轴”面板中连续按两次 M 键。图 5-11 所示为“时间轴”面板中的蒙版属性。

图 5-11 “时间轴”面板中的蒙版属性

（1）蒙版路径

蒙版路径主要用来设置蒙版的路径范围和形状，也可以用来为蒙版节点制作关键帧动画。

（2）蒙版反转

蒙版反转，顾名思义就是反转蒙版的路径范围和形状。图 5-12 所示为蒙版反转前后的效果对比。

（a）反转前

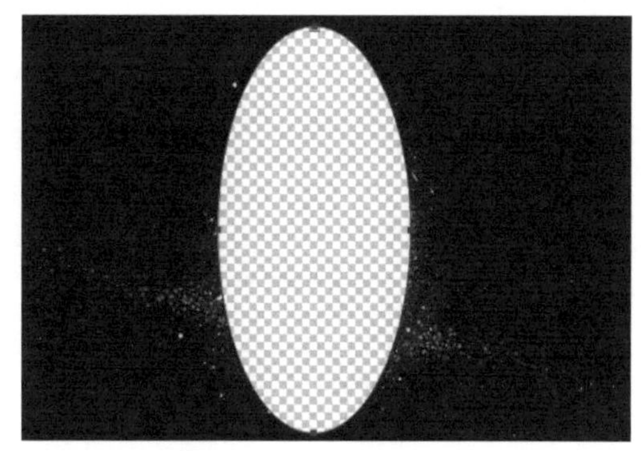

（b）反转后

图 5-12 蒙版反转前后的效果对比

（3）蒙版羽化

蒙版羽化用于羽化蒙版边缘，从而使蒙版边缘与底层图层完美地融合在一起。打开蒙版羽化属性的快捷键为 F。单击蒙版羽化属性右侧的“约束比例”按钮即可通过左右拖曳分别对蒙版的 *X* 轴和 *Y* 轴进行羽化值的设置，也可直接单击输入数值。图 5-13 所示为设置蒙版羽化后的效果。

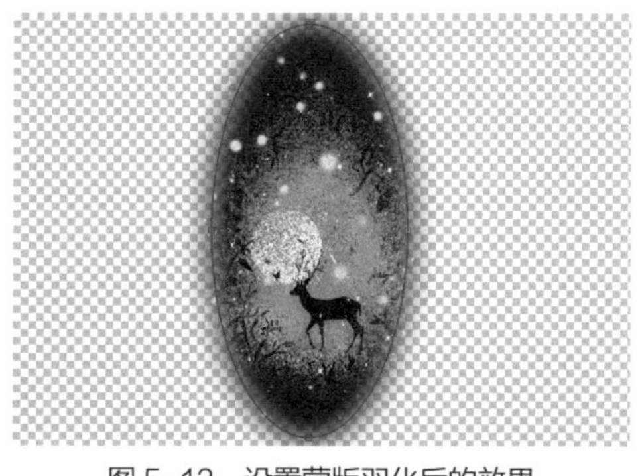

图 5-13 设置蒙版羽化后的效果

（4）蒙版不透明度

打开蒙版不透明度属性的快捷键为 T。图 5-14 所示为蒙版不透明度为 100% 和 50% 时的效果对比。

（a）蒙版不透明度为 100%

（b）蒙版不透明度为 50%

图 5-14　不同蒙版不透明度的效果对比

（5）蒙版扩展

蒙版扩展用来调整蒙版的扩展程度，正值为扩展蒙版区域，负值为收缩蒙版区域。图 5-15 所示为蒙版扩展分别为正值与负值时的效果对比。

（a）蒙版扩展为 60

（b）蒙版扩展为 –60

图 5-15　不同蒙版扩展值的效果对比

5.1.4　蒙版的布尔运算

蒙版的布尔运算

蒙版的布尔运算指的是当一个图层中具有多个蒙版时，可以进行布尔运算以使蒙版之间产生叠加效果。蒙版的布尔运算包括无、相加、相减、交集、变亮、变暗、差值，如图 5-16 所示。

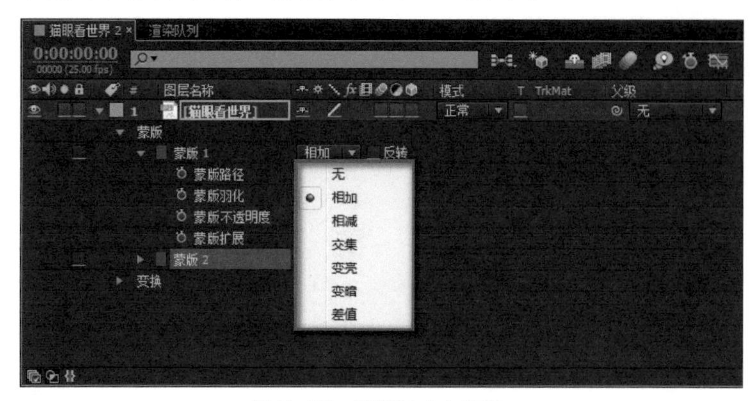

图 5-16　蒙版的布尔运算

蒙版的排列顺序对最终的布尔运算结果影响很大。After Effects 处理蒙版是按照蒙版的排列顺序从上至下依次进行的，也就是说先处理最上层的蒙版及其叠加效果，再将处理结果与下层蒙版的效果进行布尔运算。蒙版的不透明度也是需要考虑的因素，下面以不透明度 100% 的矩形蒙版和不透明度为 50% 的椭圆蒙版为例进行布尔运算。

无：选择"无"模式时，路径将不作为蒙版使用，而作为路径形式存在。图 5-17 所示为"无"模式的效果。

图 5-17 "无"模式的效果

相加：该模式是指将当前蒙版区域与其上层的蒙版区域进行相加处理。图 5-18 所示为"相加"模式的效果。

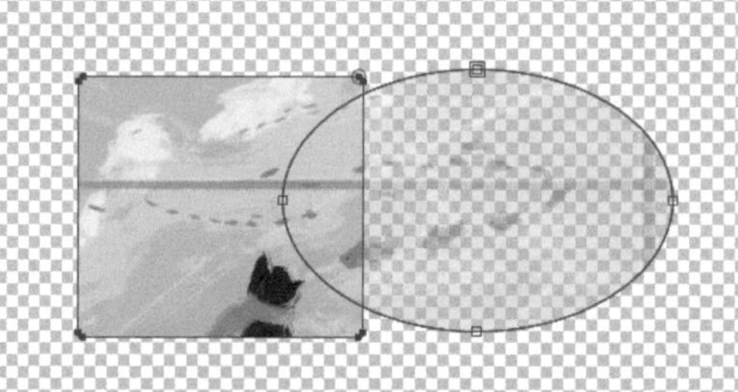

图 5-18 "相加"模式的效果

相减：该模式是指将当前蒙版上层的所有蒙版的组合结果与当前蒙版进行相减处理。图 5-19 所示为“相减”模式的效果。

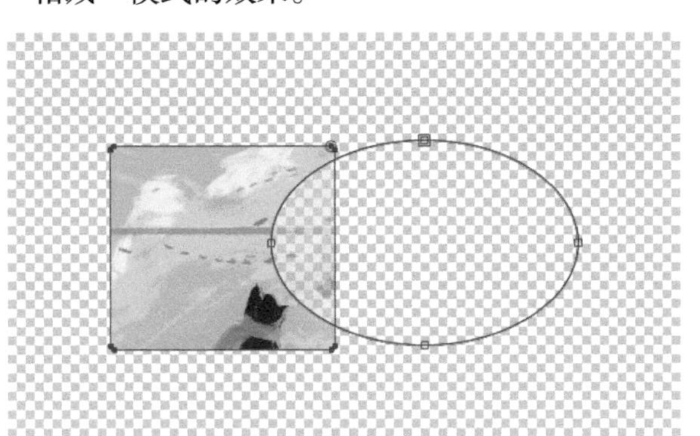

图 5-19 “相减”模式的效果

交集：该模式是指只显示当前蒙版与其上层所有蒙版的组合结果相交的部分。图 5-20 所示为“交集”模式的效果。

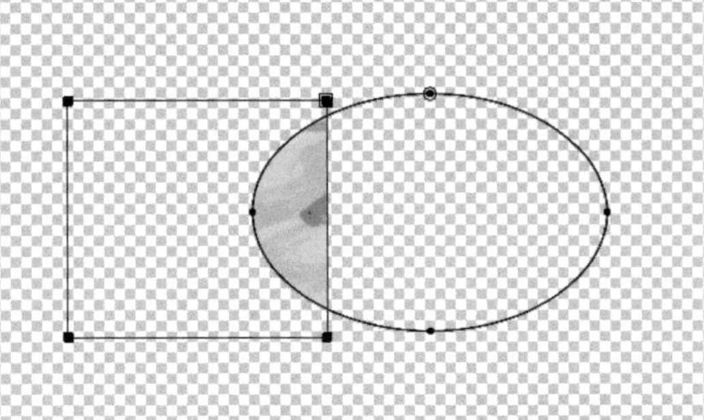

图 5-20 “交集”模式的效果

变亮：该模式和“相加”模式相同，对蒙版重叠处采用较高的不透明度值。图 5-21 所示为“变亮”模式的效果。

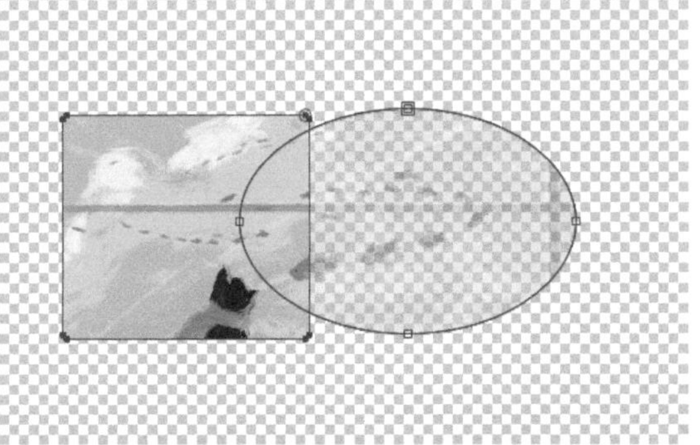

图 5-21 “变亮”模式的效果

变暗：该模式与“交集”模式相同，对蒙版重叠处采用较低的不透明度值。图 5-22 所示为“变暗”模式的效果。

差值：该模式采取相加后减去交集的方式处理蒙版，即先对所有蒙版进行相加运算，再对所有蒙版的相交部分进行相减运算。图 5-23 所示为“差值”模式的效果。

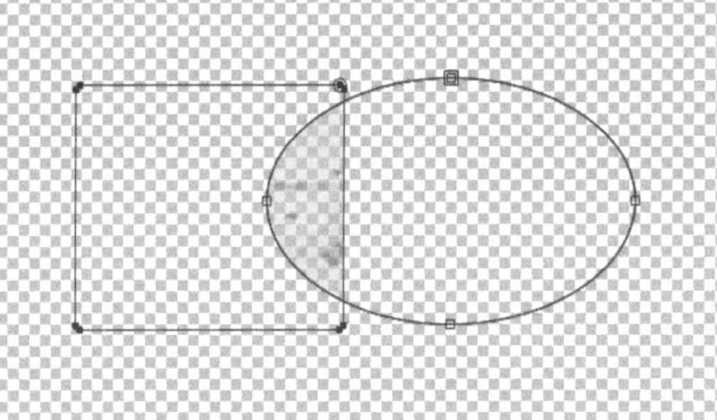

图 5-22 “变暗”模式的效果

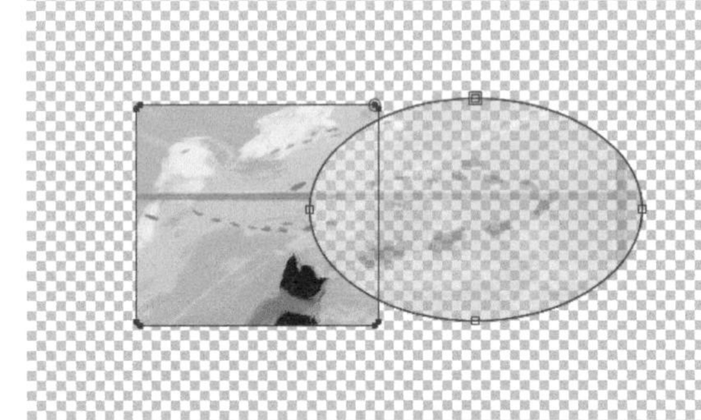

图 5-23 “差值”模式的效果

5.1.5 演示案例：利用蒙版制作变形表情包

请运用本章所学的蒙版的基本操作改变蒙版路径的形状，制作出卡通小熊爪子变形的表情包，效果如图 5-24 所示。本案例的动画包括：文字弹跳下落，小熊爪子变形。

图 5-24 蒙版变形表情包效果

1. 制作文字弹跳下落动画

① 将素材导入 After Effects 中，选择“求”图层并调出其位置属性，将时间线移动至 0:00:00:12 处，将位置参数设置为“356,−102”并记录关键帧，此时 *Y* 轴的参数必须为负数，这样才能保证其起始位置位于合成顶部以外的位置。然后将时间线移动至 0:00:00:16 处，将位置参数调整为“356,501”，此时 *Y* 轴的参数必须为正数，这样才能保证文字下落到白色背景上。“求”图层动画效果如图 5-25 所示。

图 5-25　“求”图层动画效果

② 将时间线移动至 0:00:00:18 处，将位置参数更改为“356,443”，此时 *Y* 轴的参数必须比前面的参数小，以使文字产生向上弹起的动画。然后将时间线移动至 0:00:00:20 处，将位置参数更改为“356,501”，使文字再次适当下落。接着框选所有关键帧，按 F9 键将关键帧类型更改为“缓动”。最后按组合键 Ctrl+C 复制所有关键帧，选择“带”及“走”图层，按组合键 Ctrl+V 粘贴关键帧，并适当调整关键帧的位置。关键帧设置如图 5-26 所示，动画效果如图 5-27 所示。

图 5-26　文本图层的关键帧设置

图 5-27　文字弹跳下落动画效果

2. 制作小熊爪子变形动画

① 按组合键 Ctrl+Y 新建一个棕色图层并将其命名为“左爪子”。选择“左爪子”图层，使用椭圆工具在该图层上绘制一个类似于椭圆的拳头，将该图层锚点置于拳头上，最后为该图层添加“描边”图层样式，效果如图 5-28 所示。

② 将时间线移动至 0:00:01:02 处，选择“左爪子”图层，调取该图层的蒙版 1 的蒙版路径属性，激活蒙版路径的关键帧。将时间线移动至 0:00:01:06 处，选择蒙版路径属性，然后按组合键 Ctrl+T 调出路径蒙版的定界框，使用选取工具将该路径移动至小

熊的眼睛上，效果如图 5-29 所示。

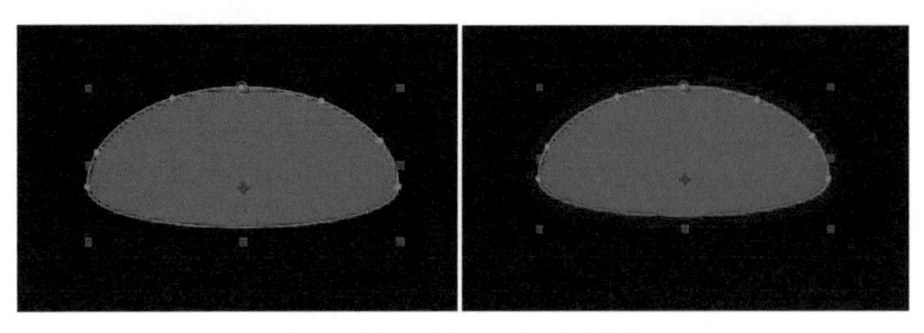

图 5-28 绘制小熊的左爪子

图 5-29 移动“左爪子”图层的路径蒙版

注意：移动路径蒙版前，必须选择蒙版路径属性才能调出路径蒙版的定界框，否则按组合键 Ctrl+T 时将会切换至文字工具，无法移动路径；小熊的爪子必须使用 After Effects 中的纯色图层进行绘制，以避免拳头变形为爪子时，图层像素不足而无法变形；“左爪子”图层变形前必须移动路径蒙版，而不是移动图层本身，因为移动图层容易造成爪子变形时图层像素不足而无法变形，所以需要在调出路径蒙版定界框后再进行移动。

③ 保持时间线位置不动，按 Enter 键取消路径蒙版的定界框，将工具切换至添加“顶点”工具，在路径上添加 4 个锚点，效果如图 5-30 所示。然后使用选取工具调整锚点的位置与控制手柄的位置，最后使用转换“顶点”工具将爪子下方的两个平滑锚点转换成尖角锚点。框选蒙版路径属性上的两个关键帧，按 F9 键将其转换成“缓动”，效果如图 5-31 所示。

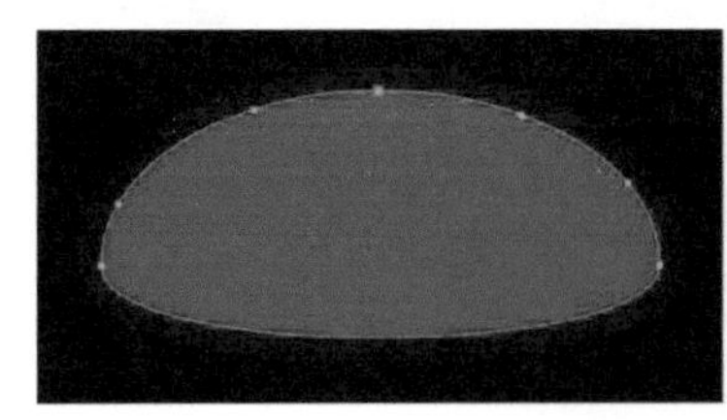
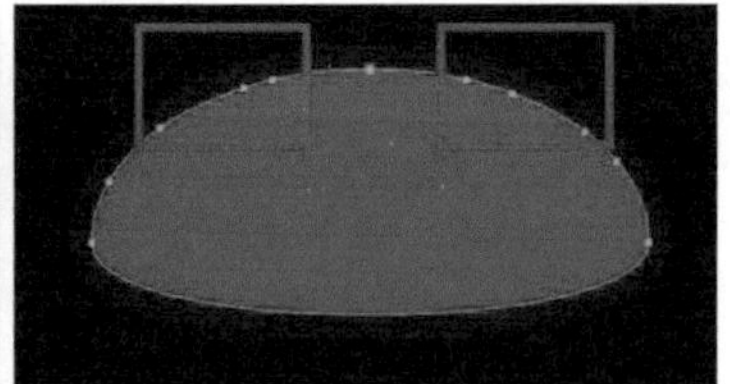

图 5-30 添加锚点

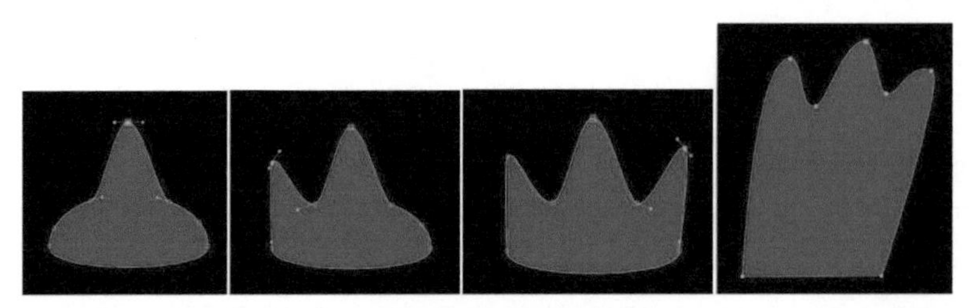

图 5-31 爪子变形动画效果

④ 选择“左爪子”图层，按组合键 Ctrl+D 对该图层进行“重复”，将“重复”的图层命名为“右爪子”。选择“右爪子”图层并单击鼠标右键，在弹出的快捷菜单中执行“变换 - 水平翻转”菜单命令，最后适当调整“右爪子”图层的位置，动画效果如图 5-32 所示。小熊的眼睛、舌头及嘴巴的动画主要使用不透明度、缩放属性进行制作，此处不再赘述。

图 5-32 表情包动画效果

【素材位置】教材配套资源 / 第 5 章 / 演示案例 / 演示案例：利用蒙版制作变形表情包。

5.2 遮罩

5.2.1 遮罩的概念

遮罩即遮挡、遮盖，遮挡部分图像内容并显示特定区域中的图像内容，相当于一个窗口。遮罩是一种特殊的蒙版类型，可以将一个图层的 Alpha 信息或亮度信息作为另一个图层的透明度信息，也可以完成建立图像透明区域或限制图像局部显示的工作。不同于蒙版，遮罩是作为一个单独的图层而存在的，并且通常具有上对下遮挡的关系。单击“时间轴”面板中的“切换开关 / 模式”按钮可以打开“跟踪遮罩”控制面板，如图 5-33 所示。

AE 的轨道遮罩

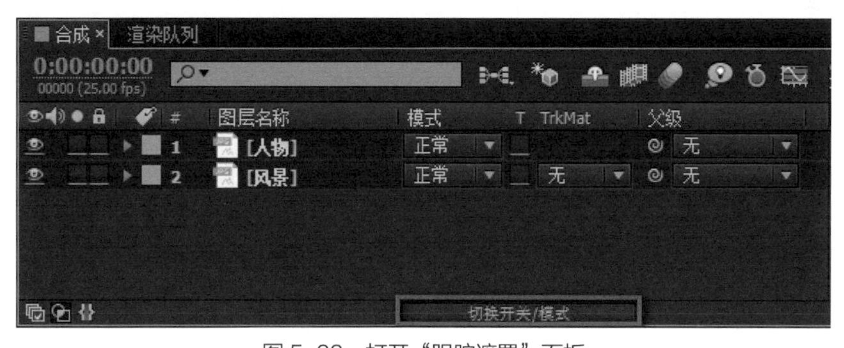

图 5-33 打开“跟踪遮罩”面板

5.2.2 遮罩建立的条件

在建立遮罩时必须要有遮挡和被遮挡的两个图层，被遮挡的图层必须在遮挡图层的下层而且必须保证遮挡图层与被遮挡图层是紧挨着的。在遮罩中需要明确透明度和不透明度两个概念，不透明度越高，透明度越低，此时图像越清晰；不透明度越低，透明度越高，此时图像越不清晰。透明度指的是遮罩图层透过自身而显示出的图像的清晰程度。图 5-34 为不同不透明度的差异对比。

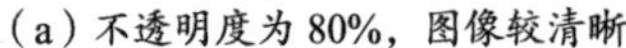

（a）不透明度为 80%，图像较清晰　　（b）不透明度为 40%，图像不清晰

图 5-34　不同不透明度的差异对比

5.2.3　遮罩的特点

在 After Effects 中，遮罩功能的开启一定是建立在遮挡图层的 TrkMat 开关上的。被遮挡图层的颜色会受到遮挡图层颜色的映射，遮挡图层的眼睛图标显示会自动关闭，如图 5-35 所示。另外，在移动图层时一定要将遮挡图层和被遮挡图层一起进行移动。

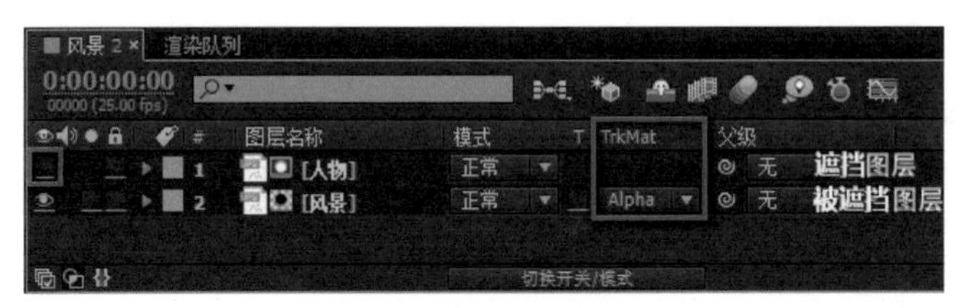

图 5-35　遮罩的特点

5.2.4　遮罩的类型

在选择某一图层后，执行“图层 – 跟踪遮罩”菜单命令，在展开的子菜单中可以选择跟踪遮罩的类型，如图 5-36 所示。跟踪遮罩的类型包括 Alpha 遮罩、Alpha 反转遮罩、亮度遮罩、亮度反转遮罩。下面对它们进行具体讲解。

Alpha 遮罩：Alpha 遮罩读取的是遮罩图层的不透明度信息，使用 Alpha 遮罩之后，遮罩的透显程度会受到自身不透明度的影响，但是不受亮度的影响。遮罩图层的不透明度和透显程度成正比关系，即不透明度越高，显示出的内容越清晰；也可以理解为遮罩图层的透明度越低（最低为 0%），显示出的内容越清晰。因此 Alpha 遮罩的特性是只受遮罩不透明度的影响。图 5-37 所示为 Alpha 遮罩的效果。

Alpha 反转遮罩：与 Alpha 遮罩的结果

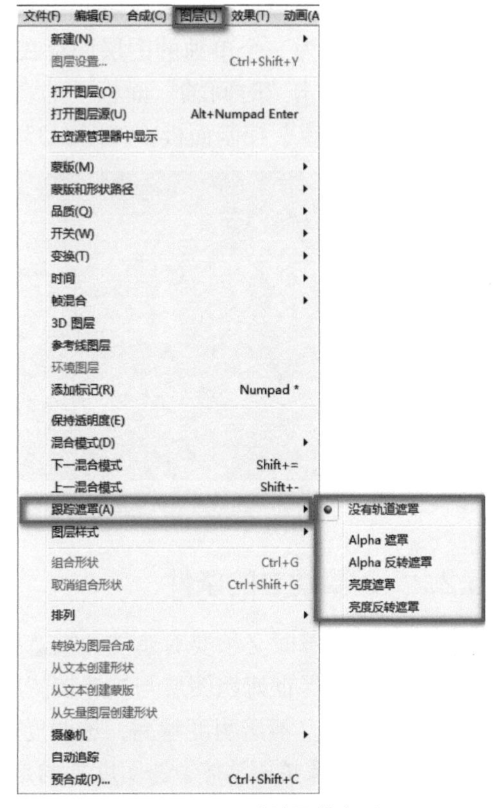

图 5-36　跟踪遮罩的类型

相反，效果如图 5-38 所示。

图 5-37　Alpha 遮罩的效果

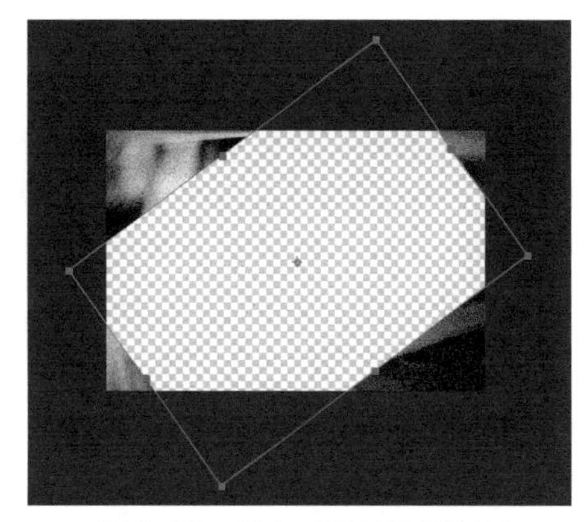

图 5-38　Alpha 反转遮罩的效果

亮度遮罩：遮罩图层的亮度值越大，显示出的图像越亮，反之越暗，二者成正比关系。同样地，在亮度遮罩模式下，遮罩图层的透显程度也会受到遮罩图层的不透明度的影响，不透明度越高，显示出的图像越清晰。图 5-39 所示为亮度遮罩的效果。

亮度反转遮罩：与亮度遮罩结果相反，效果如图 5-40 所示。

图 5-39　亮度遮罩的效果

图 5-40　亮度反转遮罩的效果

5.2.5　演示案例：利用轨道遮罩制作宇宙飞船动画

演示案例：飞船轨道遮罩动画 -1

请运用本章所学的蒙版以及遮罩的相关知识制作宇宙飞船轨道遮罩动画，效果如图 5-41 所示。本案例中主要的动画包括：宇宙飞船从画面右侧飞至画面中央、飞船投下白光并在地面形成光斑、飞船下沉以形成拖尾效果、飞船消失在地面的光斑中等。

图 5-41　宇宙飞船动画效果

1. 制作飞船出现动画

① 新建一个 1200px × 700px 的合成，设置其帧速率为 25 帧 / 秒、持续时间为 6 秒。使用矩形工具绘制一个橙色矩形作为动画的背景，将“飞船”素材置入“项目”面板中，并将其拖入“时间轴”面板中。调出“飞船”图层的位置及缩放属性，将时间线移动至 0:00:00:00 处，将位置参数设置为“1334,598”、缩放参数设置为“11%,11%”。将时间线移动至 0:00:00:11 处，将位置参数设置为“34,68”、缩放参数保持不变。将时间线移动至 0:00:01:00 处，将位置参数设置为“584,178”、缩放参数设置为“73%,73%”。最后框选所有关键帧并将它们转换为“缓动”，动画效果如图 5-42 所示。

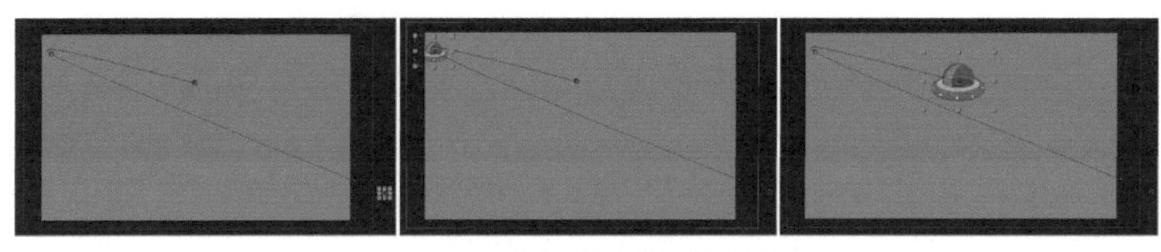

图 5-42 宇宙飞船出现的动画效果

② 将“飞船光芒”素材置入“项目”面板中，并将其拖入“时间轴”面板中，使用选取工具将光芒调整至飞船下方。将时间线移动至 0:00:00:23 处，调出该图层的不透明属性，将不透明度参数设置为 0%。将时间线移动至 0:00:01:02 处，将不透明度参数设置为 50%。最后将“飞船”及“飞船光芒”图层的出点设置为 0:00:02:00。动画效果如图 5-43 所示。

③ 使用椭圆工具绘制一个光斑，调出“光斑”图层的缩放属性。接着将时间线移动至 0:00:00:22 处，同时将该图层的入点设置为 0:00:00:22、缩放参数设置为 32%。然后将 0:00:00:24 及 0:00:01:01 处的缩放参数分别设置为“114%,252%”“121%,305%”。动画效果如图 5-44 所示。

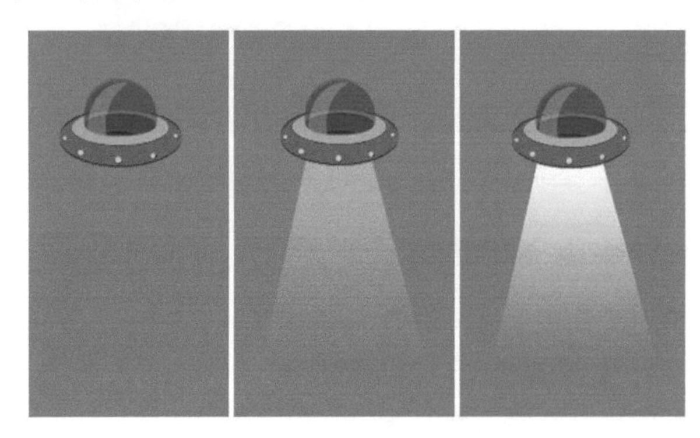

图 5-43 飞船光芒的动画效果

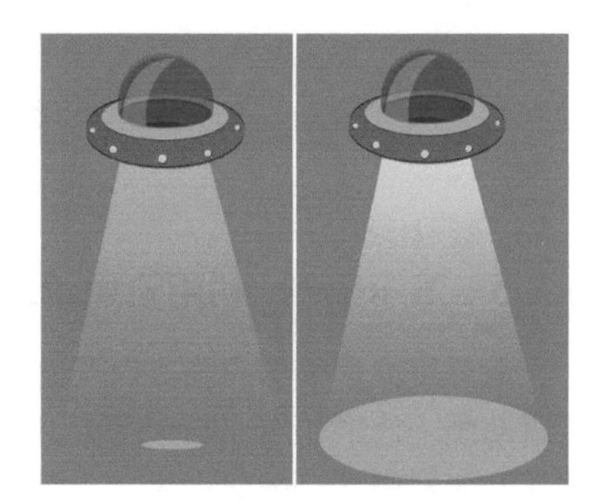

图 5-44 地面光斑的动画效果

2. 制作飞船消失动画

① 按组合键 Ctrl+D 对“飞船”素材图层进行“重复”并将其命名为“飞船 2”，将“飞船 2”图层的入点设置为 0:00:02:00，删除该图层上所有的关键帧，保证其初始位置与“飞船”图层的出点位置相同。新建一个白色图层，并使用钢笔工具绘制一个漏斗形状的蒙版，将该图层命名为“漏斗”，最后在“合成”面板中将“漏斗”

演示案例：飞船轨道遮罩动画 -2

放置在光斑下方，效果如图 5-45 所示。

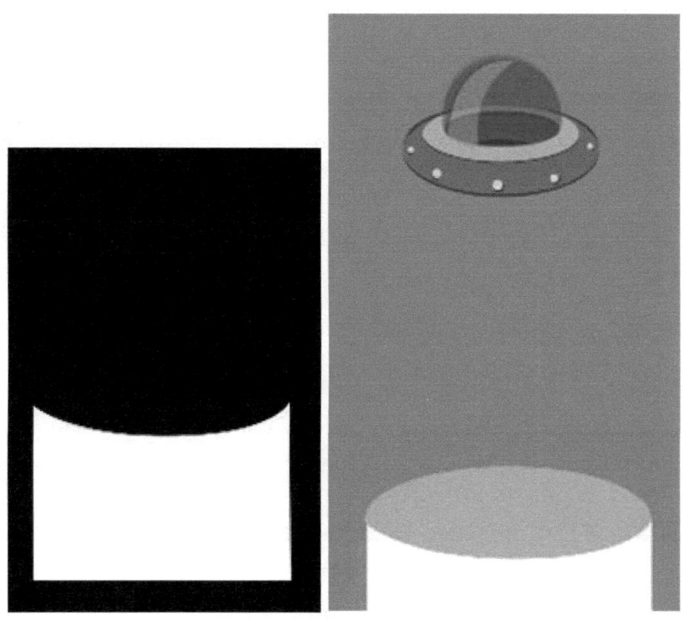

图 5-45　绘制“漏斗”

② 在“时间轴”面板中将“漏斗”图层置于顶层，将“飞船”图层置于“漏斗”图层的下层；然后在“飞船”图层右侧将轨道遮罩类型设置为“Alpha 反转遮罩”。调出“飞船”图层的位置属性，将时间线移动至 0:00:02:00 处并激活关键帧，初始位置为“584,178”。将时间线移动至 0:00:02:08 处，将位置参数设置为“584,749”，并将两个关键帧转换成“缓出”。“时间轴”面板设置如图 5-46 所示，动画效果如图 5-47 所示。

图 5-46　“时间轴”面板设置

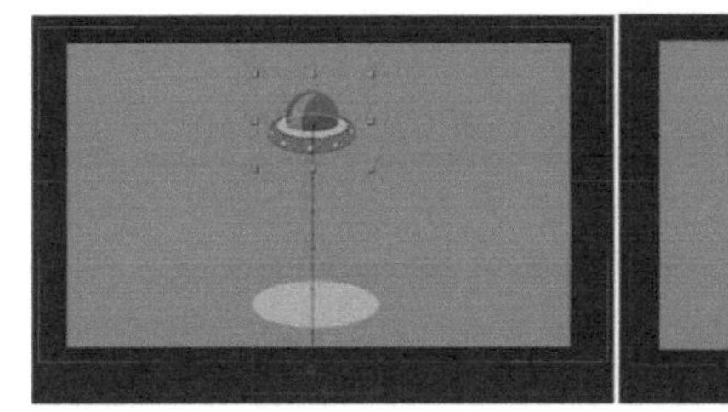

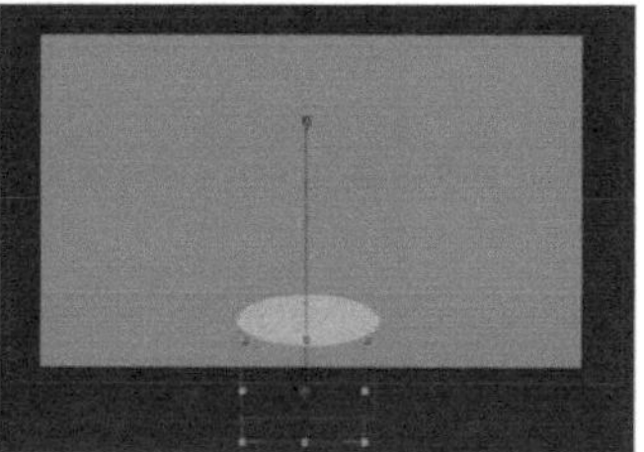

图 5-47　飞船消失的动画效果

注意：当前案例使用的 After Effects 版本为 After Effects 2014，若使用其他版本的 After Effects 制作该宇宙飞船消失的动画，则在轨道遮罩的运用方面会存在较大区别。

③ 使用圆角矩形工具绘制一个描边圆角矩形，将其命名为“实线右”并为其添加修剪路径属性，将图层入点设置为 0:00:02:00。将时间线移动至 0:00:02:02 处，将开

始参数设置为 60%、结束参数设置为 80%，激活两个属性的关键帧。将时间线移动至 0:00:02:06 处，将结束参数设置为 100%、开始参数保持不变。将时间线移动至 0:00:02:10 处，将开始参数设置为 100%、结束参数保持不变。这样就能利用线段生长与消亡的时间差制作出飞船拖尾的效果，如图 5-48 所示。

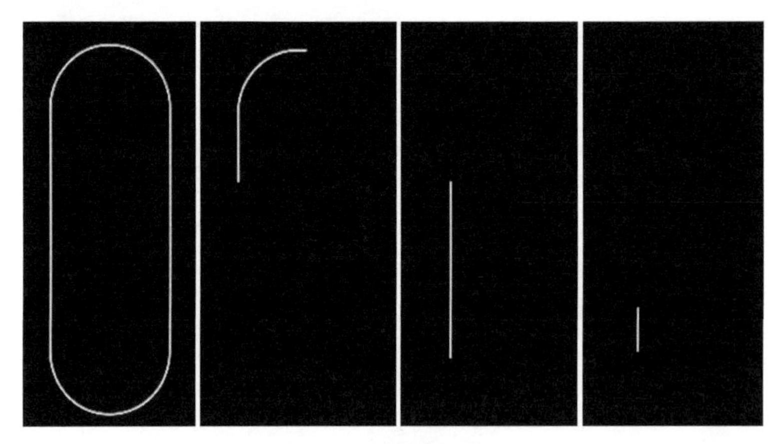

图 5-48　实线拖尾效果

④ 按组合键 Ctrl+D 对“实线右”图层进行“重复”，将“重复”后的图层命名为“虚线右”，展开该图层的描边 1 的虚线属性，单击“添加虚线或间隙”按钮，设置虚线参数为 10，如图 5-49 所示。适当调整该图层的描边粗细及大小参数，并修剪路径属性的开始及结束参数，使虚线动画与实线动画有差异。

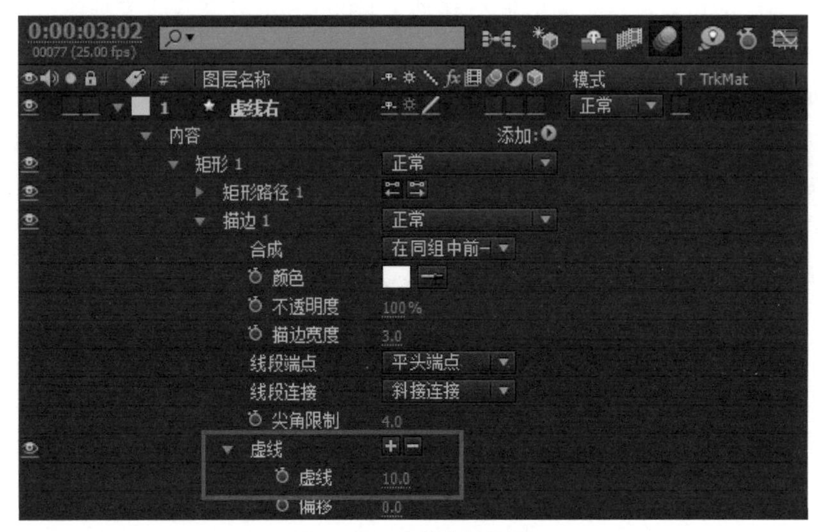

图 5-49　虚线参数设置

⑤ 选择“实线右”与“虚线右”图层并对它们进行“重复”，将“重复”后的图层命名为“实线左”及“虚线左”。选择“实线左”与“虚线左”两个图层，单击鼠标右键，在弹出的快捷菜单中执行“变换－水平翻转”菜单命令，适当调整两个图层的位置。最后开启“飞船”图层及“飞船 2”图层的运动模糊效果，完成效果如图 5-50 所示。

演示案例：飞船轨道遮罩动画 -3

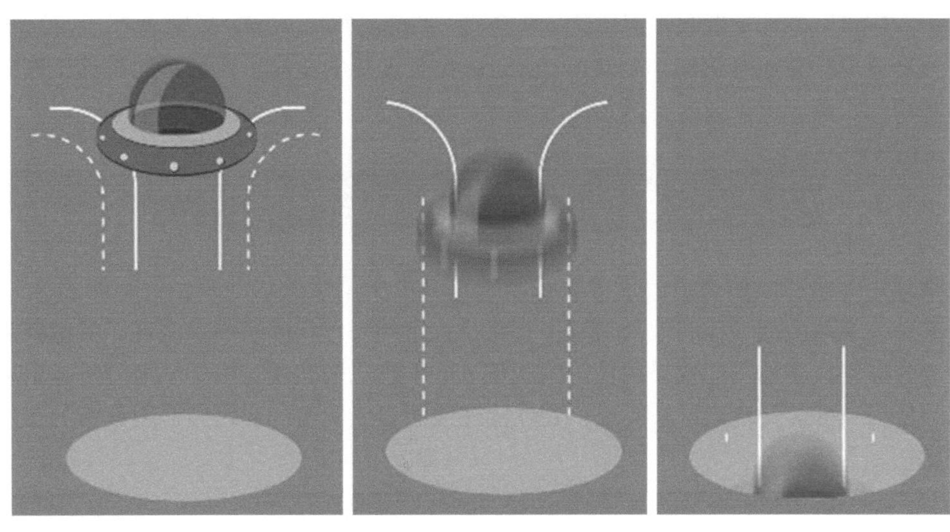

图 5-50　飞船拖尾效果

【素材位置】教材配套资源 / 第 5 章 / 演示案例 / 演示案例：利用轨道遮罩制作宇宙飞船动画。

课堂练习：制作几何图形变形动画

请运用本章所学的蒙版的基本操作等知识制作几何图形变形动画，完成效果如图 5-51 所示。本案例中发生形变的图形包括三角形、圆形及正方形，读者可通过蒙版路径属性修改蒙版的形状。

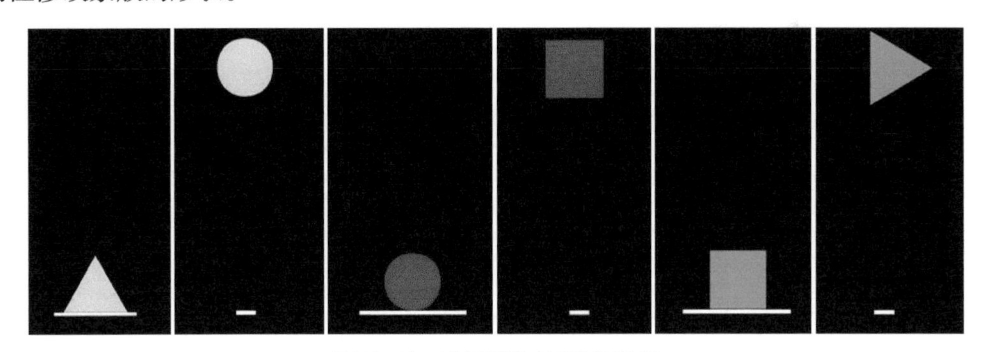

图 5-51　几何图形变形动画效果

【素材位置】教材配套资源 / 第 5 章 / 课堂练习 / 课堂练习：制作几何图形变形动画。

本章小结

本章围绕 After Effects 中的蒙版与遮罩，从二者的概念出发，重点介绍了它们的基本操作及应用。首先，本章详细讲解了蒙版的 4 种创建方式：使用形状工具创建、使用钢笔工具创建、使用“新建蒙版”命令创建、使用“自动追踪”命令创建；还对蒙版的属性及布尔运算进行了深入剖析。其次，本章介绍了跟踪遮罩建立的条件、特点和类型。读者应该熟悉和掌握跟踪遮罩的 4 种类型：Alpha 遮罩、Alpha 反转遮罩、亮度遮罩、亮度反转遮罩。蒙版和遮罩作为 After Effects 中最重要的功能，在日常的设计工作中会经常被用到，读者应该通过案例及练习来清晰和准确地掌握它们。

课后练习：利用蒙版遮罩制作爆笑虫子动画

请运用本章所学的轨道遮罩等知识制作爆笑虫子蒙版遮罩动画，效果如图 5-52 所示。其中，粪球溅起颗粒的效果须将多条路径置于同一形状图层内来实现，粪球溅起的颗粒与粪球消失于地洞的效果须使用蒙版或 Alpha 遮罩来实现，虫子从地洞中弹出来的效果须使用 Alpha 反转遮罩来实现，粪球摔在地面裂成两瓣的效果须使用蒙版的布尔运算来实现。

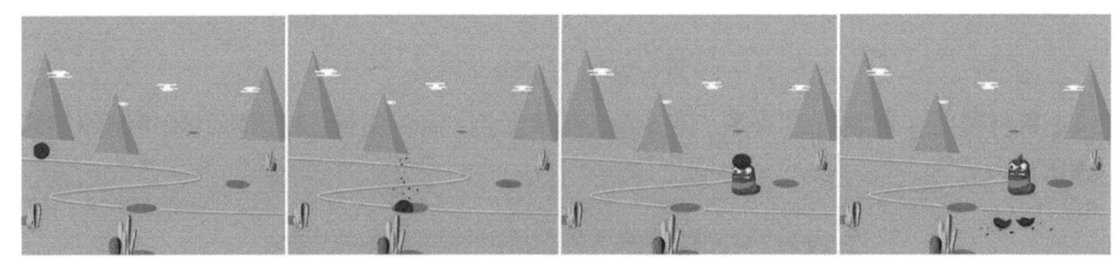

图 5-52 爆笑虫子蒙版遮罩动画

【素材位置】教材配套资源 / 第 5 章 / 课后练习 / 课后练习：利用蒙版遮罩制作爆笑虫子动画。

第 6 章

After Effects 中常用的内置特效

【本章目标】

- 了解特效的基本概念及应用领域。
- 了解和掌握特效的基本操作，包括添加特效的方法、更改参数的方法等。
- 熟悉和掌握常用的内置特效，如颜色校正、模拟、透视、过渡、风格化、扭曲等的使用方法及应用场合。

【本章简介】

特效是 After Effects 中的核心内容，也是最具特色的功能，类似于 Photoshop 中的滤镜。使用特效并设置特效参数，可以使动效达到理想的效果。熟练掌握各种效果的使用是学习 After Effects 的关键，也是提高动效作品质量最有效的方法。After Effects 中提供的内置特效可以大大提高读者制作动效作品的效率，降低制作周期与成本。本章将详细介绍动效设计中常用的几种内置特效，并通过案例来展示特效，以使读者能够更好地掌握特效的常用属性与应用场合。

6.1 特效

6.1.1 特效的概念

图 6-1 电影中的特效

特效指的就是特殊的效果，使用软件将静态的影像制作成和现实中一样或类似或夸张的绚丽的动画效果，主要包括声音特效和视觉特效。After Effects 中的特效属于动态层级的，所有特效参数都可以随时间的变化而变化。特效的应用领域比较广泛，主要包括电视广告包装、电影及游戏等动效场景的制作。图 6-1 所示为电影中的特效。

默认情况下，After Effects 自带的特效保存在软件安装文件下的“Plug-ins”文件夹中。图 6-2 所示为特效的保存路径。当启动 After Effects 后，软件将自动加载这些效果，并显示在“效果”菜单和“效果和预设”面板中。除内置特效外，用户还可以根据需要自行安装第三方插件来丰富自己的“效果”库，以满足设计需要。

图 6-2 特效的保存路径

6.1.2 特效的基本操作

在 After Effects 中，特效罗列在“效果”菜单中，也可以从“效果和预设”面板中快速选择所需要的效果。下面讲解特效的基本操作。

（1）添加特效

常用的添加特效的方法有以下 3 种。

① 选择需要添加特效的图层，执行“效果”菜单命令，在子菜单中选择相应的效果。图 6-3 所示为“效果”菜单。

② 在“时间轴”面板中选择图层，单击鼠标右键，在弹出的快捷菜单中打开“效果”菜单，如图 6-4 所示。

③ 执行“窗口 – 效果和预设”菜单命令以调出“效果和预设”面板，在“效果和

预设”面板中选择特效并将其直接拖曳至图层上即可添加特效，双击要使用的特效也可以添加特效。图 6-5 所示为“效果和预设”菜单命令及其对应的面板。

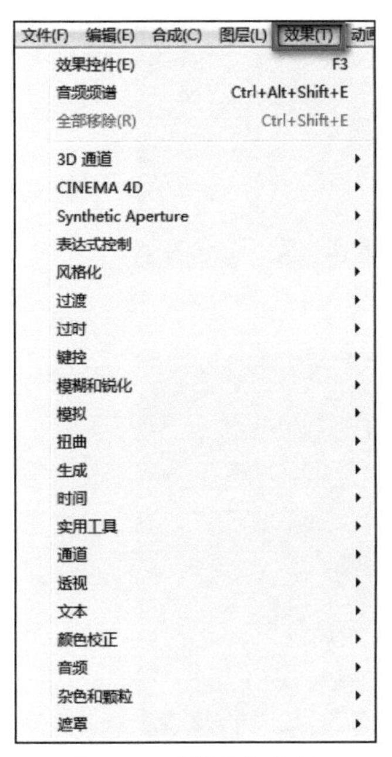

图 6-3　“效果”菜单

图 6-4　在“时间轴”面板中打开“效果”菜单

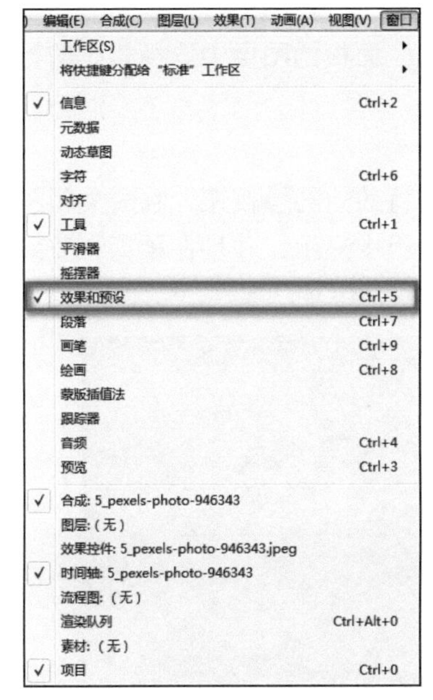

（a）“效果和预设”菜单命令

（b）“效果和预设”面板

图 6-5　“效果和预设”菜单命令及其对应的面板

（2）更改特效参数

当为一个图层添加效果后，“效果控件”面板会自动打开。图 6-6 所示是为图层添加“自然饱和度”效果后的“效果控件”面板，在该面板中可以对所添加效果的各项参数进行调整，以达到想要的效果。同时在“时间轴”面板中该图层的效果属性中会出现一个已添加效果的按钮，在这里也可以对已添加效果的参数进行设置，如图 6-7 所示。

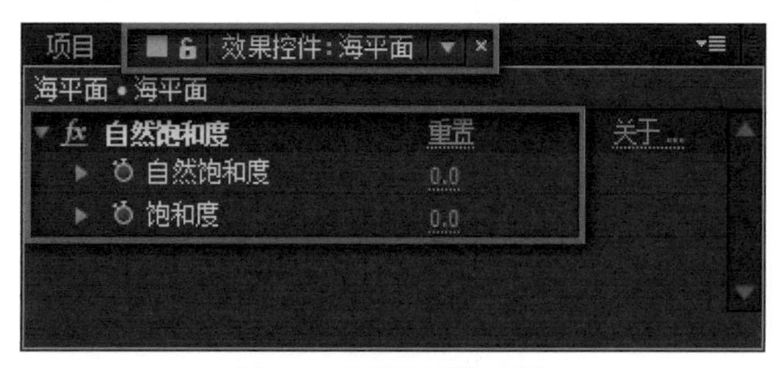

图 6-6 “效果控件”面板

图 6-7 已添加效果的参数

（3）删除特效

可以直接在“效果控件”面板或“时间轴”面板的图层中选择相应的特效，然后按 Delete 键删除特效。

（4）临时关闭特效

当图层应用了多个特效后，可以通过单击特效前的按钮，临时关闭图层中的一个或全部效果，关闭的特效将不会在“合成”面板中显示，并且在预览和渲染时也不会出现。图 6-8 所示为关闭色阶效果。

图 6-8 关闭色阶效果

（5）调整特效顺序

在为图层添加多种效果后，在“效果控件”面板中选择相应的特效向上或向下拖曳它即可实现特效顺序的调整。特效的先后顺序不同，图像或动画的展示效果也会有所不同，如图 6-9 所示。

图 6-9　特效顺序不同导致展示效果不同

6.2 动效设计中常用的内置特效

6.2.1 颜色校正 / 模拟 / 透视的应用

AE 常见内置特效：颜色校正

1. 颜色校正

图 6-10 所示为“颜色校正”中包含的各种效果，本小节着重讲解常用的“曲线”“色相 / 饱和度”“色阶”。

（1）曲线

具体添加方法是执行“效果 – 颜色校正 – 曲线”菜单命令，或在“效果和预设”面板中的“颜色校正”中选择“曲线”，再将其直接拖曳至图层。图 6-11 所示为“曲线”效果的属性。

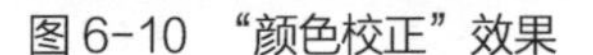
图 6-10 “颜色校正”效果

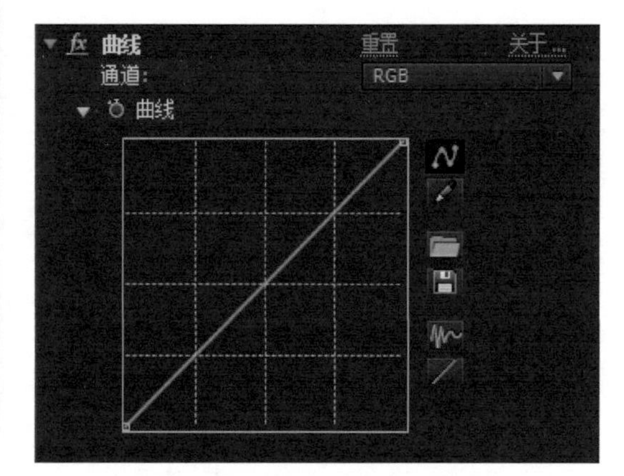

图 6-11 “曲线”效果的属性

通道：包含 RGB、红色、绿色、蓝色、Alpha。

贝塞尔曲线：单击该按钮后，曲线上会出现控制点，如图 6-12 所示，可通过拖曳控制点来改变曲线的形状，从而实现图像色彩的调整。

铅笔工具：使用铅笔工具可以绘制任意形状的曲线，如图 6-13 所示。

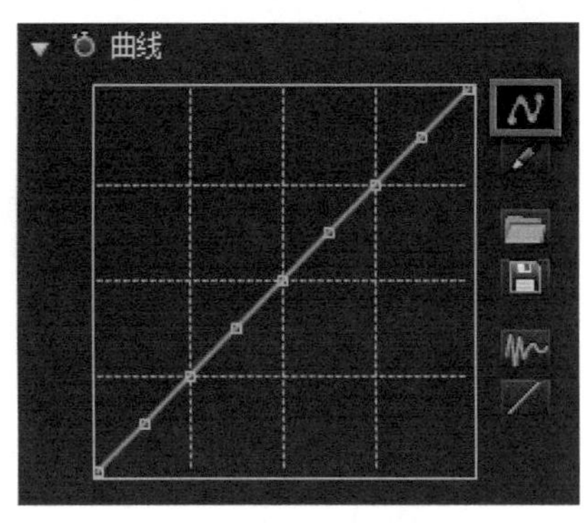

图 6-12　贝塞尔曲线

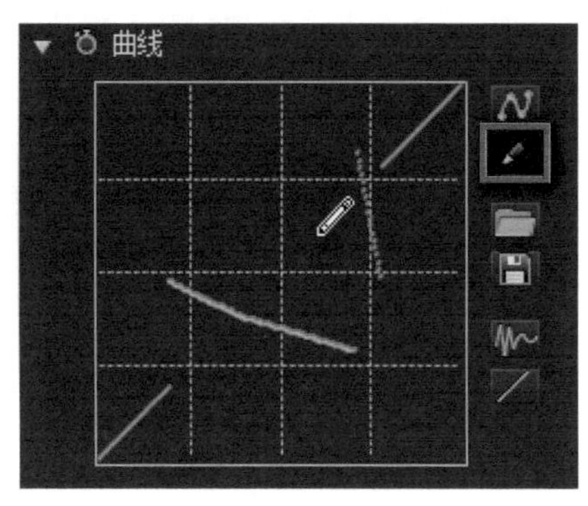

图 6-13　铅笔工具

打开文件夹选项：单击后可以打开“打开”对话框，方便导入之前设置好的曲线。

保存映射设置：单击后可以打开“保存映射设置”对话框。

平滑处理：当用铅笔工具绘制一条曲线时，单击“平滑”按钮可以让曲线更平滑，如图 6-14 所示，多次平滑操作能使曲线变成一条直线。

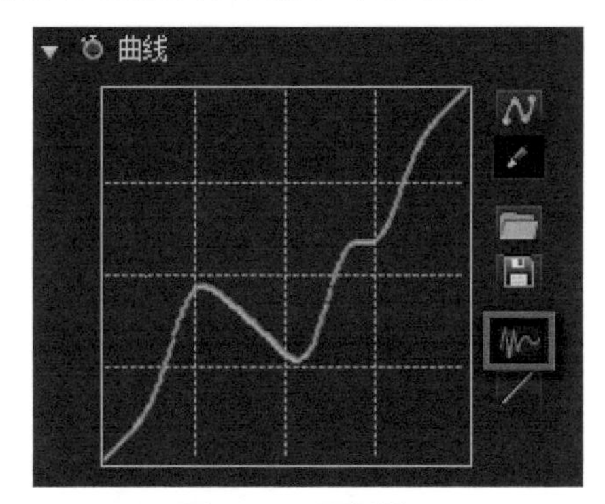

图 6-14　平滑处理

自动调理：单击后可以自动建立曲线以对画面进行处理。

“曲线”效果通过调整贝塞尔曲线上控制点的位置来改变图像的色调。在 RGB 通道中，单击贝塞尔曲线的中点可添加控制点。若贝塞尔曲线的控制点向左上角移动，则可以提升图片的明度，使图片变亮；若控制点向右下角移动，则可以降低图片的明度，使图片变暗。图 6-15 所示为应用“曲线”效果前后的对比。

（a）应用前

（b）应用后

图 6-15　应用“曲线”效果前后的对比

（2）色相 / 饱和度

具体添加方法是执行“效果 – 颜色校正 – 色相 / 饱和度”菜单命令，或在“效果和预设”面板中的“颜色校正”中选择“色相 / 饱和度”，再将其直接拖曳至图层。图 6-16 所示为“色相 / 饱和度”效果的属性。

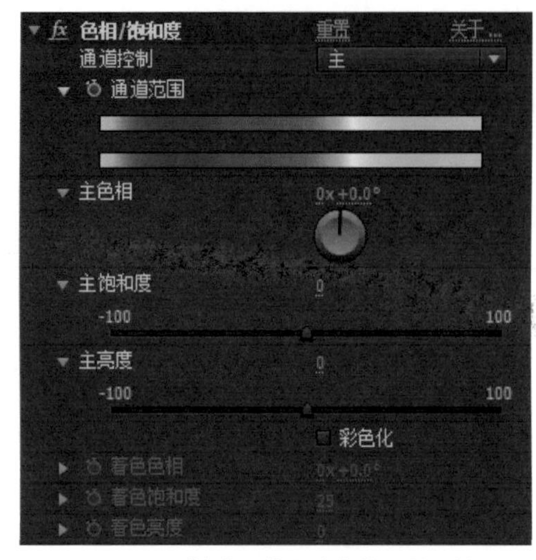

图 6-16 “色相 / 饱和度”效果的属性

通道控制：用于选择不同的图像通道，包括红色、黄色、绿色、青色、蓝色、洋红等通道。

通道范围：用于设置色彩范围，上方色带表示调节前的颜色，下方色带表示在全饱和度状态下调整后所对应的颜色。

主色相：用于设置色调的数值，改变某种颜色的色相。调整该参数可以使图像中的某种颜色发生改变。但要注意的是，需要保证画面中无其他颜色，否则多种颜色将会同时被改变。

主饱和度：用于设置饱和度，数值为 −100 时，图像将转为灰度图，数值为 +100 时，图像将呈现像素风格。

主亮度：用于设置亮度，数值为 −100 时，画面全黑；数值为 +100 时，画面全白。

彩色化：当勾选此选项时，画面将呈现单色效果。

着色色相：用于设置前景的颜色，即单色的色相。

着色饱和度：用于设置前景的饱和度。

着色亮度：用于设置前景亮度。

“色相 / 饱和度”主要用于细致调整图像的色彩，是 After Effects 中最为常用的效果之一，可以针对图像的色调、饱和度、亮度做细微调整。图 6-17 所示为使用“色相 / 饱和度”效果改变图像主色相前后的对比。

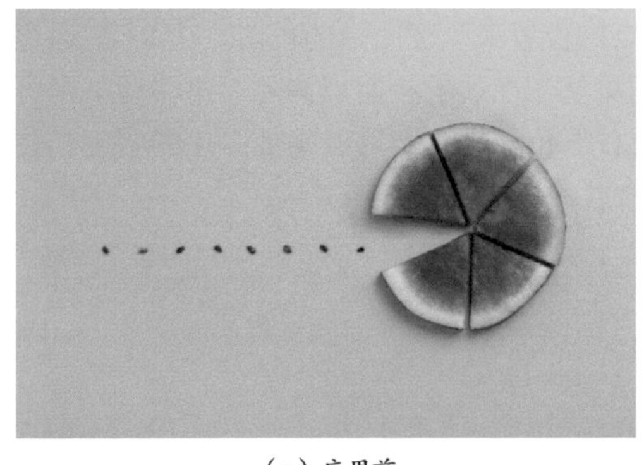
（a）应用前

（b）应用后

图 6-17 应用“色相 / 饱和度”效果前后的对比

（3）色阶

具体添加方法是执行“效果 – 颜色校正 – 色阶”菜单命令，或在“效果和预设”面板的“颜色校正”中选择“色阶”，再将其直接拖曳至图层。图 6-18 所示为“色阶”效果的属性。

通道：包含 RGB、红色、绿色、蓝色、Alpha。

直方图：用于显示图像中像素的分布状态。水平方向表示亮度值，垂直方向表示该亮度值的像素数量。输出黑色值是图像像素最暗的最低值，输出白色值是图像像素最亮的最高值。

输入黑色：用于设置输入图像黑色值的极限值。

输入白色：用于设置输入图像白色值的极限值。

图 6-18　“色阶”效果的属性

灰度系数：用于设置灰度值。

输出黑色：用于设置输出图像黑色值的极限值。

输出白色：用于设置输出图像白色值的极限值。

“色阶”效果用于将输入的颜色范围重新映射到输出的颜色范围，还可以改变灰度系数正曲线，是所有用来调整图像通道的效果中最精确的。“色阶”效果可以在不改变阴影区域和亮部区域的情况下，改变灰度中间范围的亮度值。

调整画面的色阶是在实际工作中经常使用到的效果命令。当画面对比度不够时，可以通过左右拖曳三角滑块来调整画面的对比度，使灰度区域或者对比度不够强烈的画面区域的对比度得以增强。图 6-19 所示为使用“色阶”效果前后的对比。

（a）应用前

（b）应用后

图 6-19　应用“色阶”效果前后的对比

2. **模拟**

在“模拟”中有很多特殊的效果，如图 6-20 所示。下面对其中的“CC Particle World”“CC Rainfall”“CC Snowfall”3 种效果进行讲解。读者可以在之后的练习中对每个效果均进行尝试，以便丰富设计效果。

（1）CC Particle World

“CC Particle World”即粒子世界。该效果会在 After Effects 的合成中新建一个纯色图层。在“效果和预设”面板中直接拖曳“CC Particle World”效果至纯色图层上时，“合成”面板中显示的为其默认效果，如图 6-21 所示。

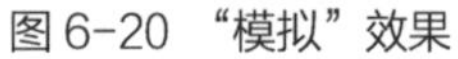
图6-20 “模拟”效果

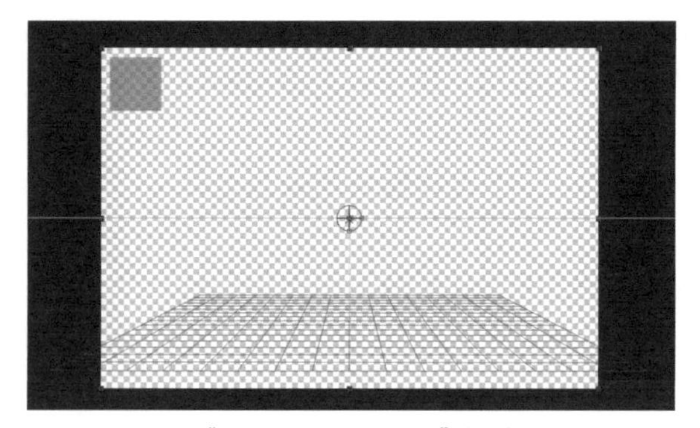
图6-21 “CC Particle World”的默认效果

在“效果控件”面板中，可以对“CC Particle World”效果的各个属性进行设置与修改，如图6-22所示。

Birth Rate：用于调整粒子的数量。参数越大，粒子就越多。

Producer：用于更改粒子的*X*、*Y*、*Z*轴位置及粒子在*X*、*Y*、*Z*轴上的半径范围，如图6-23所示。

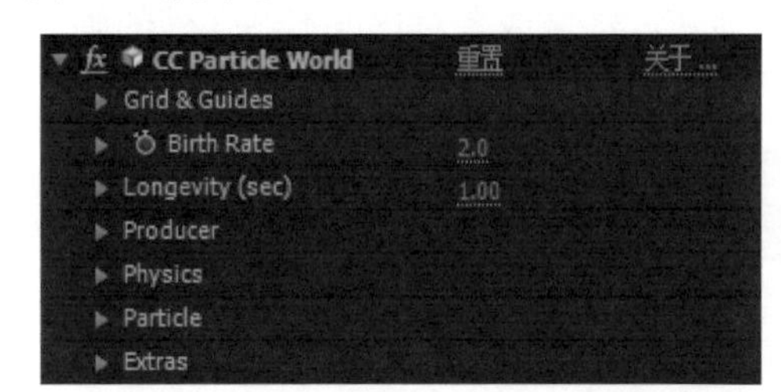

图6-22 “CC Particle World”效果的属性

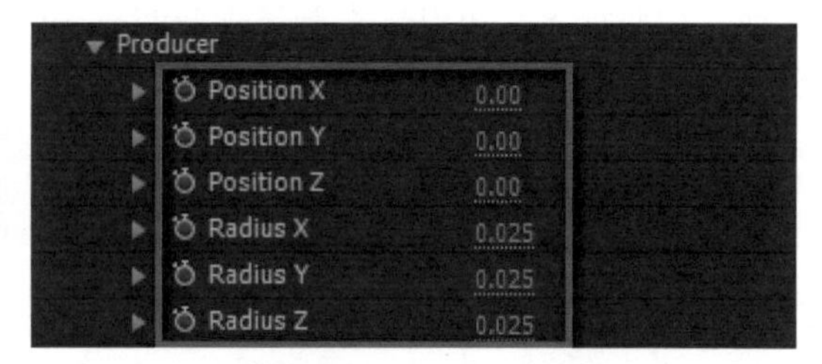

图6-23 Producer属性

Particle：用于调整粒子的形状、粒子产生及消失时的颜色与大小，如图6-24所示。

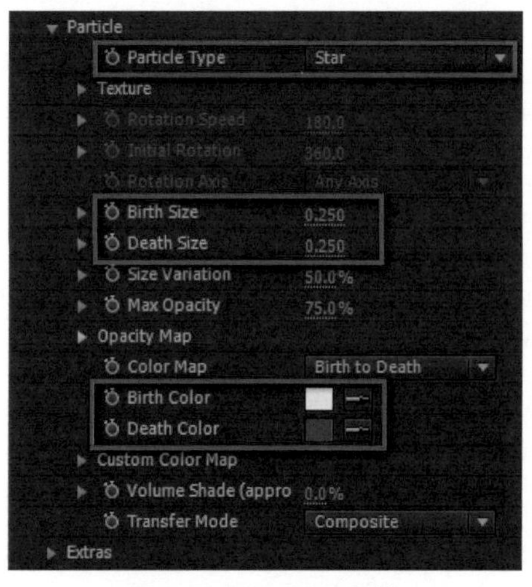

图6-24 Particle属性

图 6-25 所示为使用“CC Particle World”效果制作的星星粒子效果。

图 6-25　星星粒子效果

（2）CC Rainfall

“CC Rainfall”即下雨效果，可以模拟真实的下雨效果，其属性如图 6-26 所示。

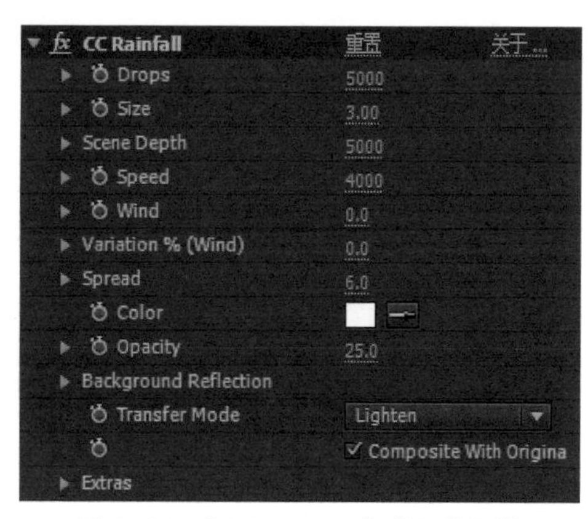

图 6-26　“CC Rainfall”效果的属性

Drops（雨滴）：用于设置雨滴数量。

Size（尺寸）：用于设置雨滴尺寸。

Scene Depth（景深）：用于设置雨滴近大远小的深度效果。值越小，雨滴越大；反之雨滴越小。

Speed（速度）：用于设置雨滴下落的速度。

Wind（风向）：用于设置雨滴飘落时的风向。

Opacity（不透明度）：用于设置雨滴的不透明度。

“CC Rainfall”效果可以为场景增加下雨的效果，图 6-27 所示为应用“CC Rainfall”效果前后的对比。

（a）应用前

（b）应用后

图 6-27　应用“CC Rainfall”效果前后的对比

（3）CC Snowfall

“CC Snowfall”即飘雪效果，可以模拟真实的下雪效果，其属性如图 6-28 所示。

Flakes（雪花）：用于设置雪花的数量。

Size（尺寸）：用于设置雪花的尺寸大小。

Scene Depth（景深）：用于设置雪花近大远小的深度效果。值越小，雪花越大；反之雪花越小。

Speed（速度）：用于设置雪花下落的速度。

Wind（风向）：用于设置雪花飘落时的风向。

Opacity（不透明度）：用于设置雪花的不透明度。

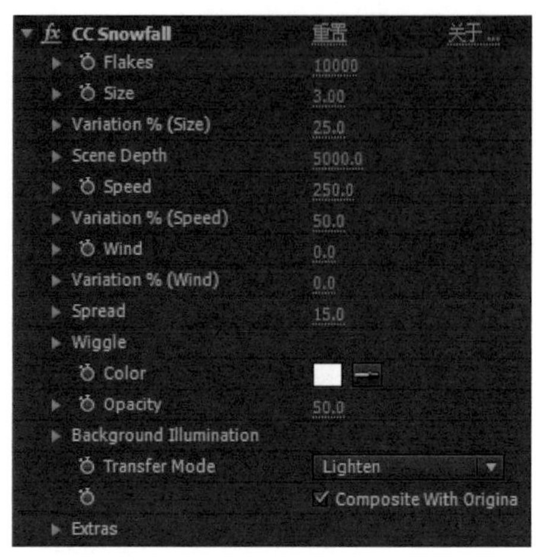

图 6-28 “CC Snowfall”效果的属性

“CC Snowfall”效果可以为场景增加飘雪的效果，图 6-29 所示为应用“CC Snowfall”效果前后的对比。

（a）应用前

（b）应用后

图 6-29 应用“CC Snowfall”效果前后的对比

3. 透视

“透视”中的效果如图 6-30 所示。下面主要讲解“CC Sphere”效果的应用。

“CC Sphere”即 CC 球体，可以用来制作圆球效果。图 6-31 所示为“CC Sphere”效果的属性。

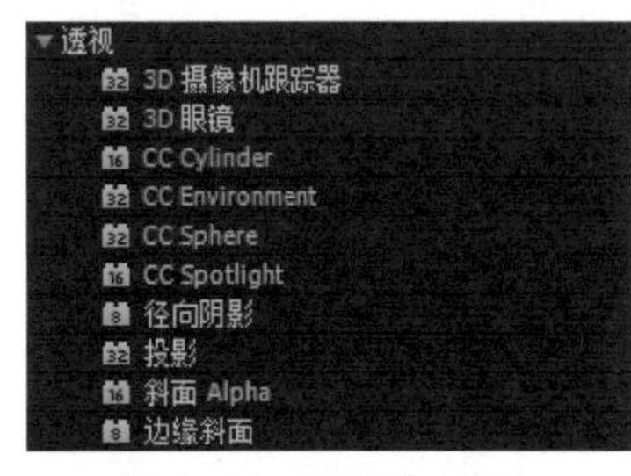

图 6-30 “透视”效果

图 6-31 “CC Sphere”效果的属性

Rotation：用于调整球体绕 X、Y、Z 轴的旋转角度。

Radius：用于调整球体的半径大小。

Offset：用于调整球体在水平或垂直方向上的偏移。

Render：用于渲染，渲染类型包括 Full（完全渲染）、Outside（外部渲染）、Inside（内部渲染）。

Light：用于调整光照的强度、颜色、高度和方向，如图 6-32 所示。

Shading：用于调整阴影的环境、漫反射、高光、粗糙度等。

“CC Sphere”效果可以用来制作各种各样的球体效果，图 6-33 所示为使用“CC Sphere”效果制作的地球。

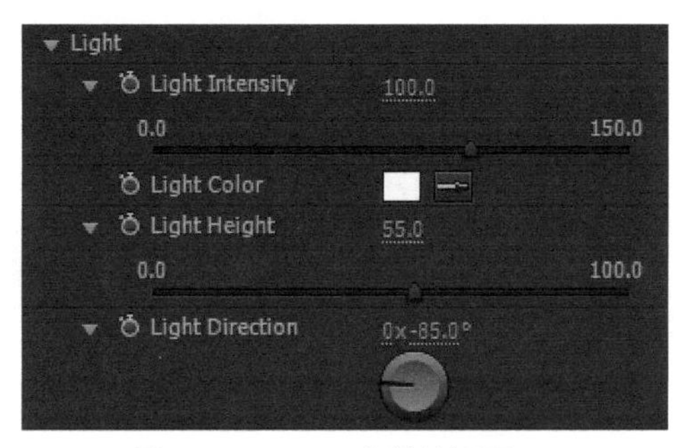

图 6-32　Light 参数的设置

图 6-33　“CC Sphere”效果的应用

6.2.2　过渡 / 风格化 / 生成的应用

1. 过渡

“过渡”顾名思义就是指从一个画面到另一个画面之间的转换效果，图 6-34 所示为“过渡”中的效果。下面以“块溶解”“径向擦除”“线性擦除”为例进行讲解。

（1）块溶解

“块溶解”的具体添加方法是执行“效果 - 过渡 - 块溶解”菜单命令或在“效果和预设”面板中的“过渡”中选择“块溶解”，再将其直接拖曳至图层。图 6-35 所示为“块溶解”效果的属性。

图 6-34　“过渡”效果

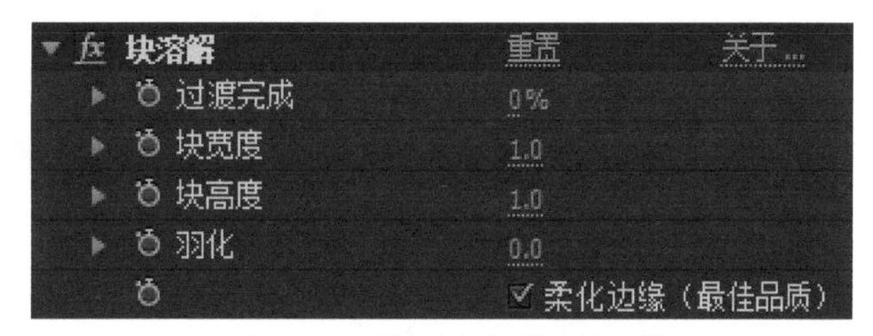

图 6-35　“块溶解”效果的属性

过渡完成：用于调整转场完成的百分比。

块宽度：用于调整块宽度。

块高度：用于调整块高度。

羽化：用于调整块边缘的羽化程度。

柔化边缘：勾选此选项能使块边缘柔化。

“块溶解”效果主要用于随机产生块效果从而溶解图像，从而达到转换图像的目的。图 6-36 所示为“块溶解”的应用效果。

图 6-36 “块溶解”的应用效果

（2）径向擦除

“径向擦除”的具体添加方法是执行“效果 – 过渡 – 径向擦除”菜单命令或在“效果和预设”面板中的“过渡”中选择“径向擦除”，再将其直接拖曳至图层。图 6-37 所示为“径向擦除”效果的属性。

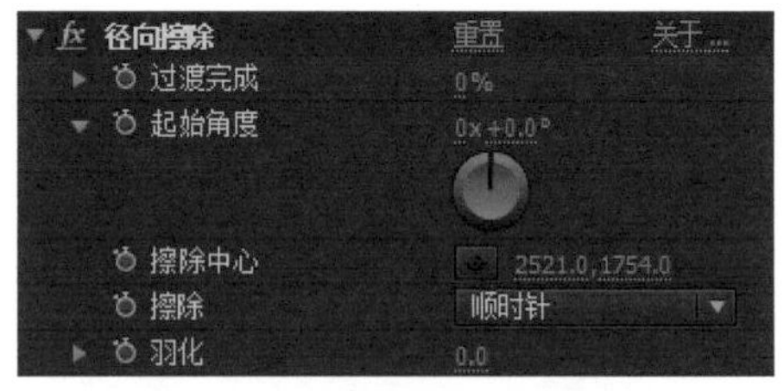

图 6-37 “径向擦除”效果的属性

过渡完成：用于调整径向擦除的完成度。

起始角度：用于调整擦除的起始角度。

擦除中心：用于调整擦除的中心位置。

擦除：用于调整擦除的方向，包括顺时针、逆时针以及两者兼有。

羽化：用于调整擦除边缘的羽化程度。

“径向擦除”效果主要用于将图像沿着半径的方向进行擦除，从而达到转换图像的目的。图 6-38 所示为“径向擦除”的应用效果。

图 6-38 “径向擦除”的应用效果

（3）线性擦除

“线性擦除”的具体添加方法是执行“效果 – 过渡 – 线性擦除”菜单命令或在“效果和预设”面板中的“过渡”中选择“线性擦除”，再将其直接拖曳至图层。图 6-39 所示为“线性擦除”效果的属性。

过渡完成：用于调整线性擦除的完成度。

擦除角度：用于调整擦除的角度。

羽化：用于调整擦除边缘的羽化程度。

“线性擦除”效果主要用于使图像呈线性方式进行擦除，从而达到转换图像的目的。图 6-40 所示为“线性擦除”的应用效果。

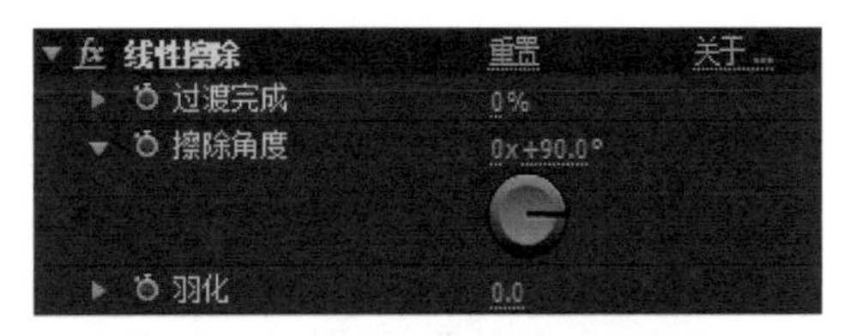

图 6-39 “线性擦除”效果的属性

图 6-40 “线性擦除”的应用效果

2. 风格化

“风格化”效果如图 6-41 所示。下面着重讲解“发光”和“马赛克”效果。

（1）发光

“发光”的具体添加方法是执行“效果 – 风格化 – 发光”菜单命令或在“效果和预设”面板中的“风格化”中选择“发光”，再将其直接拖曳至图层。图 6-42 所示为“发光”效果的属性。

图 6-41 “风格化”效果

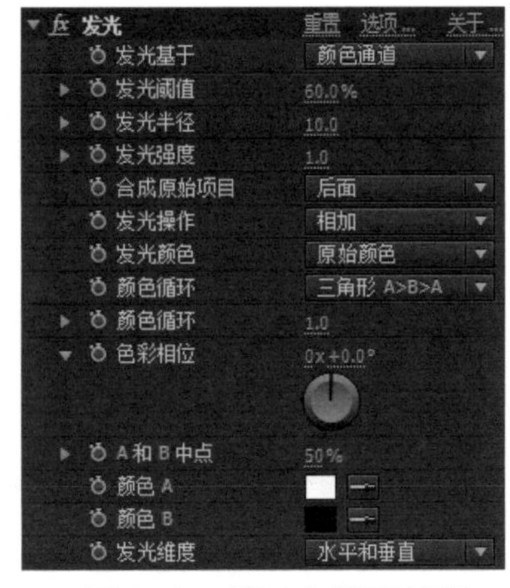

图 6-42 “发光”效果的属性

发光基于：用于选择发光作用通道，包括 Alpha 通道和颜色通道。

发光阈值：用于调整发光的程度。

发光半径：用于调整发光的半径。

发光强度：用于调整发光的强度。

合成原始项目：原画面合成。

发光操作：用于选择发光模式，类似于图层模式的选择。

发光颜色：用于选择发光的颜色。

颜色循环：用于选择颜色循环的方式。

色彩相位：用于调整颜色的相位。

A 和 B 中点：用于设置颜色 A 和颜色 B 的中点百分比。

颜色 A：用于选择颜色 A 的颜色。

颜色 B：用于选择颜色 B 的颜色。

发光维度：用于选择发光作用方向，包括水平、垂直、水平和垂直 3 种。

“发光”效果经常应用于文字、Logo 和带有 Alpha 通道的图像，以使它们产生发光的效果。图 6-43 所示是为文字添加“发光”效果前后的对比。

（a）添加前

（b）添加后

图 6-43　为文字添加“发光”效果的前后对比

（2）马赛克

“马赛克”的具体添加方法是执行“效果 - 风格化 - 马赛克”菜单命令或在“效果和预设”面板的“风格化”中选择“马赛克”，再将其直接拖曳至图层。图 6-44 所示为“马赛克”效果的属性。

图 6-44　“马赛克”效果的属性

水平块：用于调整水平方向上马赛克的大小。

垂直块：用于调整垂直方向上马赛克的大小。

锐化颜色：勾选后，可以达到马赛克锐化的效果。

“马赛克”效果多用于使图像呈现马赛克效果，“马赛克”效果应用前后的对比如图 6-45 所示。

（a）应用前

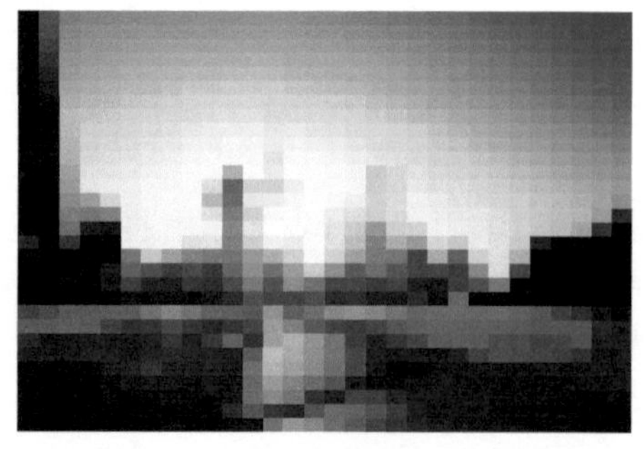

（b）应用后

图 6-45　“马赛克”效果应用前后的对比

3. 生成

“生成”效果如图 6-46 所示，在实际工作中，常会用到其中的“勾画”“描边”“无线电波”“梯度渐变”“网格”“音频频谱”。下面重点讲解“梯度渐变”效果和“音频频谱”效果。其他常用效果读者可以在实际工作中逐渐尝试，以掌握它们的用法。

（1）梯度渐变

“梯度渐变”的具体添加方法是执行“效果 – 生成 – 梯度渐变”菜单命令或在“效果和预设”面板的“生成”中选择“梯度渐变”，再将其直接拖曳至图层。图 6-47 所示为“梯度渐变”效果的属性。

图 6-46 “生成”效果

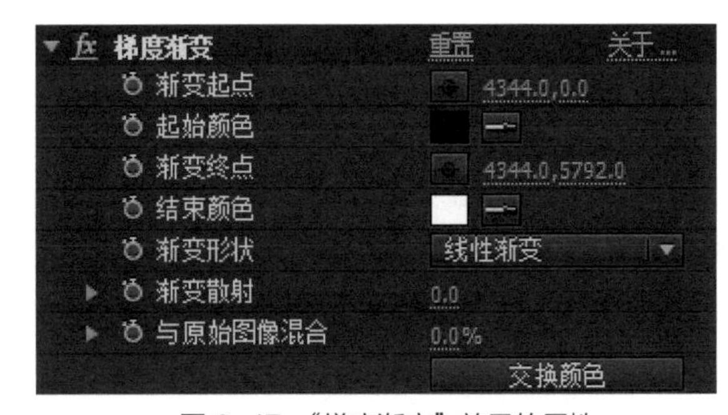

图 6-47 “梯度渐变”效果的属性

渐变起点：用于设置渐变在画面中的起始位置。

起始颜色：用于设置渐变的起始颜色。

渐变终点：用于设置渐变在画面中的结束位置。

结束颜色：用于设置渐变的结束颜色。

渐变形状：用于调整渐变的形状，包括线性渐变和径向渐变。

渐变散射：用于调整渐变区域的分散情况，增大参数会使渐变区域的像素散开，进而产生类似于“毛玻璃”的效果。

与原始图像混合：用于调整渐变效果和原始图像的混合效果。

交换颜色：用于将起始的颜色和结束的颜色对调。

“梯度渐变”是最实用的 After Effects 内置特效之一，多用于制作双色渐变颜色贴图。图 6-48 所示为“梯度渐变”效果应用前后的对比。

（a）应用前

（b）应用后

图 6-48 “梯度渐变”效果应用前后的对比

（2）音频频谱

“音频频谱”的具体添加方法是执行“效果 – 生成 – 音频频谱”菜单命令或在“效果和预设”面板中的“生成”中选择“音频频谱”，再将其直接拖曳至图层。图 6-49 所示为“音频频谱”效果的属性。

起始频率：用于设置最低频率。

结束频率：用于设置最高频率。

频段：用于设置显示的频率所分成的频段数量。

最大高度：用于设置频率的最大高度。

音频持续时间：用于计算频谱的音频持续时间，以毫秒为单位。

音频偏移：用于检索音频的时间偏移量，以毫秒为单位。

厚度：用于设置频段的厚度。

柔和度：用于设置频段的羽化或模糊程度。

“音频频谱”效果多用于制作跟着应用的节奏一起“跳动”的频谱效果，如图 6-50 所示。

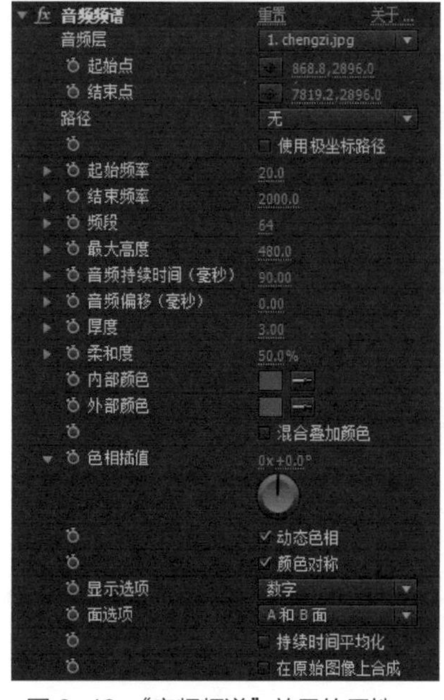

图 6-49 “音频频谱”效果的属性

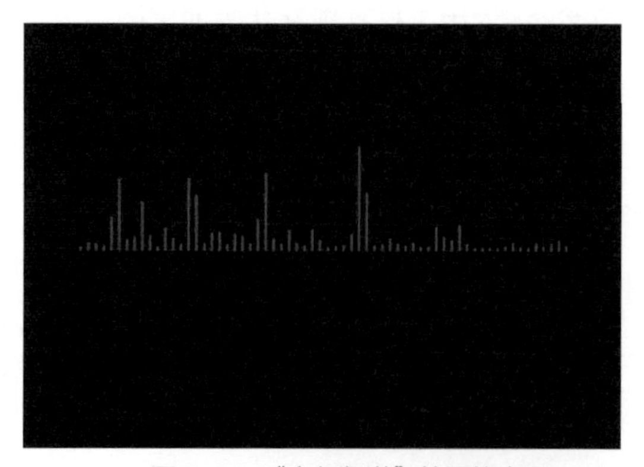

图 6-50 “音频频谱”效果的应用

6.2.3 扭曲 / 文本 / 模糊和锐化的应用

AE 常用内置特效：扭曲 -1

AE 常用内置特效：扭曲 -2

1. 扭曲

“扭曲”特效指的是在不损坏图像质量的前提下，对图像进行拉长、扭曲、挤压等变形操作。After Effects 中的“扭曲”包括很多种效果，如图 6-51 所示。常用的效果有“波纹”“波形变形”“极坐标”等。

（1）波纹

“波纹”的具体添加方法是执行“效果 – 扭曲 – 波纹”菜单命令或在“效果和预设”面板中的“扭曲”中选择“波纹”，再将其直接拖曳至图层。图 6-52 所示为“波纹”效果的属性，图 6-53 所示为图像添加“波纹”后的效果。

图 6-51 “扭曲”效果

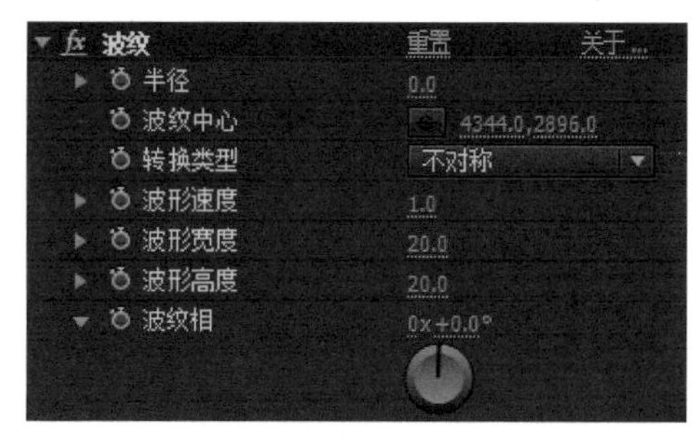

图 6-52 “波纹”效果的属性

（a）应用前

（b）应用后

图 6-53 “波纹”效果的应用

（2）波形变形

“波形变形”的具体添加方法是执行“效果 – 扭曲 – 波形变形”菜单命令或在“效果和预设”面板中的“扭曲”中选择“波形变形”，再将其直接拖曳至图层。图 6-54 所示为“波形变形”效果的属性，图 6-55 所示为图像添加“波形变形”后的效果。

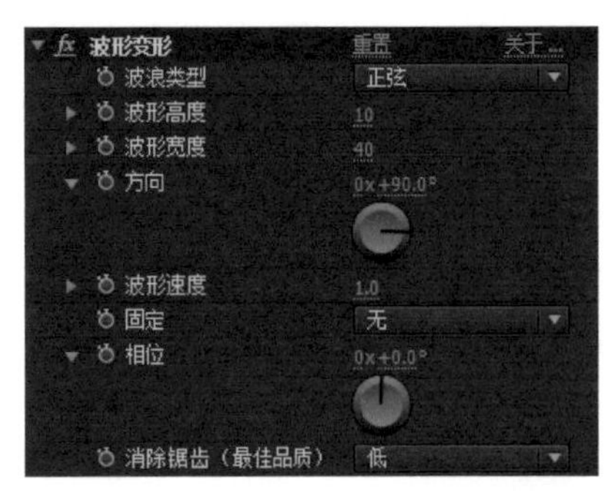

图 6-54 “波形变形”效果的属性

（a）应用前

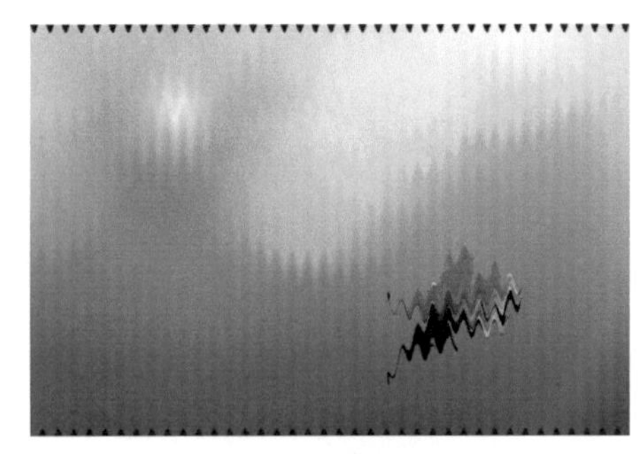

（b）应用后

图 6-55 “波形变形”效果的应用

（3）极坐标

“极坐标”的具体添加方法是执行“效果 – 扭曲 – 极坐标”菜单命令或在“效果和预设”面板中的“扭曲”中选择“极坐标”，再将其直接拖曳至图层。图 6-56 所示为“极坐标”效果的属性，图 6-57 所示为图像添加“极坐标”后的效果。

图 6-56 “极坐标”参数面板

（a）应用前

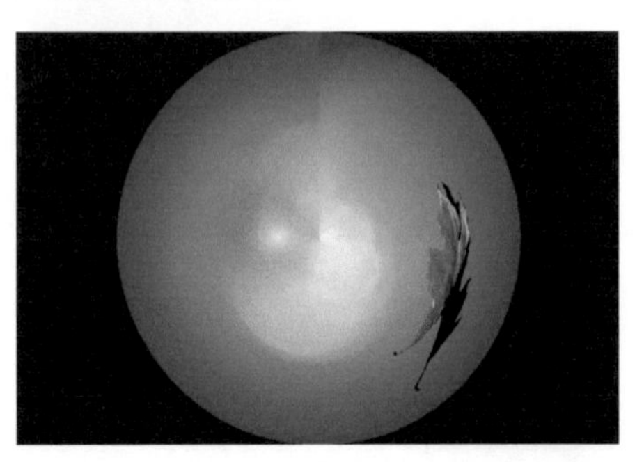

（b）应用后

图 6-57 “极坐标”效果的应用

2. 文本

“文本”中包含“时间码”和“编号”两种效果，如图 6-58 所示。

图 6-58　“文本”效果

(1) 时间码

“时间码”的具体添加方法是执行“效果－文本－时间码”菜单命令或在“效果和预设”面板中的“文本”中选择“时间码”，再将其直接拖曳至图层。图 6-59 所示为“时间码”效果的属性，图 6-60 所示为图像添加“时间码”后的效果。

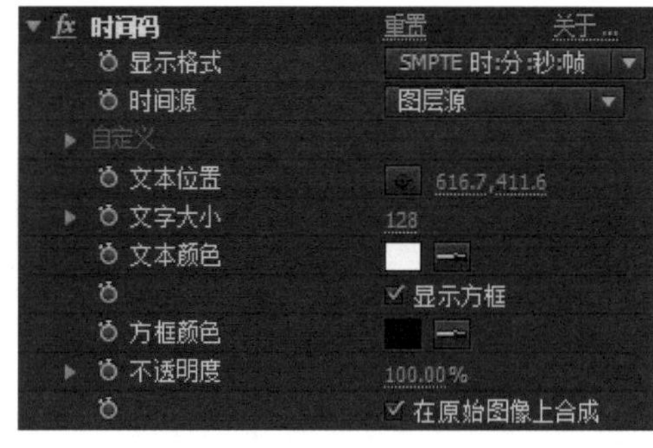

图 6-59　“时间码”效果的属性

图 6-60　“时间码”效果的应用

(2) 编号

“编号”的具体添加方法是执行“效果－文本－编号”菜单命令或在“效果和预设”面板中的“文本”中选择“编号”，再将其直接拖曳至图层。图 6-61 所示为“编号”效果的属性，图 6-62 所示为图像添加“编号”后的效果。

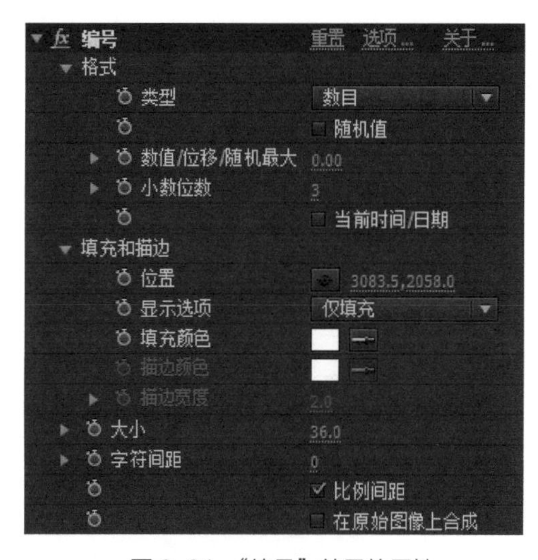

图 6-61　“编号”效果的属性

图 6-62　“编号”效果的应用

3. 模糊和锐化

“模糊和锐化”效果是设计工作中常用的一类效果，图 6-63 所示为“模糊和锐化”

效果，其中常用的效果有“高斯模糊”和“径向模糊”。

（1）高斯模糊

“高斯模糊”的具体添加方法是执行“效果－模糊和锐化－高斯模糊”菜单命令或在“效果和预设”面板中的“模糊和锐化”中选择“高斯模糊”，再将其直接拖曳至图层。图 6-64 所示为“高斯模糊”效果的属性。

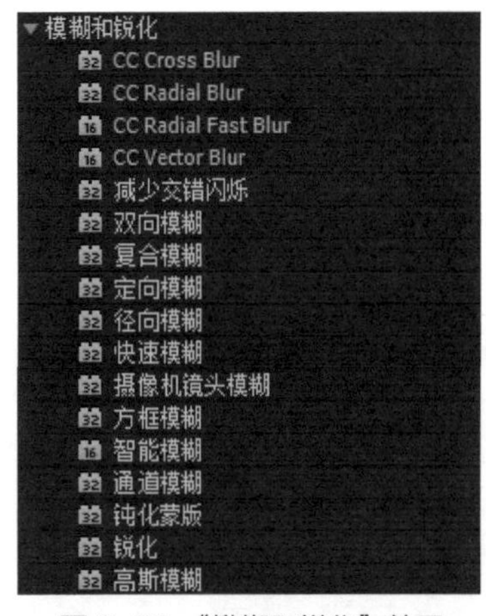

图 6-63　“模糊和锐化”效果

图 6-64　“高斯模糊”效果的属性

“高斯模糊”效果类似于 Photoshop 中的高斯模糊滤镜，用于模糊和柔化图像，可以去除杂点，图层的质量设置对高斯模糊没有影响。“高斯模糊”效果能产生更细腻的模糊效果。图 6-65 所示为图像添加“高斯模糊”后的效果。

（a）应用前

（b）应用后

图 6-65　“高斯模糊”效果的应用

（2）径向模糊

“径向模糊”的具体添加方法是执行“效果－模糊和锐化－径向模糊”菜单命令或在“效果和预设”面板中的“模糊和锐化”中选择“径向模糊”，再将其直接拖曳至图层。图 6-66 所示为“径向模糊”效果的属性。

“径向模糊”效果能产生围绕一个点的模糊效果，可以模拟出摄像机推拉和旋转的效果。图 6-67 所示为图像添加“径向模糊”后的效果。

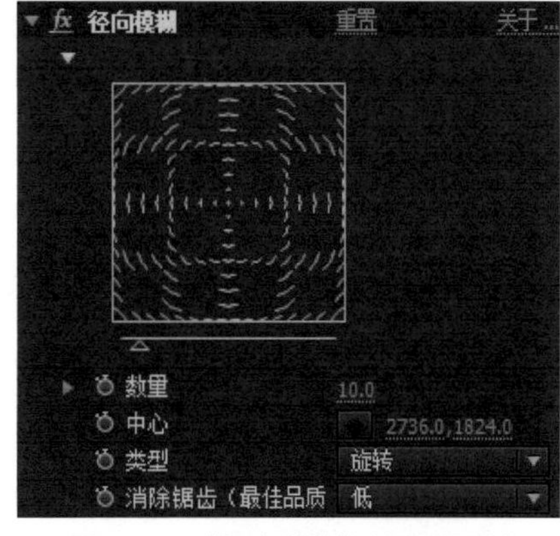

图 6-66　“径向模糊”效果的属性

（a）应用前

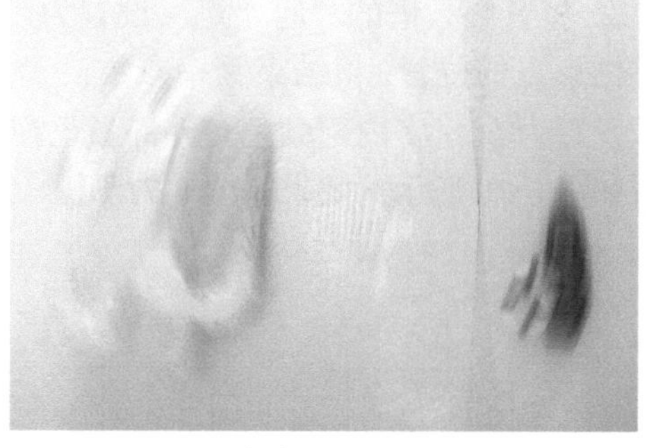

（b）应用后

图 6-67　“径向模糊”效果的应用

6.2.4　演示案例：制作金融类 App 界面动效

演示案例：金融波普 App 页面动画 -1

请运用“音频频谱”“梯度渐变”“波纹”“波形变形”等内置特效制作金融类 App 界面动效，图 6-68 所示为动效的启动图标及首页界面。其中，启动图标上的音频能随着时间的推移产生高低起伏的跃动效果，首页界面中的水面能随着时间的推移产生流动效果，两个页面之间使用圆形蒙版来实现转场。下面主要讲解案例中的重点与难点。

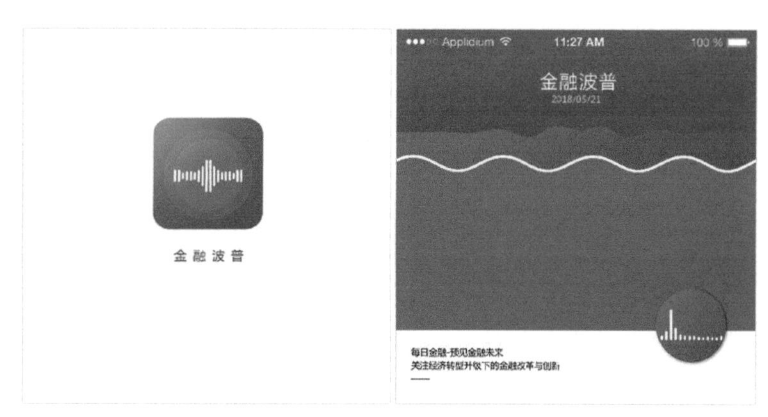

图 6-68　金融类 App 界面动效

1. 制作启动图标动效

① 置入“演示案例：制作金融类 App 界面动效 .psd”文件，并在“启动图标”合成内按组合键 Ctrl+Y 以新建一个白色图层，并将其命名为“音频右”。执行“效果 – 生成 – 音频频谱”菜单命令，为该图层添加“音频频谱”特效。将素材文件夹中的“Music4.mp3”文件置入“项目”面板，并将其拖曳到“时间轴”面板中。然后在“效果控件”面板中将音频频谱的音频图层指定为“Music4.mp3”，效果如图 6-69 所示。

图 6-69　添加“音频频谱”效果

② 将音频频谱的“起始点”设置为启动图标的中心，并根据音频间距的疏密适当调整结束点的位置；将结束频率参数设置为 1000；将最大高度参数设置为 900；将厚度参数设置为 5.2；将内部颜色与外部颜色均设置为白色；将柔和度参数设置为 0%。属性设置如图 6-70 所示，效果如图 6-71 所示。

图 6-70 “音频频谱”效果的属性设置

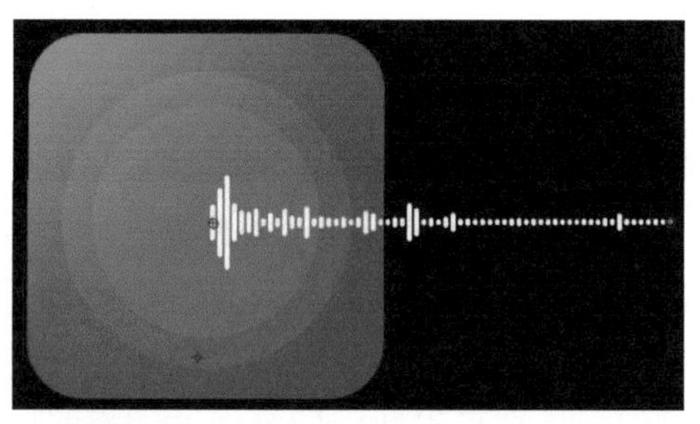

图 6-71 添加“音频频谱”后的效果

③ 选择“音频右”图层，使用椭圆工具在该图层上绘制一个圆形蒙版，将音频的显示范围控制在图标的内圆范围中。然后按组合键 Ctrl+D 对该图层进行“重复”，将“重复”的图层命名为“音频左”。在“音频左”图层上单击鼠标右键，在弹出的快捷菜单中执行“变换 – 水平翻转”命令。最后适当调整两个音频频谱图层的位置，效果如图 6-72 所示。

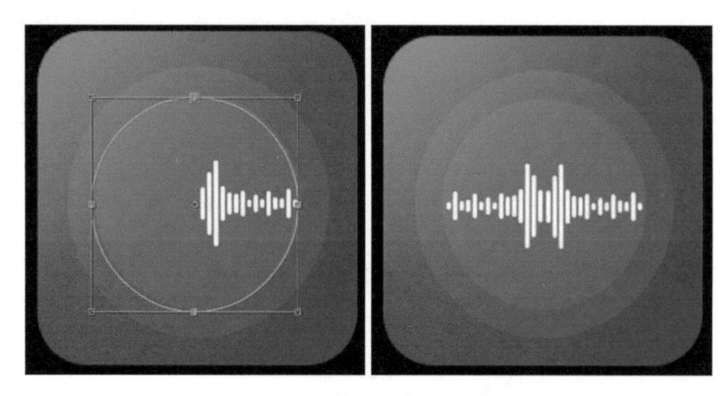

图 6-72 调整两个音频频谱位置

注意：a. 音频跃动的节奏和高度与音乐本身相关联，若调整最大高度与结束频率后，音频的高度始终较低，则可以将“时间轴”面板中的音乐素材图层整体向左移动。b. 使用蒙版对音频显示范围进行限制时，可以按住 Shift 键绘制出圆形蒙版；同时按住 Ctrl 键可以沿着中心绘制圆形蒙版；同时按住空格键可以移动蒙版路径的位置。路径绘制完成后，可以在选择蒙版后按组合键 Ctrl+T 再次调整蒙版路径的位置。c. 若音频跳动节奏过快，则可以在“音频左”与“音频右”两个图层上单击鼠标右键，在弹出的快捷菜单中执行“时间 – 时间伸缩”命令以调整图层的拉伸因数。d. 当前案例的 Photoshop 源文件中包含部分冗余的静态图层，如音频图层、波纹图层、波形变形图层等，使用源文件时可以将它们删除或关闭显示。

④ 按组合键 Ctrl+Y 新建一个红色图层，使用椭圆工具在该图层上绘制一个圆形蒙版，调出蒙版的蒙版扩展属性，将蒙版的显示范围向内收缩至不可见。将时间线移动至 0:00:01:11 处，并激活关键帧；将时间线移动至 0:00:02:01 处，将蒙版扩展的显示范围向外增大至与合成的圆等大，最后将关键帧类型转换成“缓出”，效果如图 6-73 所示。

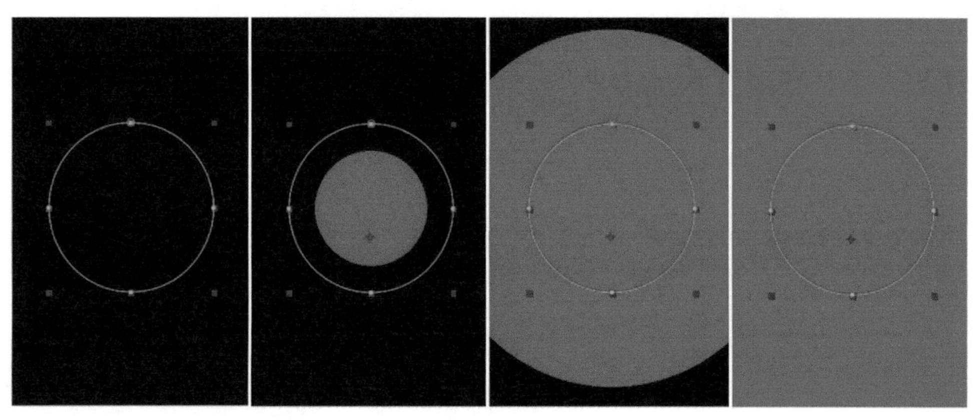

图 6-73　蒙版扩展动画效果

⑤ 选择红色图层，将该图层“重复”两次，并分别将“重复”的两个图层的颜色更改为黄色与白色。将黄色图层的关键帧整体向后移动 3 帧，将白色图层的关键帧整体向后移动 6 帧，使 3 个图层蒙版扩大并覆盖在启动图标上层以形成转场动画，效果如图 6-74 所示。

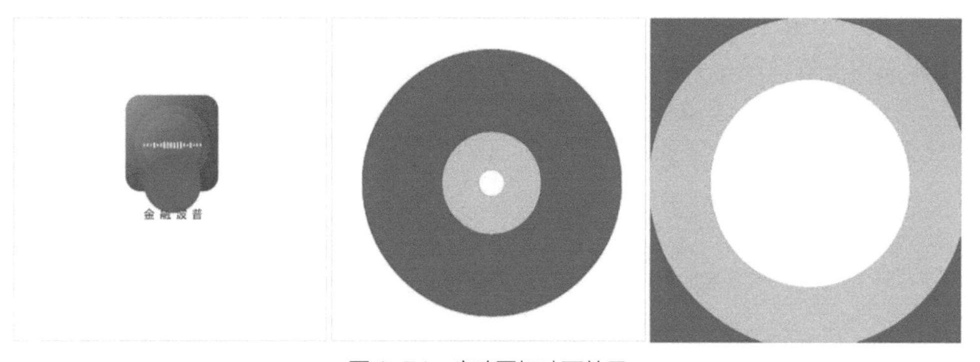

图 6-74　启动图标动画效果

2. 制作首页界面动效

① 选择“首页”合成，使用椭圆工具在其中绘制一个比页面更大的圆形蒙版。将时间线移动至 0:00:02:08 处，调出蒙版路径及蒙版不透明度属性，并激活两个属性的关键帧，此时蒙版不透明度为 100%。将该时间线左移至 0:00:01:23 处，将蒙版形状顶部、底部、左侧、右侧的参数均设置为 624px，将蒙版不透明度设置 0%，使首页界面跟随转场动画从中间扩展出来。两处时间点的蒙版路径参数设置如图 6-75 所示，动画效果如图 6-76 所示。

演示案例：金融波普 App 页面动画 -2

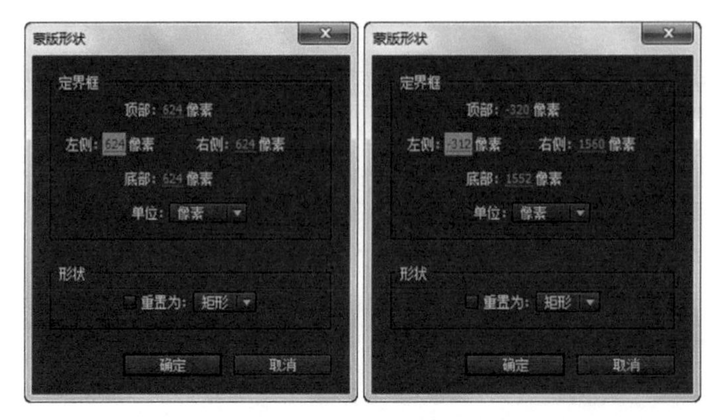

图 6-75　蒙版路径参数设置

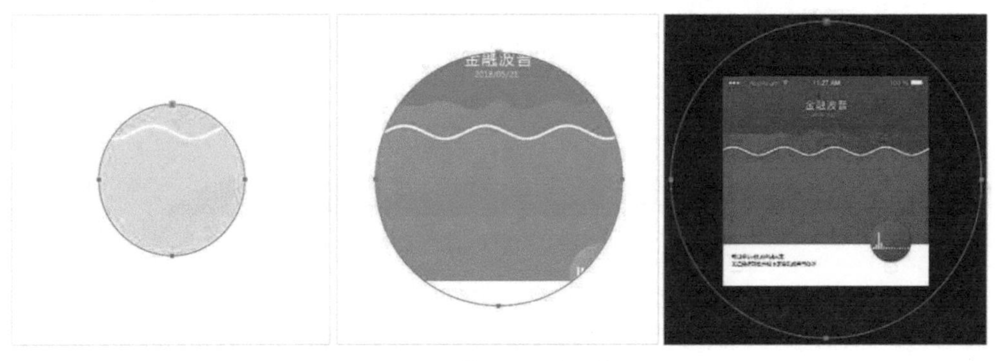

图 6-76　首页界面动画效果

② 在“首页”合成内新建一个红色图层并将其命名为“中间层”，使用矩形工具在蒙版上绘制一个矩形蒙版。然后为该图层添加“波纹”特效，将波纹半径参数设置为 20、波形宽度参数设置为 100、波形高度参数设置为 88。接着为该图层添加“梯度渐变”特效，将“渐变形状”参数设置为“线性渐变”、起始颜色参数设置为紫色、结束颜色参数设置为橙色。参数设置如图 6-77 所示，效果如图 6-78 所示。

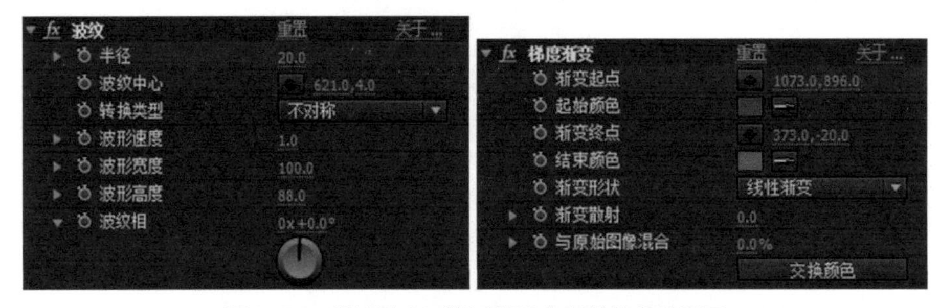

图 6-77　“波纹”及“梯度渐变”特效的参数设置

图 6-78　“波纹”及“梯度渐变”效果的应用

③ 选择“中间层”图层并对其进行“重复”，将“重复”后得到的图层命名为“上层”。删除该图层中的“波纹”特效，并为其添加“波形变形”特效，将波形高度参数设置为 24、波形宽度参数设置为 153。然后将“梯度渐变”特效的起始颜色设置为橙色、结束颜色设置为玫红色。最后为该图层添加一个白色描边的图层样式。参数设置如图 6-79 所示，动画效果如图 6-80 所示。

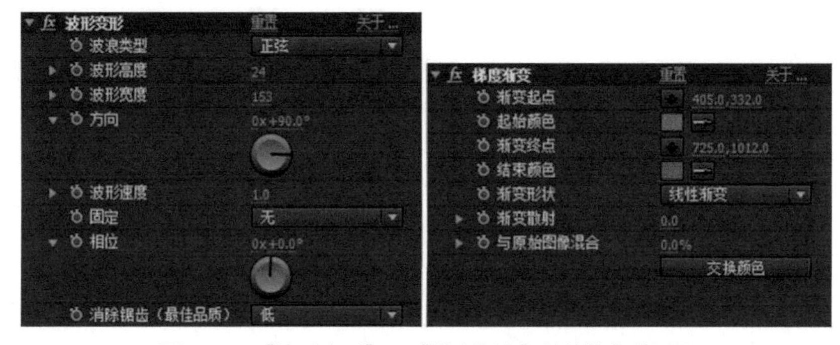

图 6-79　“波形变形”及“梯度渐变”特效的参数设置

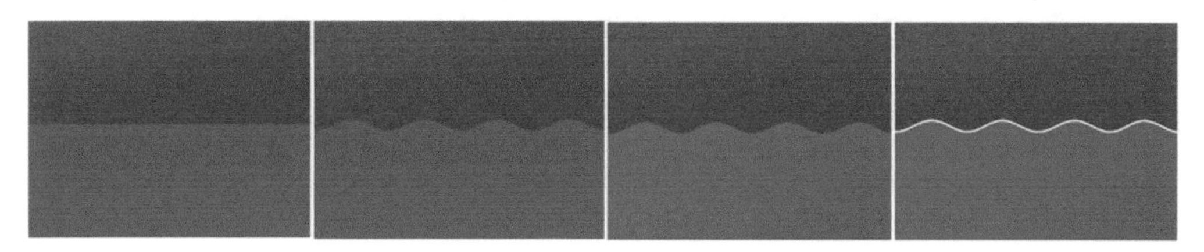

图 6-80　“波形变形”及“梯度渐变”效果的应用

注意：①使用 Alpha 遮罩可制作标题文字上下移动轮换的动画效果，Alpha 遮罩的使用方法可参考前面章节的描述，此处不再赘述。②将复制的“音频右”图层的“面选项”属性更改为 A 面，可制作出小圆球内的音频效果。将“音频右”图层从“启动图标”合成中复制至“首页”合成中后，音频层自动恢复为“无”，此时需要重新将其指定为“Music4.mp3”图层。③小球扩展变大、画面从首页界面再次转换回启动图标界面时，转场动画效果与第一次转场相同，此处不再赘述。④当前案例中，“波形变形”与“波纹”特效十分相似，二者的区别在于：“波纹”特效的波浪从中间向两边流动；“波形变形”特效的波浪从左向右流动。

演示案例：金融波普 App 页面动画 -3

【素材位置】教材配套资源 / 第 6 章 / 演示案例 / 演示案例：制作金融类 App 界面动效。

课堂练习：制作药水图标界面动效

请综合运用本章所学的“波形变形”“波纹”“梯度渐变”“CC Particle World”等波纹内置特效，结合前面章节所学的轨道遮罩，制作两个药水图标界面动画，效果如图 6-81 所示。其中“物攻 BUFF”图标使用“波形变形”特效制作，液体从左至右流动，液体流动时气泡从瓶中冒出；“策攻 BUFF”图标使用“波纹”特效制作，液体从中间向两边扩散。

图 6-81　药水图标界面动画效果

【素材位置】教材配套资源 / 第 6 章 / 课堂练习 / 课堂练习：制作药水图标界面动效。

本章小结

本章围绕 After Effects 中的内置特效，分别讲解了特效的基本概念及实际的操作方法，包括添加特效的方法、更改特效参数的方法、临时关闭特效、删除特效等操作。重点对设计工作中常用的内置特效进行了讲解，包括颜色校正、模拟、透视、过渡、风格化、生成、扭曲、文本、模糊和锐化。读者除了应该重点掌握常用内置特效的运用外，还应该对其他特效有一定的了解，以便在实际的设计工作中能够利用不同特效制作出高水平的动画作品。

课后练习：制作计步器 App 界面动效

请运用本章所学的“极坐标”“勾画”“编号”“边角定位”等内置特效制作计步器 App 界面动效，最终效果如图 6-82 所示。要求：①当前案例中所有动画完成后，需要使用“边角定位”特效将平面二维的动效画面制作成样机并附着在手机上；②案例中的步数变化须使用“编号”特效，使数值从 1239 步递增至 3397 步；③计步器边缘的黄色加载线段须使用“勾画”特效制作出头粗尾细的线段效果；④计步器内部的刻度可使用 Photoshop 源文件中的素材，也可使用 After Effects 中的“中继器”与“极坐标”效果制作。

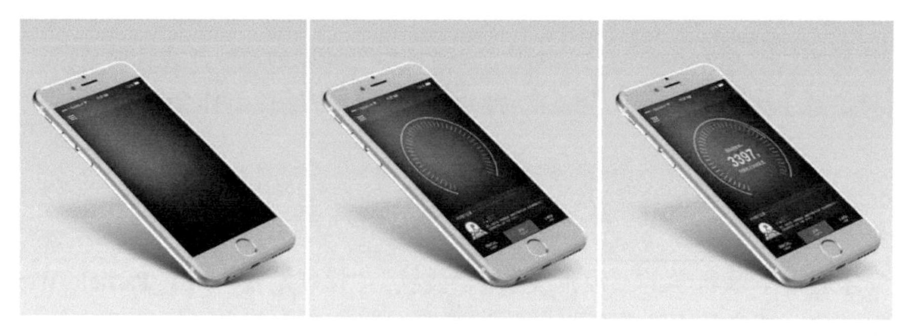

图 6-82　制作计步器 App 界面动效

【素材位置】教材配套资源 / 第 6 章 / 课后练习 / 课后练习：制作计步器 App 界面动效。

第 7 章

After Effects 中表达式的应用

【本章目标】

- 了解表达式的概念及其编写时的注意事项。
- 掌握表达式的基本操作，包括表达式的创建、移除及编辑等具体操作方法。
- 掌握表达式的基本语法。
- 掌握循环表达式、弹性表达式、索引表达式、时间表达式、抖动表达式的用法。

【本章简介】

在 After Effects 中，表达式应用十分广泛。其强大之处在于可以使不同属性之间彼此建立链接关系，快速地制作出复杂的动画效果，从而提高工作效率。表达式是制作高级特效的重点和难点，通过表达式可以制作出关键帧动画所达不到的效果，能够提升动画的整体水平。本章主要讲解表达式的基本操作和语法，旨在通过案例的讲解和练习，使读者不仅能够掌握常用表达式的用法，而且能够利用表达式制作出高质量高水平的动画效果。

7.1 表达式简介

7.1.1 表达式的概念

表达式指的是由数字、运算符、数字分组符号（括号）、自由变量和约束变量等，通过能求得结果的有意义的排列方法所组成的组合。在 After Effects 中，表达式可以实现从简单到复杂的多种动画，可以使用函数功能来控制动画效果。此外，表达式动画灵活性强，利用表达式既可以独立地控制单个动画属性，也可以同时控制多个动画属性。

After Effects 中的表达式是基于 JavaScript 语言的，但读者在使用表达式的时候并不一定需要掌握 JavaScript 语言。读者可以利用“表达式关联器”关联表达式或复制表达式实例中的表达式语言，然后根据实际工作需要对其数值进行适当的修改。

7.1.2 表达式的基本操作

表达式的输入完全可以在“时间轴”面板中完成，可以使用“表达式关联器”为不同图层属性创建关联表达式，也可以在表达式输入框中对表达式进行修改。下面对表达式的操作进行详细讲解。

1. 表达式的创建

读者可以通过选择需要添加表达式的图层属性，执行“动画 – 添加表达式”菜单命令或按组合键 Alt+Shift+= 后输入需要创建的表达式；或者按住 Alt 键，同时单击动画属性左侧的码表来实现表达式的创建。图 7-1 所示是为图像的位置属性添加表达式。

图 7-1　为位置属性添加表达式

2. 表达式的移除

表达式的移除与创建类似。读者可以通过选择需要移除表达式的图层属性，执行“动画 – 移除表达式”菜单命令或按组合键 Alt+Shift+= 后输入需要移除的表达式；或者按住 Alt 键，同时单击动画属性左侧的码表来实现表达式的移除。

在实际工作中，会遇到临时关闭表达式的情况，此时就需要用到表达式开关按钮。单击该按钮可临时关闭表达式，此时按钮呈现关闭状态。

3. 表达式的编辑

（1）使用表达式关联器编辑表达式

使用“表达式关联器”可以将一个动画的属性关联到另一个动画的属性中。具体操作方法是将“表达式关联器”按钮◎拖曳到其他动画属性上，如图 7-2 所示。

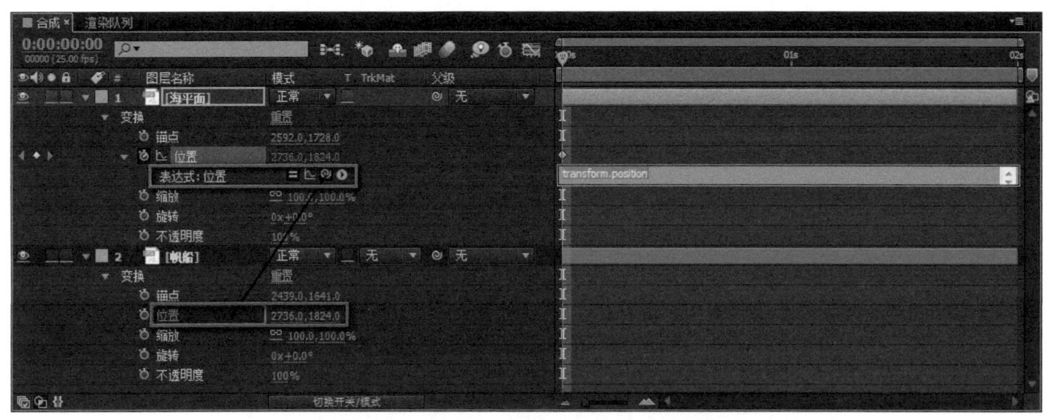

图 7-2　用“表达式关联器”关联属性

在一般情况下，新的表达式文本将自动插入表达式输入框中的光标位置之后；若在表达式输入框中选择了文本，那么这些被选择的文本将被新的表达式文本所替代；若表达式插入光标并没有出现在表达式输入框之内，那么表达式输入框中的所有文本都将会被新的表达式文本所替代。在拖曳“表达式关联器”按钮时，可以将表达式拖曳至动画属性的名称上，也可以将其拖曳至属性的 X、Y 轴的数值上。

（2）手动编辑表达式

手动编辑表达式首先需要确定表达式输入框处于激活状态，如图 7-3 所示。在表达式输入框中输入或编辑表达式，输入或编辑完成后，可以单击表达式输入框以外的区域或按 Enter 键来完成操作。

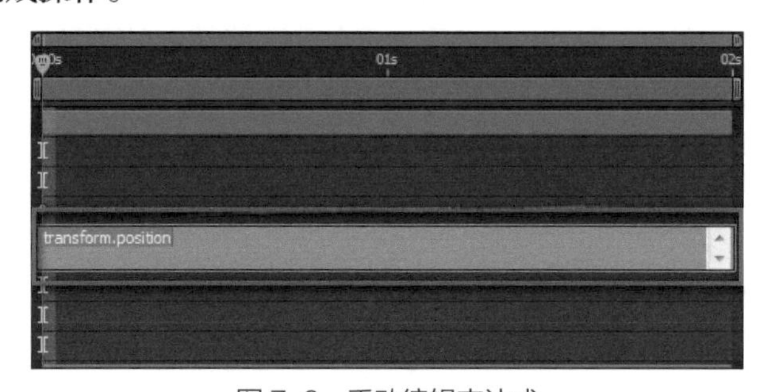

图 7-3　手动编辑表达式

（3）添加表达式注释

添加表达式注释是指对表达式进行文字注释，以便于后期辨识表达式。其添加方式是在注释语句的前面添加“//”符号。在同一行表达式中，任何处于“//”符号后面的语句都属于表达式注释语句，如图 7-4 所示，在程序运行时这些语句不会被编译执行。另一种方法就是在注释语句首尾分别添加“/*”和“*/”符号，如图 7-5 所示，处于“/*”和“*/”符号之间的语句也不会被编译执行。

图 7-4　用“//”符号注释语句

图 7-5　用“/*”和“*/”符号注释语句

此外，在编写表达式的时候，需要注意区分大小写；表达式需要使用“；”作为一条语句的结束；单词间多余的空格会被忽略（字符串中的空格除外）；可以通过上下拖动的方法来扩大表达式输入框的范围。

4. 表达式控制

表达式控制是指在某一个图层中应用“表达式控制”特效中的效果后，可以在其他动画属性中调用该效果的滑块数值，从而达到使用一个简单的控制特效一次性影响其他多个动画属性的目的。执行“效果－表达式控制”菜单命令或在“效果和预设”面板中选择“表达式控制”即可为图层添加“表达式控制”特效中的各种效果，如图 7-6 所示。

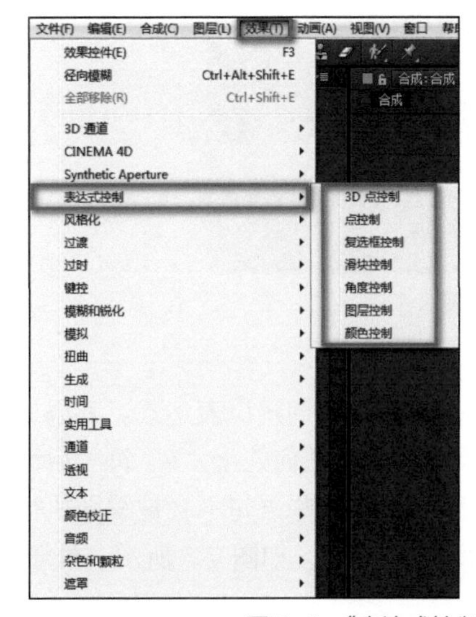

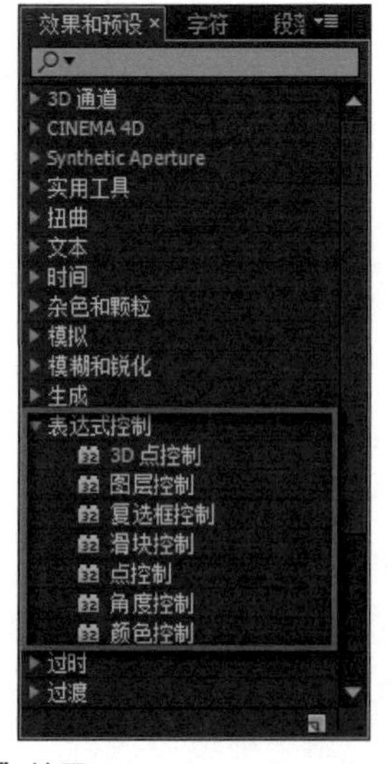

图 7-6　“表达式控制”效果

5. 表达式的保存与调用

在 After Effects 中，可以将含有表达式的动画保存为动画预设，进而就可以在其他工程文件中直接调用这些动画预设了。如果在保存的动画预设中，动画属性仅包含表达式而没有任何关键帧，那么动画预设只保存表达式信息；如果动画属性中包含一个或多个关键帧，那么动画预设将同时保存关键帧和表达式的信息。

在同一个合成项目中，动画属性的表达式和关键帧是可以复制粘贴的。若要将一个动画属性的表达式连同关键帧一起复制到其他的一个或多个动画属性中，则可以在"时间轴"面板中选择源动画属性并进行复制，然后将其粘贴到其他动画属性中。若只需要复制表达式到其他一个或多个动画属性中，则可以在"时间轴"面板中选择源动画属性，执行"编辑 - 仅复制表达式"菜单命令，然后将其粘贴到其他动画属性中。

7.1.3 表达式的基本语法

After Effects 中的表达式使用的是 JavaScript 的标准内核语言，并且在其中内嵌了诸如 Layer（图层）、Comp（合成）、Footage（素材）和 Camera（摄像机）之类的扩展对象，所以其可以访问 After Effects 项目中的绝大多数属性。

使用表达式可以获取图层中的 attributes（属性）和 methods（方法）。After Effects 的表达式语法规定全局对象与次级对象之间必须以"."来进行分割，以表明物体之间的层级关系；同样，目标与"属性"或"方法"之间也须使用"."来分割。例如，要将图层 A 的 Position 属性链接到图层 B 的 Position 属性，可以在图层 A 的表达式输入框中输入以下表达式。

thisComp.layer(" B ").transform.position

表达式的默认对象是表达式中对应的属性，紧接着是图层中内容的表达，因此可以不指定属性。例如，在图层的位置属性上抖动表达式可以表示为：

transform.position.wiggle(5,10)

在表达式中可以包括图层及其属性。例如，可以将图层 A 的 Scale 属性与图层 B 的 Position 属性中抖动相连的表达式写成以下形式。

在图层 B 的 Position 属性中输入"transform.position.wiggle(5,10)"。

在图层 A 的 Scale 属性中输入"thisComp.layer(" B ").transform.position"。

7.2 动效设计中常用的表达式

7.2.1 循环表达式

循环表达式的应用场景众多，在各种循环动画的制作过程中都要用到循环表达式，使关键帧动画循环播放。有了循环表达式，就不必再反复添加关键帧或者频繁复制图层来实现循环效果了。

循环表达式效果

常用的循环表达式为"loopOut(type= "类型 " ,numkeyframes=0)"，表示在图层中从入点到第一个关键帧之间循环一个指定时间段的内容。被指定的循环内容是从图层的第一个关键帧开始到图层的出点范围内的某个关键帧之间的内容。numkeyframes 用于指定以第一个关键帧为起点设定循环基本内容的关键帧数目，不包括第一个关键帧。若 numkeyframes=0，则代表无限循环；若 numkeyframes=1，则代表只循环 1 次；若 numkeyframes=2，则代表循环 2 次；以此类推。循环表达式不需要重复添加关键帧，只需要设置开始与结束关键帧即可。

使用循环表达式制作的循环动画如图 7-7 所示，其中的星星、飞鸟、汽车、飞船、摩天轮、蜜蜂等都用到了循环表达式。动画效果请扫描“循环表达式效果”二维码进行预览。

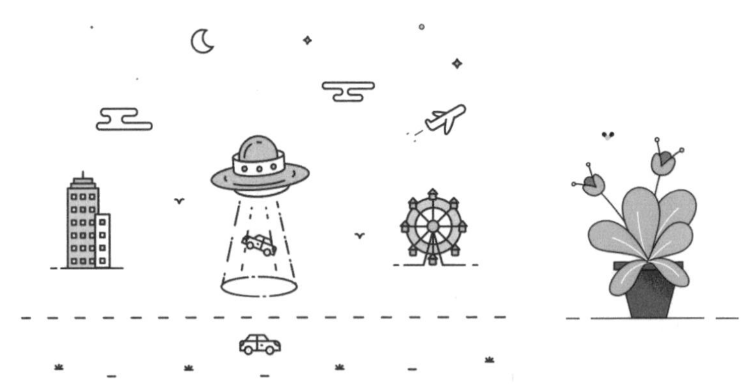

图 7-7　循环表达式制作的动画效果

7.2.2　弹性表达式

弹性表达式通常用在弹性动画中，如一个弹性物体落地后弹跳的路径效果。弹性动画符合物理振幅及物体的物理运动规律，在弹性表达式中，有 3 个参数可以自由调整，即 amp（振幅）、freq（振频）和 decay（衰减或阻力）。其中“amp”指首次弹跳高度，“freq”指弹跳速度，“decay”指弹跳衰减量。图 7-8 所示为使用弹性表达式制作的小球弹跳动画，动画效果请扫描“弹性表达式效果”二维码进行预览。

弹性表达式效果

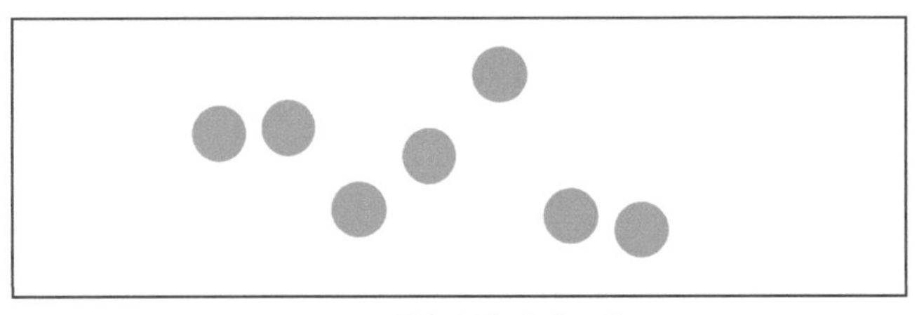

图 7-8　弹性表达式动画效果

7.2.3　索引表达式

索引（index）表达式又叫作图层编号表达式，即将图层依次排列编号，简单来讲就是索引表达式能够实现每间隔多少值就产生多少变化的阵列效果。图 7-9 所示的红色框里的数字就是图层对应的索引值。根据索引值的不同可以制作出不同规律的动画效果，如表

索引表达式效果

达式 (index-1)*20 表示第一个图层在原来基础上旋转 20°。图 7-10 所示为使用索引表达式制作的雷达扫描动画，动画效果请扫描“索引表达式效果”二维码进行预览。

图 7-9　图层对应的索引值

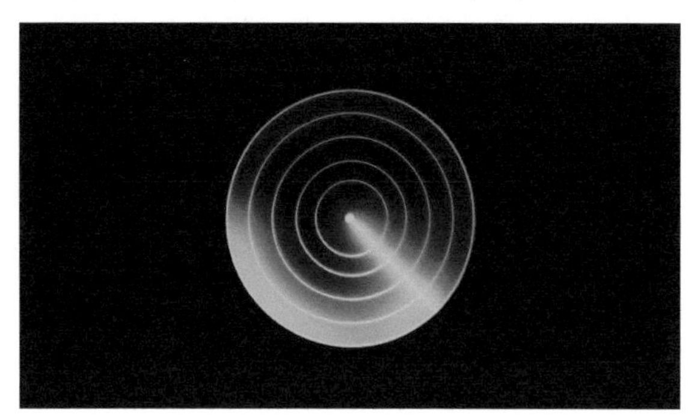

图 7-10　索引表达式动画效果

7.2.4　时间表达式

时间表达式效果

时间（time）表达式是 After Effects 中最重要的表达式之一，它可以描述某些变化或运动，作为参数时通常以秒为单位。倘若把时间参数添加到一个旋转的物体（例如秒针）上，它就会从初始位置开始每秒走动 1°。如果想让物体旋转得更快些，只需要乘以倍数即可。“time”参数用于返回当前时间线所对应的时间，1 s 处 time=1，time 的最小值为 0，最大值为合成的时间长度。用时间表达式可以制作时钟等效果。图 7-11 所示是用时间表达式制作的时钟效果，图 7-12 所示是为三角形的旋转属性添加不同表达式的效果对比，从中可以直观地看到时间表达式的具体效果，动画效果请扫描“时间表达式效果”二维码进行预览。

图 7-11　时间表达式动画效果

效果图	被添加表达式的属性	表达式
	（无）	
	旋转	(20 + 30) / 5
	旋转	50 % 20
	旋转	time*360

图 7-12　不同表达式的动画效果对比

7.2.5　抖动表达式

抖动表达式效果

抖动表达式即 wiggle，该表达式可以实现元素自由且自然的摆动。在使用抖动表达式时，需要设置频次和强度参数。如表达式 wiggle(2,20) 代表的是每秒抖动 2 次，每次抖动 20 个像素。

在此需要注意的是，如果是二维图层，则该表达式会让元素在 *X* 轴和 *Y* 轴方向摆动；如果是三维图层，则该表达式会让元素在 *X*

轴、*Y* 轴和 *Z* 轴 3 个方向摆动。抖动表达式通常和摄像机的 position（位移）和 point of interest（聚焦点）一起使用，用于对摄像机的镜头进行调整。图 7-13 所示为使用抖动表达式制作的小球抖动动画，图 7-14 所示为不同属性添加抖动表达式后的效果，动画效果请扫描“抖动表达式效果”二维码进行预览。

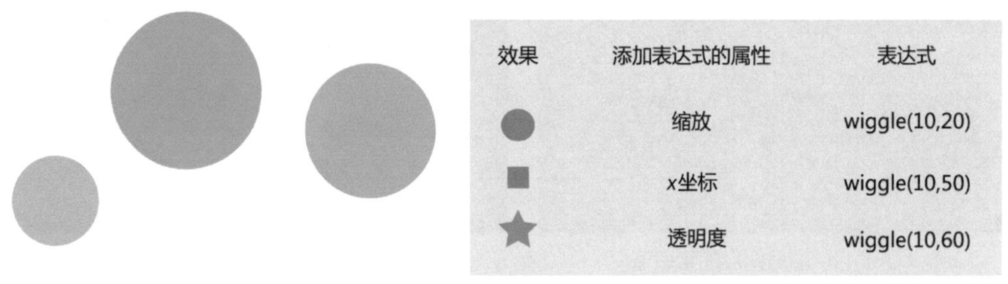

效果	添加表达式的属性	表达式
●	缩放	wiggle(10,20)
■	*x*坐标	wiggle(10,50)
★	透明度	wiggle(10,60)

图 7-13　抖动表达式动画效果　　图 7-14　为不同属性添加抖动表达式的效果

7.2.6　演示案例：制作企业动态 Logo

请运用本章所学的循环表达式与索引表达式以及后面将会提到的延时表达式制作企业动态 Logo，动画效果如图 7-15 所示。该案例中黄色的星光需要使用 After Effects 的“CC Particle World”内置特效进行制作（提示：紫色线条流动的动画可使用延时表达式制作），蓝色圆与黄色圆的动画需要使用索引表达式与循环表达式制作。下面主要讲解本案例中的难点。

图 7-15　企业动态 Logo 动画效果

1. 制作星光动效

① 新建一个尺寸为 1000px × 700px、帧速率为 25 帧 / 秒、持续时间为 5 秒的合成，然后新建一个与合成等大的暗紫色图层作为背景。再新建一个黑色图层，为其添加“CC Particle World”特效，并取消勾选 Grid&Guides 属性下的 Position、Radius、Motion Path、Grid、Horizon、Axis Box，如图 7-16 所示，效果如图 7-17 所示。

演示案例：企业标志 MG 动画 -1

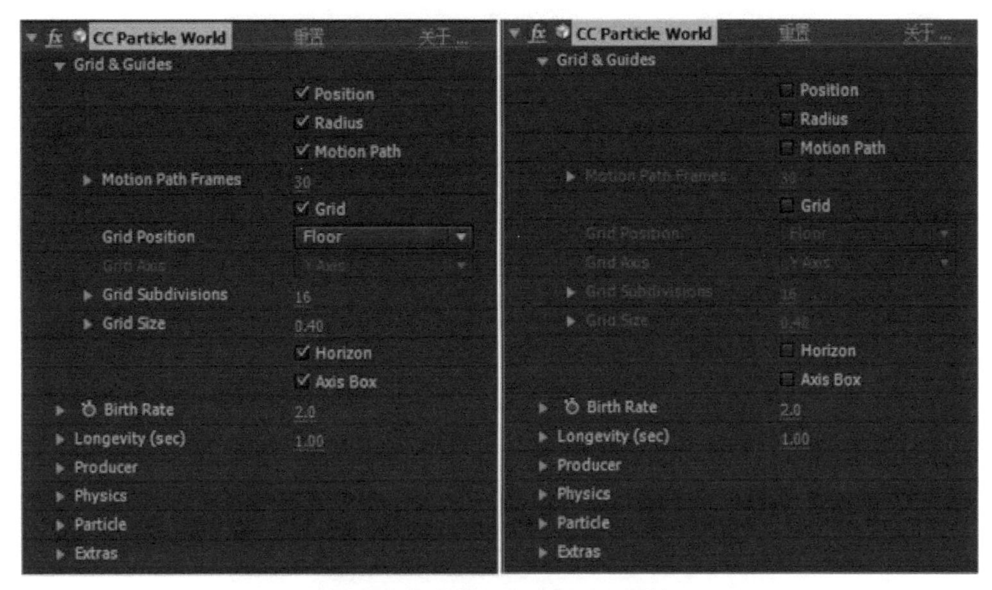

图7-16　设置 Grid&Guides 属性

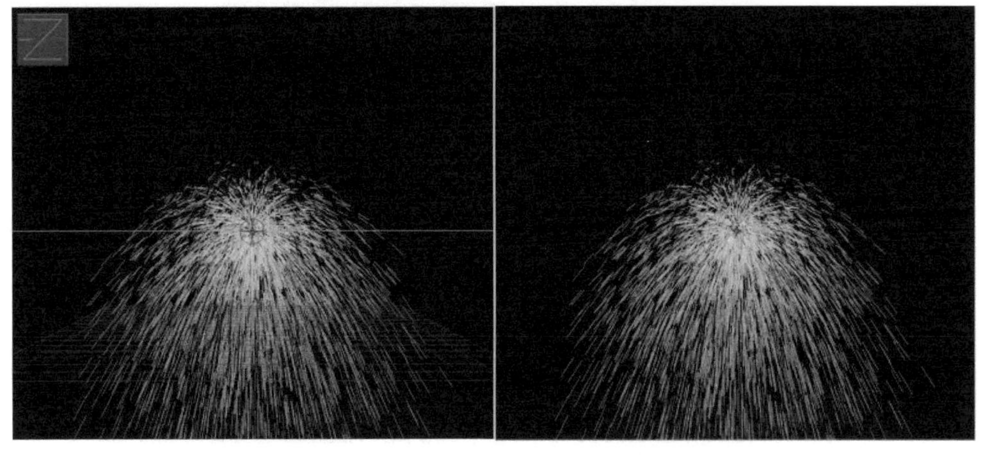

图7-17　设置 Grid&Guides 属性后的效果

② 将“CC Particle World”特效中的 Birth Rate 参数设置为 2.0，将 Physics 中的 Animation 更改为 Fractal Omni、Velocity 设置为 1.21、Gravity 设置为 0、Extra Angle 设置为 0×+0.0°，将 Particle 中的 Particle Type 更改为 Faded Sphere。属性设置如图 7-18 所示，效果如图 7-19 所示。

③ 将时间线移动至 0:00:00:01 处，激活 Producer 中 Position X 与 Position Y 属性的关键帧。设置 Position X 参数为 0.57，设置 Position Y 参数为 −0.36，同时设置 Position Z 参数为 −0.11、Radius X 参数为 0.485、Radius Y 参数为 0.095、Radius Z 参数为 1.225。最后将时间线移动至 0:00:01:24 处，将 Position X 与 Position Y 的参数分别设置为 −1.27 与 0.72，使星光从合成右上角移动至左下角。属性设置如图 7-20 所示，效果如图 7-21 所示。

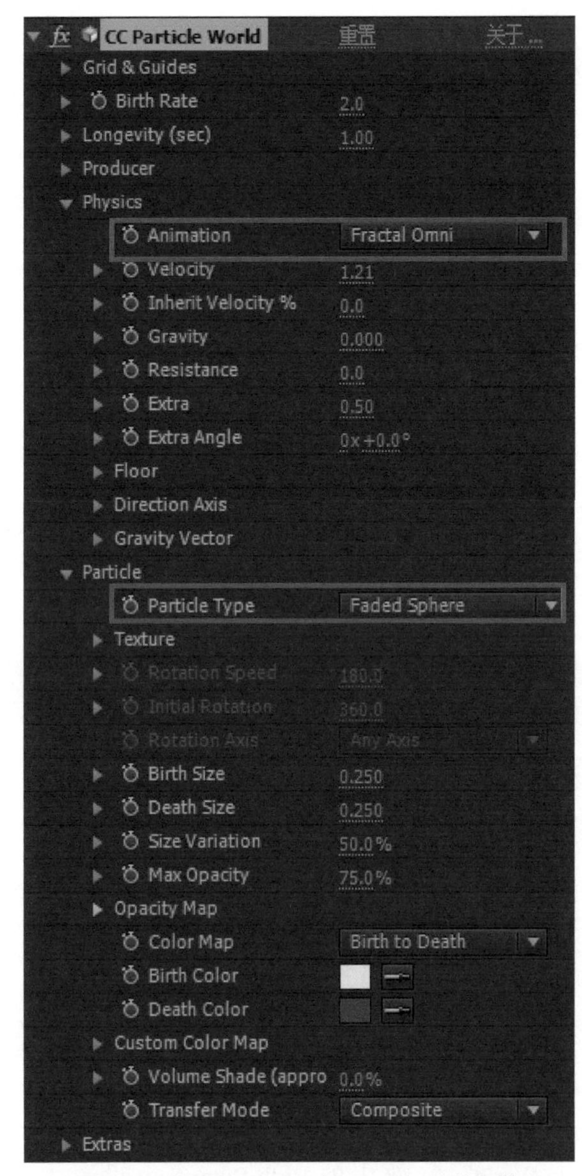

图 7-18　设置 Physics 与 Particle 中的属性

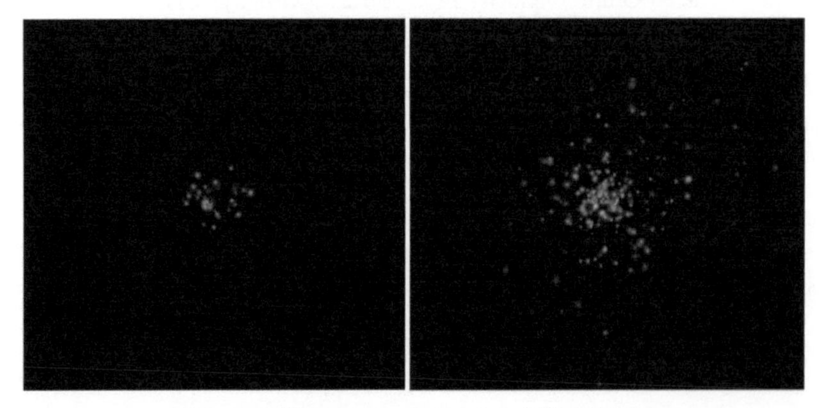

图 7-19　设置 Physics 与 Particle 属性后的效果

图 7-20　设置 Producer 属性

图 7-21　设置 Producer 属性后的效果

2. 制作线条动效

演示案例：企业标志 MG 动画 -2

① 将工具切换至钢笔工具，在描边状态下勾画一条紫色线条，并将其命名为“线条 1”。接着为线条添加“投影”与“斜面和浮雕”图层样式，然后为线条添加修剪路径属性。将时间线移动至 0:00:00:00 处，将结束参数设置为 0% 并激活关键帧；将时间线移动至 0:00:01:03 处，将结束参数设置为 100%，效果如图 7-22 所示。

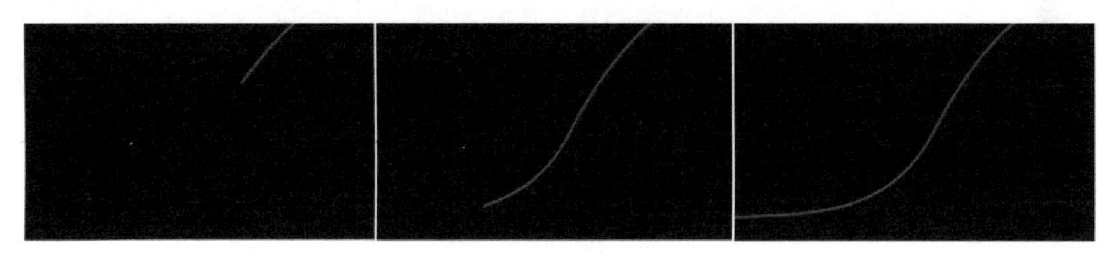

图 7-22　线条动效

② 按住 Alt 键并单击结束属性前的关键帧记录器，在弹出的表达式输入框中输入延时表达式“valueAtTime(time-1/15)”，使线条生长动画延时播放。然后复制两个关键帧，将时间线移动至 0:00:00:20 处，并将关键帧粘贴到开始属性上。按住 Alt 键并单击开始属性前的关键帧记录器，然后复制结束属性中的延时表达式并将其粘贴至开始属性的表达式输入框中，属性设置如图 7-23 所示。

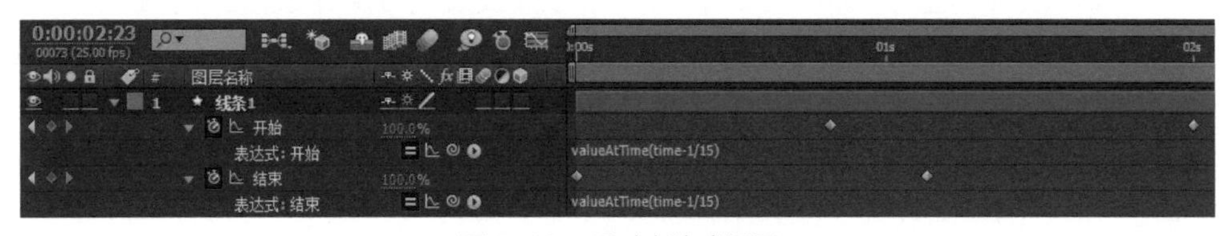

图 7-23　延时表达式设置

③ 选择“线条 1”图层并对其进行“重复”操作，将得到的图层命名为“线条 2”，适当调整该线条描边的粗细、所在图层的位置、虚线的段数等属性，使线条 2 与线条 1 之间在外观形态上有所区别。最后按 U 键调出“线条 2”图层的关键帧，适当修改其延时表达式中动画延迟的时间。同理，将线条“重复”多次并更改相关属性，制作出线条流动动画，效果如图 7-24 所示。

图 7-24 线条流动动画效果

3. 制作字母动效

① 将工具切换至钢笔工具，在描边状态下画出一条红色的线段，将其命名为“L”。然后将工具切换至选取工具，选择该图层中的形状 1 的路径属性，使用选取工具调整路径上的锚点，使线条形态与字母 L 相类似。最后为该图层添加“投影”“内阴影”及“斜面和浮雕”图层样式，效果如图 7-25 所示。

演示案例：企业标志 MG 动画 -3

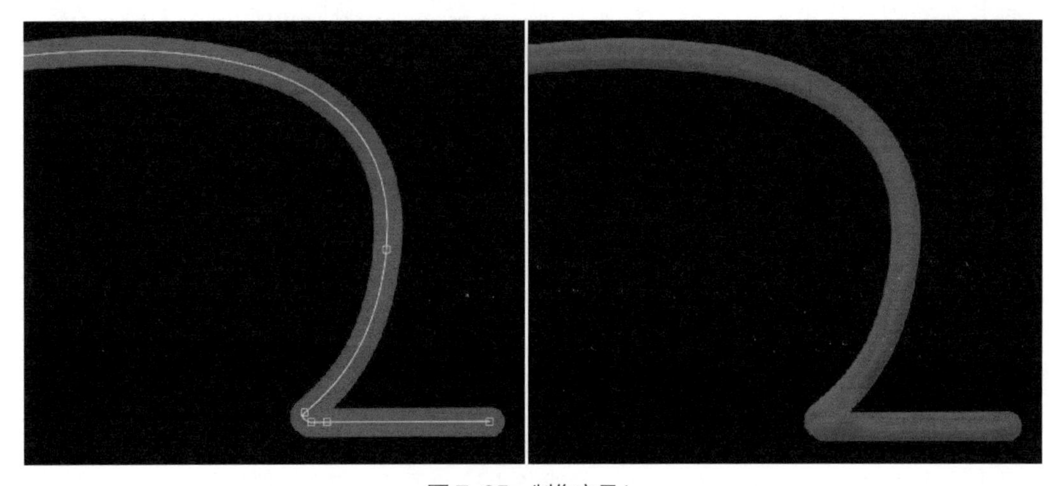

图 7-25 制作字母 L

② 选择“L”图层并为其添加修剪路径属性，将时间线移动至 0:00:00:00 处，将结束参数设置为 0% 并激活关键帧；将时间线移动至 0:00:01:08 处，将结束参数设置为 100%。将时间线移动至 0:00:01:05 处，将开始参数设置为 0% 并激活关键帧；将时间线移动至 0:00:01:12 处，将开始参数设置为 52%。最后调出该图层的缩放、不透明度及描边宽度属性，将不透明度参数从 0% 调整至 100%，描边宽度参数从 0 增大至 35，使线段生长完成后整体缩小。关键帧设置如图 7-26 所示，动画效果如图 7-27 所示。同理可以制作出字母 P 的动画效果，此处不再赘述。

图 7-26　字母 L 的关键帧设置

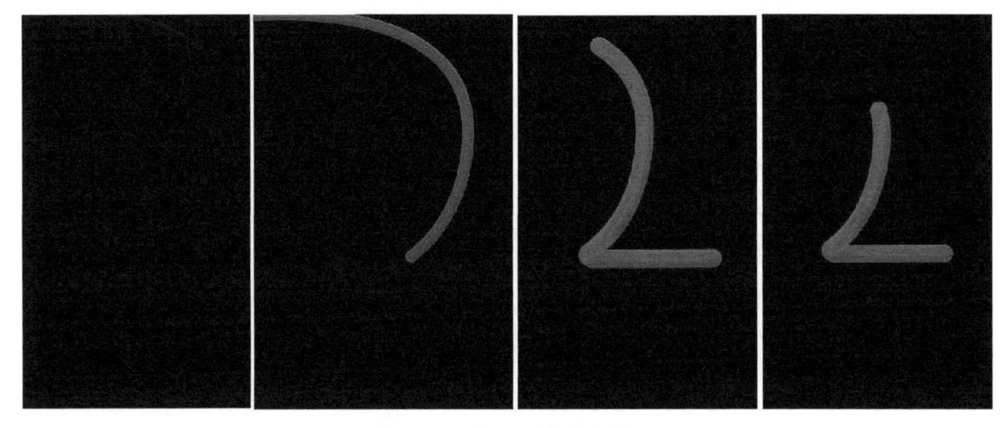

图 7-27　字母 L 的动画效果

4. 制作圆的动效

演示案例：企业标志 MG 动画 -4

① 新建一个尺寸为 2000px × 1500px、帧速率为 25 帧 / 秒、持续时间为 5 秒的合成。使用椭圆工具绘制一个青色描边圆并将其命名为“圆 1”，将其大小参数设置为 268。接着为该图层添加修剪路径属性，将时间线移动至 0:00:00:07 处，将开始与结束参数设置为 100%，激活开始属性的关键帧；将时间线移动至 0:00:01:15 处，将开始参数设置为 10%，最后为开始属性添加延时表达式“valueAtTime(time-1/30)”，效果如图 7-28 所示。

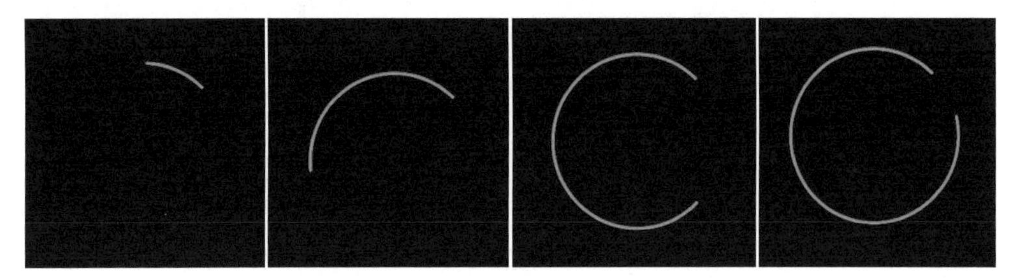

图 7-28　圆的生长动画效果

② 选择“圆 1”图层，调出该图层的旋转属性，将时间线移动至 0:00:00:07 处，将旋转参数设置为 0 × +0.0° 并激活关键帧；然后将时间线移动至 0:00:01:15 处，将旋转参数设置为 −1 × +0.0° 。接着按住 Alt 键并单击旋转属性左侧的关键帧记录器，在弹出的表达式输入框中输入循环表达式“loopOut(type ='cycle',numKeyframes=0)”，使圆旋转的动画无限循环。最后调出该图层的缩放属性，将时间线移动至 0:00:01:00 处，将缩放参数设置为“243%，243%”；将时间线移动至 0:00:01:15 处，将缩放参数设置为“21%，

21%”以使圆在旋转时逐渐缩小，动画效果如图 7-29 所示。

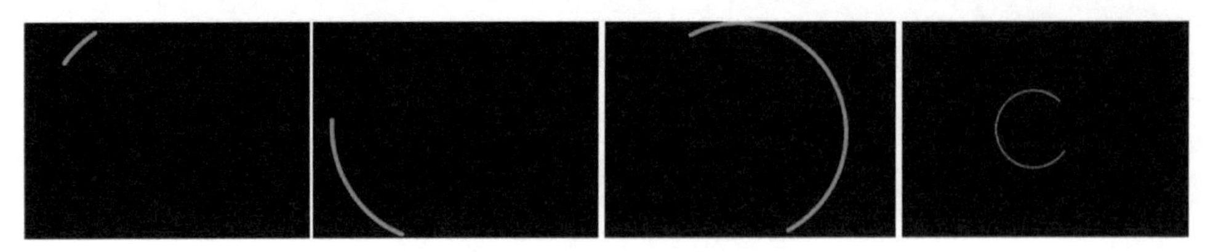

图 7-29 圆的缩放与旋转动画效果

③ 选择“圆 1”图层，调出其大小属性。按住 Alt 键并单击大小属性左侧的关键帧记录器，在弹出的表达式输入框中输入索引表达式“[268+(index+1)*50, 268+(index+1)*50]”，然后按组合键 Ctrl+D 对“圆 1”图层进行“重复”，此时，“重复”所得的圆与“圆 1”为同心圆，将其直径缩小。同理将“圆 1”图层“重复”6 次，获得 6 个同心圆。最后适当调整每个圆图层的延时表达式中的延时，使其生长时间出现差异，参数设置如图 7-30 所示，效果如图 7-31 所示。同理可制作出黄色圆的动画效果，此处不再赘述。

演示案例：企业标志 MG 动画 -5

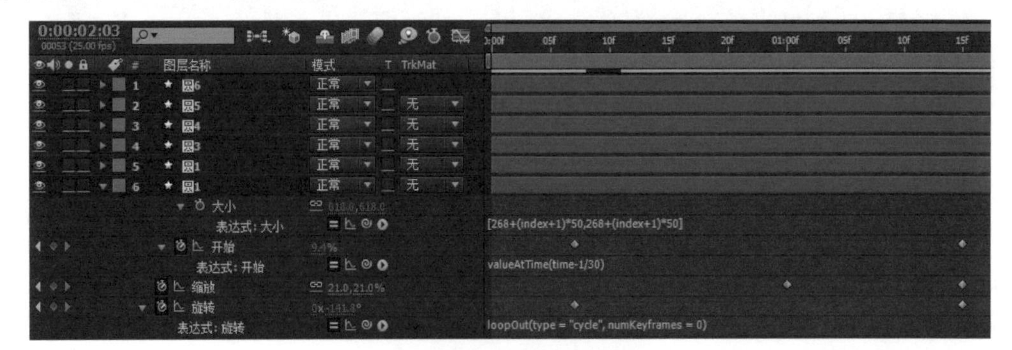

图 7-30 同心圆的参数设置

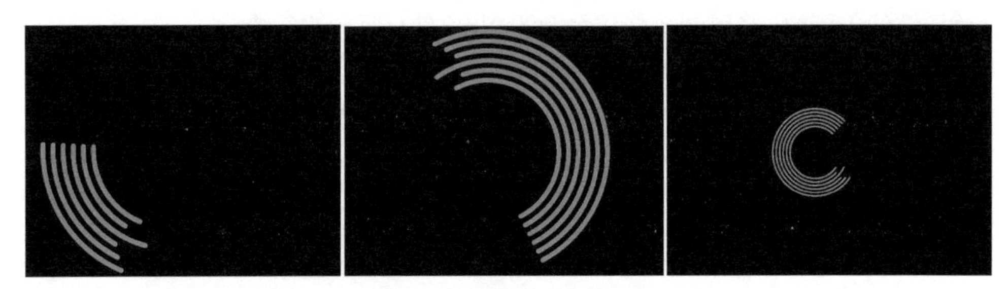

图 7-31 同心圆动画效果

【素材位置】教材配套资源 / 第 7 章 / 演示案例 / 演示案例：制作企业动态 Logo。

课堂练习：使用弹性表达式制作榨果汁动画

请运用本章所学的弹性表达式制作榨果汁弹性动画，效果如图 7-32 所示。其中，当榨汁机启动后，小风扇会快速旋转，榨汁机纵向发生形变，果汁从榨汁机出口流入杯中；当果汁满杯时，小风扇停止旋转，生产线整体从右向左平移，继续装下一杯果汁。该案例中的小风扇停止旋转后受惯性影响会继续旋转片刻，可使用弹性表达式制作该效果。

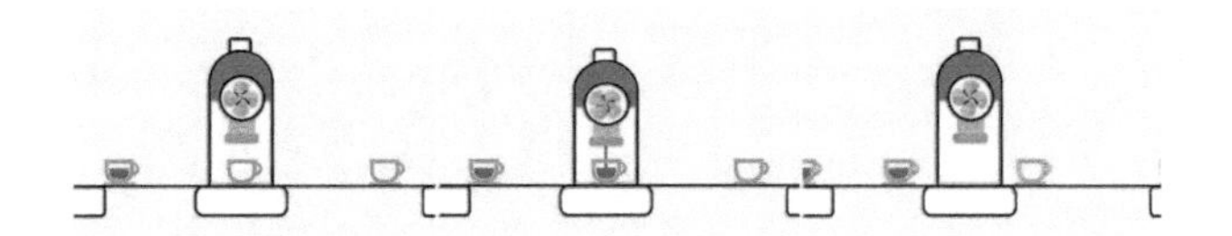

图 7-32　榨果汁动画

【素材位置】教材配套资源 / 第 7 章 / 课堂练习 / 课堂练习：使用弹性表达式制作榨果汁动画。

本章小结

本章围绕 After Effects 中的表达式进行讲解，旨在让读者了解和掌握表达式的应用方法，从而为自己的动效作品添加高质量高水平的动画效果。本章以表达式的概念为起点，逐渐深入讲解表达式的创建、移除和编辑等基本操作及表达式的基本语法；重点讲解了动效设计中常用的一些表达式的用法及其产生的效果，包括循环表达式、弹性表达式、索引表达式、时间表达式、抖动表达式。本章通过案例，使读者了解了表达式的具体应用，读者可以将它们灵活应用到实际工作中，以提高作品质量。

课后练习：制作互联网行业就业数据 MG 动画

请综合运用本章所学的延时表达式、索引表达式、弹性表达式、抖动表达式以及前面章节中所学的“径向擦除”“线性擦除”等内置特效，制作互联网行业就业数据 MG 动画，效果如图 7-33 所示。画面中的同心圆与文字由小变大的过程须使用弹性表达式制作，其可使元素在放大时动画弹性变化；同心圆演变成扇形时，须使用“径向擦除”特效进行制作；从各专业就业率的画面过渡到各专业就业薪资时，转场的元素从右上角移动至左下角，须使用“线性擦除”与延时表达式进行制作；各专业就业薪资的柱形图的播放呈现上下轻微跳跃的动画效果，须使用修剪路径属性与抖动表达式进行制作。

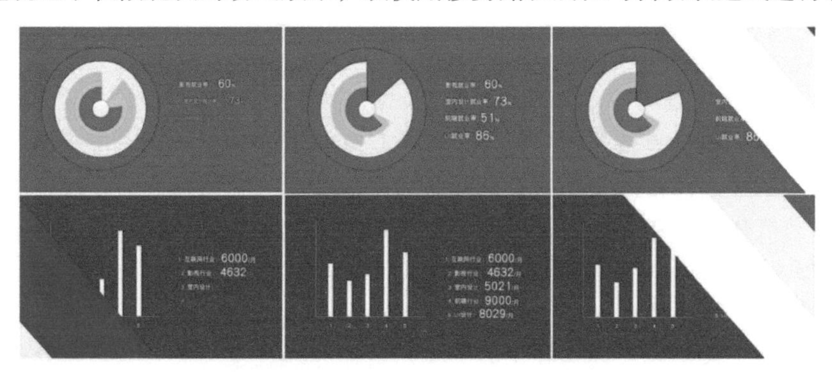

图 7-33　互联网行业就业数据 MG 动画

【素材位置】教材配套资源 / 第 7 章 / 课后练习 / 课后练习：制作互联网行业就业数据 MG 动画。

第 8 章

综合项目：制作悦听 App 界面动效

【本章目标】

- 了解界面动效在实际工作中的意义和价值。
- 掌握界面动效的设计原则。
- 熟悉界面动效的应用场景。
- 掌握界面动效在 App 设计中的关键用途。
- 制作悦听 App 界面动效。

【本章简介】

动效设计是 UI 行业近几年逐渐衍生出来的一个全新的领域，对于用户体验的提升有着非常好的指导作用。动效作为信息化视觉体系中的一个重要组成部分，灵活生动的视觉感受是对其最基本的要求。在日常生活中，每天都有各种以动效为载体的信息在各大互联网系统和设备上出现。动效设计作为时下最流行的信息传递载体，在时刻把握用户需求的前提下，大大增强了产品的表现力，同时也降低了用户的理解成本。本章将讲解界面动效设计的相关知识，使读者能够理解动效设计在实际工作中的重要用途，并通过案例展示来培养读者动效设计的创新意识与能力。

8.1 界面动效的相关理论

8.1.1 界面动效的价值

设计的本质是解决问题，动效设计当然也不例外。在设计师决定要在界面中加入动效元素的时候，首先需要明确动效设计的价值所在，而不只是为了完成工作。动效设计的价值体现在商业价值和体验价值两个方面。

1. 商业价值

动效设计的商业价值首先体现在能够更好地吸引用户的注意力，提升用户对内容的点击欲和探索欲。例如在某个产品中，如果希望用户注意到某个互动入口，除了可以在视觉上给予其突出强调外，还可以使用动效元素，如发光、旋转等，使之更容易被用户注意到，进而让用户产生可交互的认知，促进页面的转化，实现其商业价值。图 8-1 所示为淘宝 App 首页界面，其中飞猪旅行图标通过采用旋转等动效来突出“暑期福利”以吸引用户，进而实现用户的点击与转化。该界面的动效可通过扫描二维码进行预览。

动效也可以提升用户的使用舒适度，一些小的动效能够使用户在枯燥的浏览过程中产生生动有趣的体验，提升用户体验感和满足感，从而增强用户黏性，达到留住用户的目的。此外，动效还可以吸引用户主动进行传播，进而增强产品的影响力。图 8-2 所示为蚂蚁森林界面，用户在帮助好友收集能量之后，画面中会播放心形的动画，相关动效可通过扫描二维码进行预览。

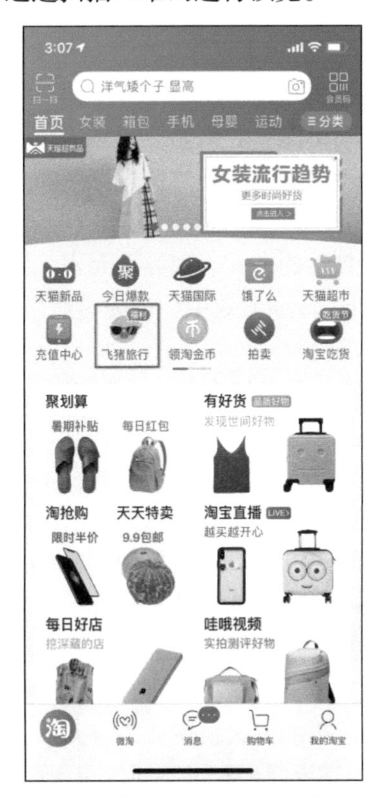

图 8-1　淘宝 App 首页界面动效

图 8-2　蚂蚁森林界面动效

淘宝 App 首页界面动态效果展示

蚂蚁森林界面动态效果展示

2. 体验价值

体验价值重在通过动效设计为用户提供当前的状态反馈，加强用户对当前操作行为的感知，给用户以可控的感觉，起到引导用户浏览的作用，增强用户的情感体验，缓解用户的焦虑情绪等。图 8-3 所示为网易云音乐的乐签界面，该界面使用动态堆叠而出的效果展示乐签，使用户能够感知到之后的操作方向，从而提升用户体验。相关动画效果可通过扫描二维码进行预览。

网易云音乐乐签界面动态效果展示

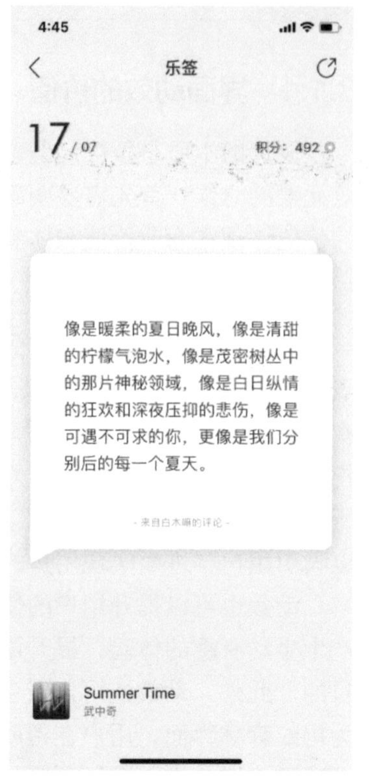

图 8-3　网易云音乐乐签界面动效

8.1.2　界面动效的设计原则

在制作界面动效时应该保证其是自然、和谐、可用的。制作时，需要遵循物理规律，贴近现实生活，元素的运动轨迹需要符合真实世界中的物理运动规律，动效的风格和节奏需要符合产品的品牌调性，且需要和竞品有明显的差异。制作时还需要保证界面动效的可用性，有用胜于有趣。

界面动效的设计原则可以从时间相关、关联性相关、连续性相关、时间层级相关及空间连续性相关等方面进行划分。

时间相关的原则包括缓动（Easing）、偏移（Offset）和延迟（Delay）。缓动即缓入和缓出，是界面动效设计的基础原则。现实世界中物体不可能突然开始或突然停止，每一个物体的运动都需要一定的时间来加速或减速。缓动可以增强用户体验过程中的自然感，并创造出符合用户预期的连续效果。偏移和延迟原则在加入新的界面元素或场景时，能够帮助用户理解元素之间的关系，其实用性在于通过自然的方式表现界面元素，使用户能够预先感知到下一步的结果。偏移和延迟原则常用在转场动效中，讲究过渡自然、层次分明、关联性、快速性、清晰性。

关联性相关的原则包括父子关系（Parenting）。当界面元素较多时，将界面元素利用父子（继承）关系关联起来，可以增强其可用性。

连续性相关的原则包括形变（Transformation）、值变（Value Change）、遮罩（Mask）、覆盖（Overlay）和复制（Copy）。形变原则是指用连贯的状态描绘和表达元素功能的改变。值变原则顾名思义就是当元素的值发生变化时，用动态连续的方式描述其关联关系。遮罩原则可以理解成元素形状与功能之间的关系，如果一个界面元素的不同展示方式对应不同的功能，那么遮罩就可以让展示方式的变化过程具有连续性。覆盖原则是指用堆叠元素的相对位置来弥补扁平空间缺乏层次感的问题，以此来提高界面动效的可用性。复制原则是指当新的元素从已有元素中复制出来时，用连贯的方式描述其关联关系。

时间层级相关的原则包括视差（Parallax），其描述的是界面元素以不同的速度运动，进而在平面中创造出空间中才有的层次感，以让用户能够区分各种元素之间的关系。

空间连续性相关的原则包括景深（Obscuration）、折叠（Dimensionality）和滑动变焦（Dolly&Zoom）。景深原则用于制造朦胧感，使用户能够在看主体元素和场景的同时也能瞥见非主要的元素和场景，此原则的实现方法涉及模糊效果和透明覆盖。折叠原则可以理解为三维界面元素的折页或者旋转。滑动变焦原则是用连续的空间描述来引导界面元素和空间，类似于影像中图片由远及近或由近及远的效果。

优秀的界面动效体系会通过动效暗示二维界面暗含的三维层级关系及相关的操作逻辑，能够引导用户的注意力向界面重点元素靠近。动效设计能让情感化设计变得更加生动。

8.1.3　界面动效的应用场景

界面动效的应用场景十分广泛，常见的包括品牌建设、H5 页面营销、产品展示、游戏界面及界面交互反馈等。

好的动效设计有利于品牌的建设与宣传，能够更好地诠释品牌理念。图 8-4 所示为谷歌的动效 Logo 设计，动画效果可通过扫描二维码进行预览。

品牌建设 - 谷歌动效 Logo 设计

图 8-4　谷歌动效 Logo 设计

H5 页面是在微信等移动端中进行推广和营销的一种手段，使用动效设计能够制作出酷炫的效果，使其能够被广泛地传播和分享，进而达到营销的目的。图 8-5 所示为天猫“双十一”H5 营销界面，动画效果可通过扫描二维码进行预览。

H5 页面营销 - 天猫“双十一”H5 界面

图 8-5　天猫“双十一”H5 界面

产品展示是指利用动效来展示产品或者概念原型的功能、界面及交互方式等的细节，可以十分直观地使用户了解产品的用途及使用方法等。图 8-6 所示为某机械产品的功能操作展示，动画效果可通过扫描二维码进行预览。

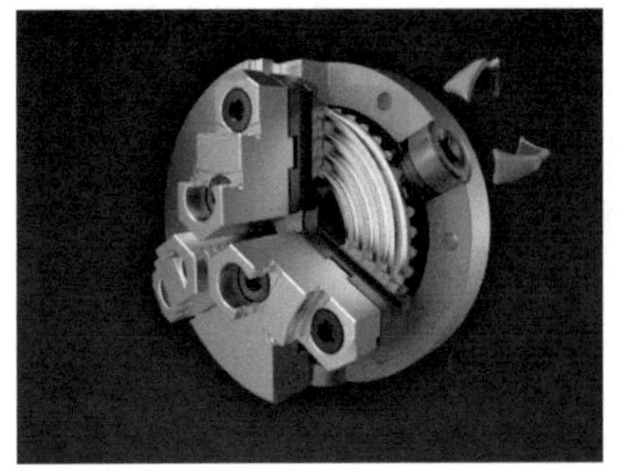
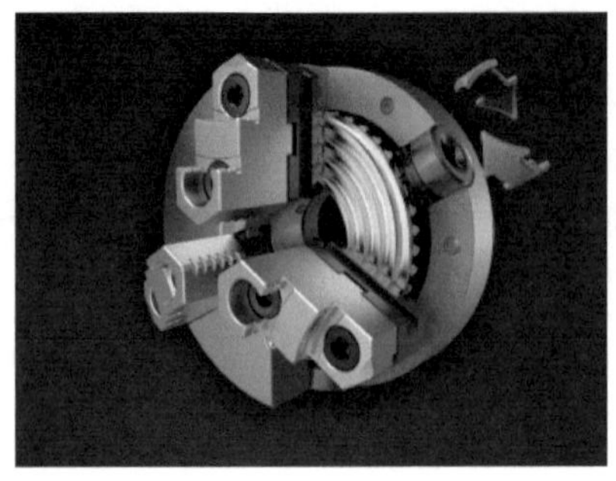

产品功能操作展示动效

图 8-6　机械产品的功能操作展示

游戏界面中用到的动效十分丰富。在游戏中，好的动效能够帮助和引导用户去理解其所要表达的意思。图 8-7 所示为纪念碑谷游戏中的动效设计，该界面利用动效使用户能够明白其意思，进而增强用户的体验感，动画效果可通过扫描二维码进行预览。

游戏界面 - 纪念碑谷游戏界面

图 8-7　纪念碑谷游戏界面

界面交互反馈是指用户在浏览或使用产品的过程中，从触发行为到获得预期结果之间的合理变化过程，一般都是为了解决具体问题而存在的，具有很强的目的性。图 8-8 所示为界面交互动效展示，动画效果可通过扫描二维码进行预览。

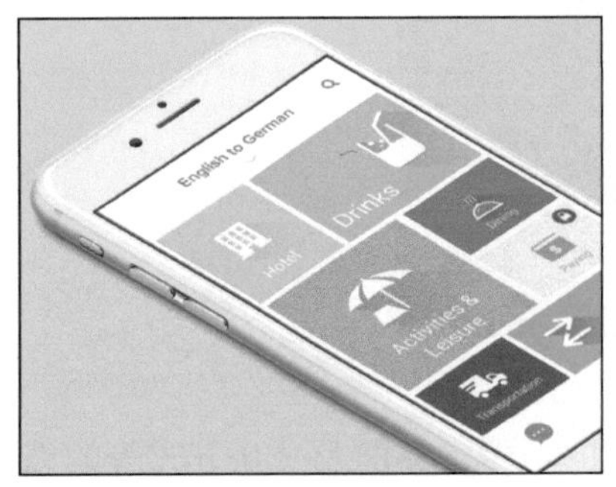

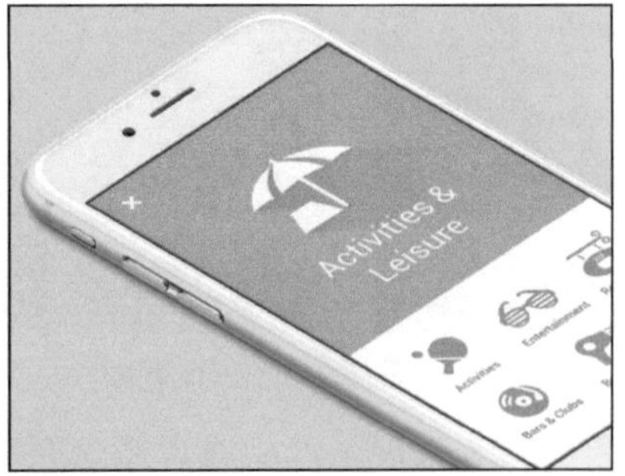

界面交互动效展示

图 8-8　界面交互动效展示

8.1.4　动效在 App 设计中的关键用途

动效是用户体验设计中必不可少的环节，在移动端交互设计中，动效是转场的润滑剂，是承上启下的重要环节。发送信息、打开设置、选择元素、导航到下一个页面，这些变化发生的时候，动效可以让这一切不那么突兀，实现自然的过渡并呈现状态变化，帮助用户清晰地明白当前的状态。

动效在 App 设计中的关键用途体现在系统状态、导航和过渡、视觉反馈等方面。

1. 系统状态

系统状态动效包括页面加载动画、下拉刷新以及通知。充满创意和趣味性的加载指示动画能够降低用户对于时间的感知，让用户在不知不觉间度过等待的时间。通常情况下，在移动端执行下拉操作后，移动设备会更新内容，下拉刷新动效也是丰富页面、增强用户好感度的方式之一。动效设计风格应该和整体页面的设计风格保持一致，以避免突兀感。在系统通知或新消息通知处使用动效的主要目的是引起用户的注意，此时的动效设计应该保证自然且和谐，不会干扰到用户的正常浏览与使用，也不会颠覆用户对产品的认知。图 8-9 所示为界面加载动画、下拉刷新以及通知的动画效果，可通过扫描二维码预览它们。

系统状态动态效果展示

（a）界面加载动画

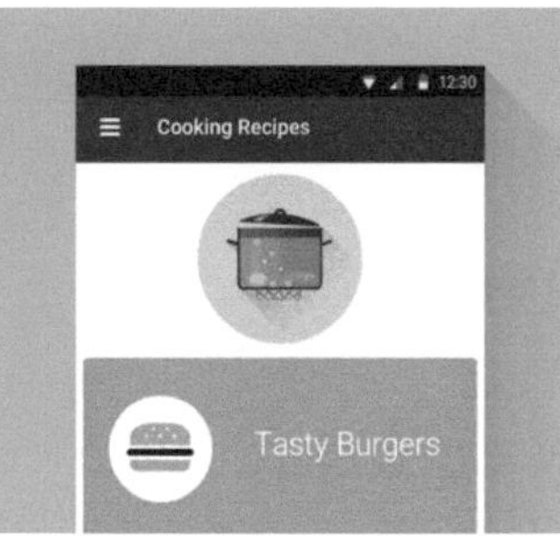

（b）下拉刷新

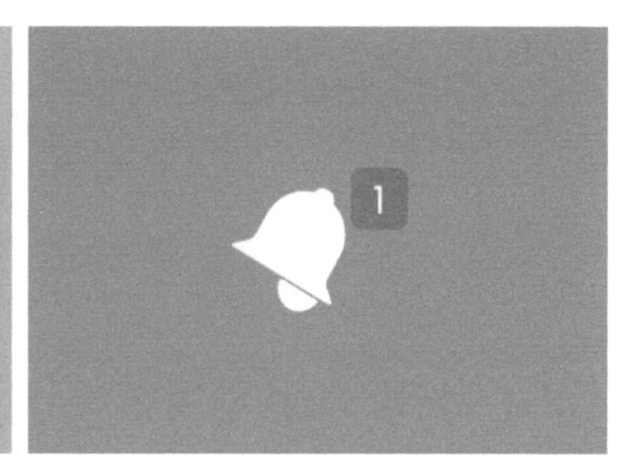

（c）通知

图 8-9　系统状态动画效果

2. 导航和过渡

导航和过渡动效包含内容之间的过渡，即内容与内容之间的切换方式；视觉层次和元素之间的连接，旨在使用动效来表现界面元素之间的关系；功能的变化，如播放与暂停、开与关。图 8-10 所示为导航和过渡的动效展示，动态效果可通过扫描二维码进行预览。

导航和过渡动态效果展示

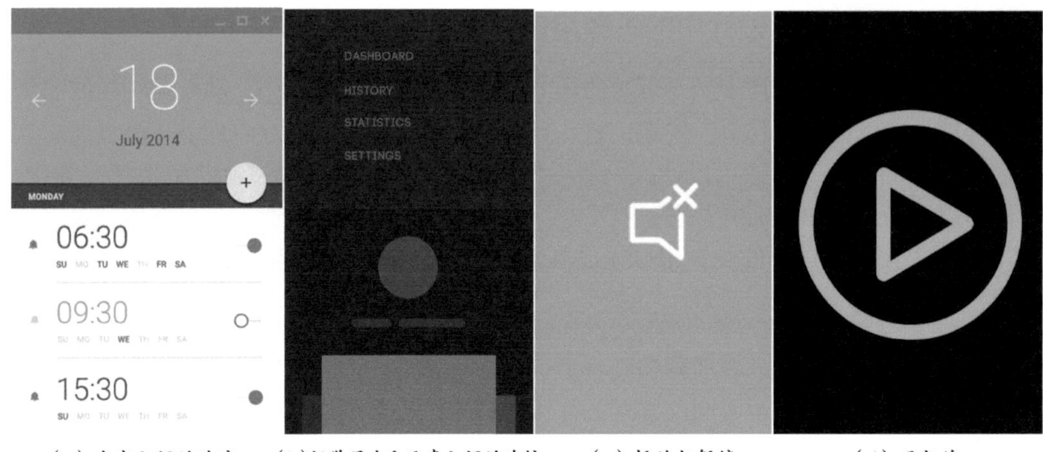

（a）内容之间的过渡　（b）视觉层次和元素之间的连接　（c）播放与暂停　（d）开与关

图 8-10　导航和过渡动画效果

3. 视觉反馈

视觉反馈，主要通过动效的变化来使用户确认自己已执行了某项操作，即通过视觉来呈现操作后的结果，然后告知用户其目的已经达到。图 8-11 所示为视觉反馈效果，动效可通过扫描二维码进行预览。

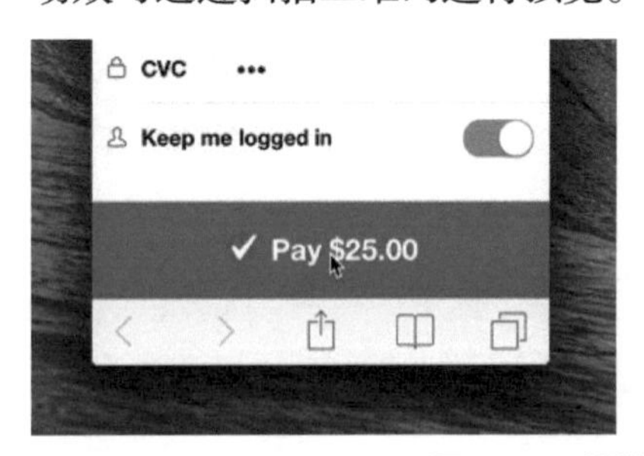

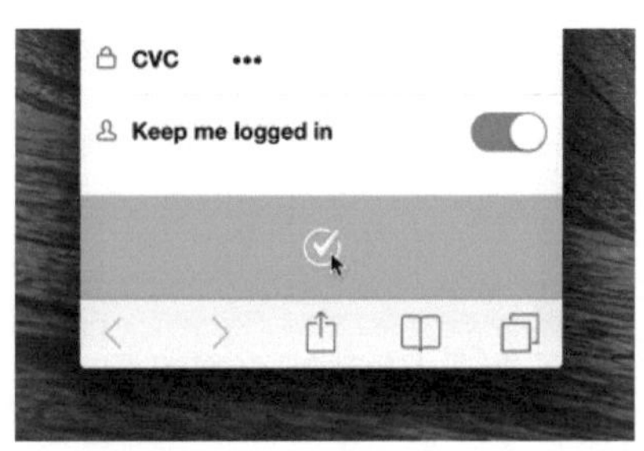

视觉反馈动态效果展示

图 8-11　视觉反馈动画效果

8.2 悦听 App 界面动效设计

8.2.1 悦听 App 项目背景及项目需求介绍

1. 项目背景

在信息爆发、流量喷涌的互联网经济时代，我国移动网民对音乐 App 的需求有了进一步提升，具体表现为：2019 年第一季度移动音乐类 App 的活跃用户规模达到 7.9 亿，较上一季度增长 7.9%；用户使用时长超过 59 亿小时，较上一季度增长 21.7%。

动效设计的用途及项目需求分析

悦听是一款全新的免费音乐类 App，其将自身定位为：以优质海量的音乐、好玩有趣的功能、美观简洁的界面来满足用户随时随地享受音乐的需求。

2. 项目需求

为了更好地展示悦听 App 的操作逻辑，提升悦听 App 的情感化体验，动效设计师须根据视觉设计师提供的静态页面，对其进行动态化设计。具体设计要求如下。

① 须包含启动图标、二维码、引导页及内容页的展示。

② 动效页面尺寸为 1280px × 720px，手机 App 页面尺寸为 750px × 1334px。

③ 帧速率为 25 帧 / 秒。

8.2.2　悦听 App 启动图标动效设计

用素材文件夹中提供的悦听 App 启动图标素材来替换 After Effects 模板中的 Logo，制作出悦听 App 启动图标动效，如图 8-12 所示。使用该模板制作启动图标动效时，无须调整模板中的动画节奏，只需要置入启动图标、替换标题文字、调整背景及图标色彩即可。

综合案例：片头

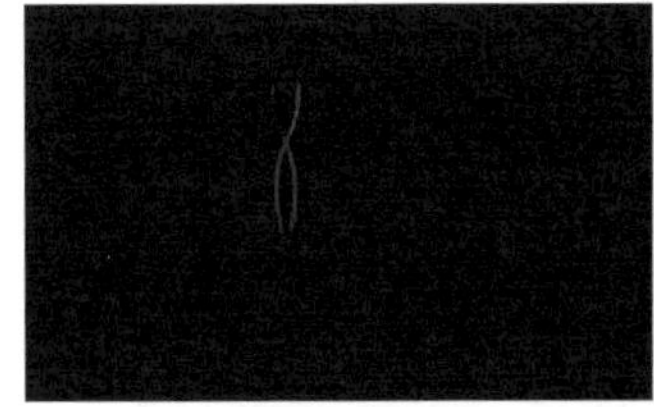
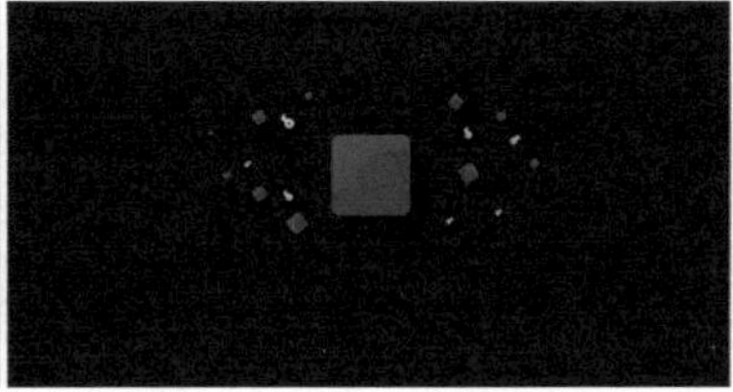

图 8-12　启动图标动效

1. 替换图标与文字色彩

① 使用 After Effects CS6 或更高的版本打开模板源文件，若出现文字丢失提示对话框，则直接单击“确定”按钮将其忽略，如图 8-13 所示。

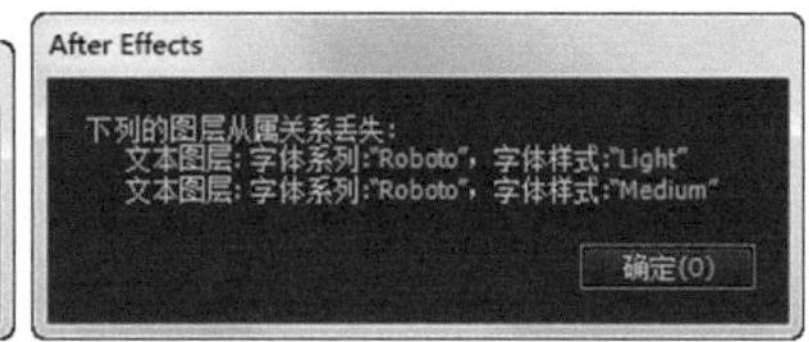

图 8-13　提示对话框

② 源文件中总共提供了 3 套模板，双击打开“项目”面板中的“Version_3”合成，然后关闭“Cinematic-Lines”图层，去除视频下方的黑色遮挡效果，如图 8-14 所示。

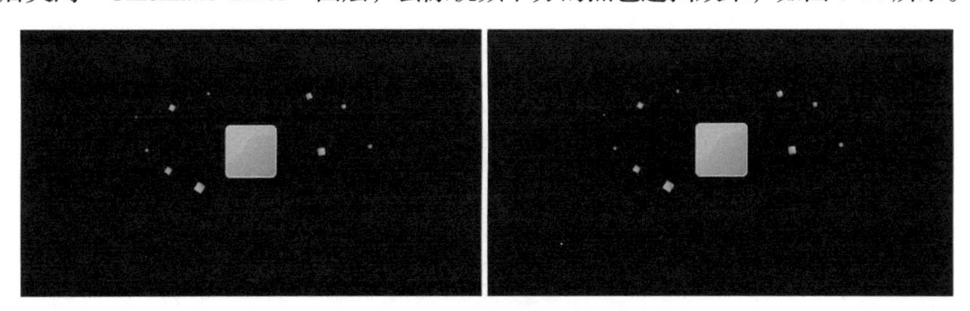

图 8-14　去除视频遮挡效果

③ 打开“Main”合成中的“Animation”合成，在“Animation”合成中找到任意一个 Logo 合成，然后将素材文件夹中的启动图标置入该 Logo 合成中。适当调整启动图标的大小，去除启动图标的蓝紫色背景。若合成背景为灰色，则不便于观察图标，可执行“合成 – 合成设置 – 背景颜色”菜单命令来修改背景颜色，效果如图 8-15 所示。

图 8-15　置入并调整启动图标

④ 在“Animation”合成中打开“Text”合成，删除或隐藏原有的文本图层，使用文本工具输入文本“悦听 让整个世界为你而歌唱”。然后在“Animation”合成中隐藏形状图层“Stroke”，去除图标边缘的白色描边，效果如图 8-16 所示。

图 8-16　输入文本并去除描边效果

2. 调整背景与图标色彩

① 选择“Version_3”合成中的调整图层“Control”，展开“效果控件”面板，将“Shape_1”特效的颜色更改为洋红色，将“Shape_2”特效的颜色更改为蓝色，将“BG_1”特效与“BG_2”特效的颜色更改为深蓝色，效果如图 8-17 所示。

图 8-17　调整配色效果

② 将“Animation”合成中的形状图层“Line_3”与“Line_6”的描边颜色从绿色更改为蓝色，将“Line1”与“Line4”的描边颜色从青色更改为洋红色，效果如图 8-18 所示。

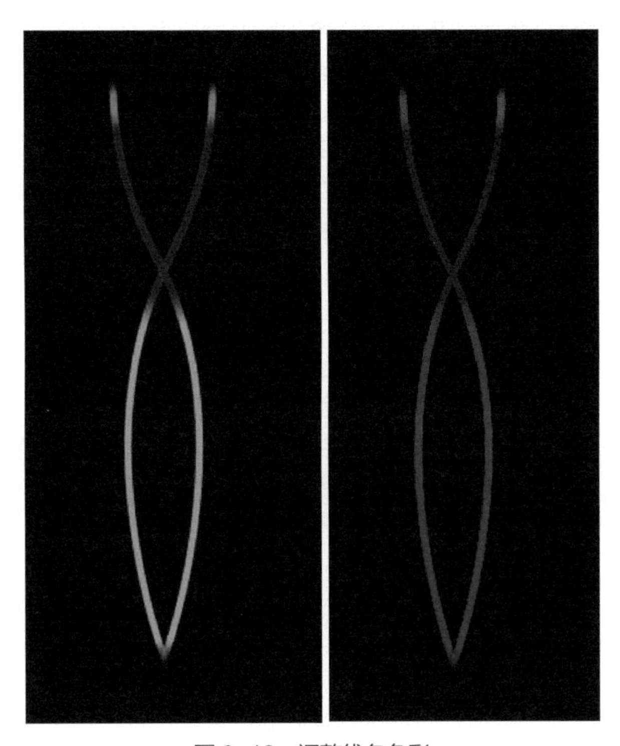

图 8-18　调整线条色彩

【素材位置】教材配套资源 / 第 8 章 / 演示案例 /01 启动图标。

8.2.3　悦听 App 引导页动效设计

综合案例：启动页 -1

综合案例：启动页 -2

本小节综合运用“梯度渐变”“无线电波”等内置特效、弹性表达式与循环表达式、父子关系等，制作悦听 App 引导页动效，3 个引导页的效果如图 8-19 所示。

画面中的手机自下而上地移入画面，文字从左向右淡入画面，背景几何图形从手机背后散开；第一个引导页中的定位图标弹性变大，页面向左滑动；在手机屏幕中显示第二个引导页，页面内的元素同样弹性变大；第三个页面内的蓝紫色无线电波持续向外扩散。

图 8-19　悦听 App 引导页效果

1. 制作背景动效

① 使用多边形工具绘制一个红色六边形，并适当降低其不透明度。将时间线移动至 0:00:00:19 处，激活位置属性的关键帧；然后将时间线移动至 0:00:01:02 处，使用选取工具将六边形移动至合成的左下角，此时会自动形成新的关键帧。最后选择两个关键帧，按 F9 键将关键帧转换成“缓动”，效果如图 8-20 所示。

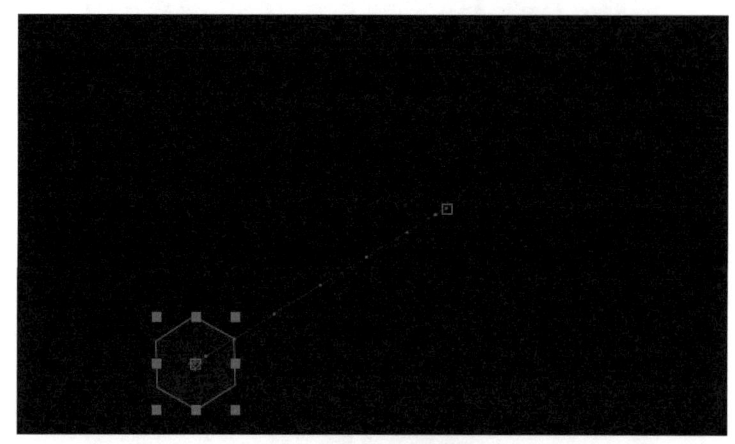

图 8-20　六边形效果

② 将时间线移动至 0:00:00:19 处，激活缩放属性及旋转属性的关键帧；然后将时间线移动至 0:00:01:07 处，适当将六边形变大，将其旋转参数设置为 0 × −180.0° 。选择 4 个关键帧，将它们转变成“缓动”。最后复制素材文件夹中提供的弹性表达式，按住 Alt 键并单击缩放属性左侧的关键帧记录器，在弹出的表达式输入框中粘贴弹性表达式。同理为旋转属性添加弹性表达式，参数设置如图 8-21 所示。

图 8-21　六边形的参数设置

③ 将时间线移动至 0:00:02:12 处，选择“六边形”图层，按组合键 Ctrl+Shift+D 以对该图层进行拆分。选择“六边形 2”图层，复制旋转属性在 0:00:01:07 处的关键帧，并在 0:00:02:12 处进行粘贴。删除第一个关键帧，然后将时间线移动至 0:00:03:08 处，将旋转参数设置为 0 × −140.0° 。将时间线移动至 0:00:04:03 处，将旋转参数设置为 0 × −180.0° 。最后按住 Alt 键并单击旋转属性左侧的关键帧记录器，在表达式语言菜单中选择循环表达式“loopOut(type="cycle",numKeyframes=0)”，使六边形在一定范围内来回晃动，参数设置如图 8-22 所示。

图 8-22　添加循环表达式

④ 同理可设置三角形及圆的关键帧动画。读者要注意，若用户无法观察到旋转属性上的循环动画，则可为缩放属性添加抖动表达式“wiggle(1,10)”，用形变动画代替旋转动画，使圆在播放过程中始终保持轻微的形变效果。添加抖动表达式时无须为缩放属性添加关键帧。参数设置如图 8-23 所示，几何图形动画效果如图 8-24 所示。

图 8-23　抖动表达式参数设置

图 8-24　几何图形动画效果

2. 制作手机及文字动效

① 置入手机模型素材，使手机模型从下往上逐渐移入，并为手机模型所在图层的位置属性添加弹性表达式。然后置入“大事件”“音乐达人”及“听歌识曲”这 3 个素材文件，将“大事件”合成的父级指定为手机模型，效果如图 8-25 所示。

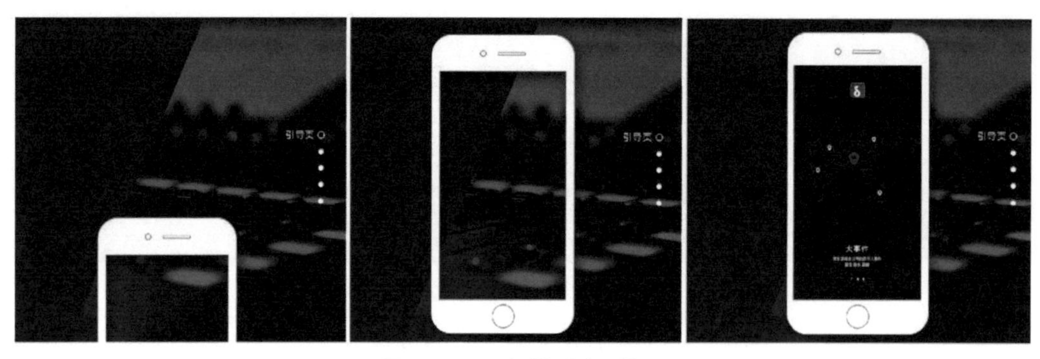

图 8-25　手机模型动画效果

② 置入启动图标及相关文字素材，按组合键 Ctrl+Shift+C 对它们进行预合成操作，然后将此预合成的父级设置为“大事件”合成。接着为预合成添加“线性擦除”特效，将擦除角度设置为 0×−90.0°，将羽化参数设置为 50。为过渡完成属性设置关键帧，并将其参数分别设置为 100% 与 0%。同理制作出“悦听简介”文字的擦除效果。参数设置如图 8-26 所示，动画如图 8-27 所示。

3. 制作引导页动效

① 打开“大事件”合成，选择主标题“大事件”图层，使文字从下方逐渐移入，将其不透明度从 0% 逐渐过渡至 100%。选择位置及不透明度属性上的所有关键帧，按组合键 Shift+F9 将关键帧类型设置为“缓入”，并为位置属性添加弹性表达式，最后将两个小标题的父级指定为主标题“大事件”图层。参数设置如图 8-28 所示，动画效果如图 8-29 所示。

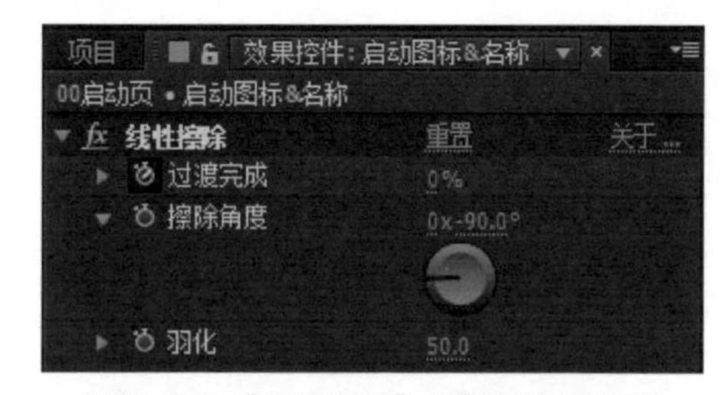

图 8-26　“线性擦除”效果的参数设置

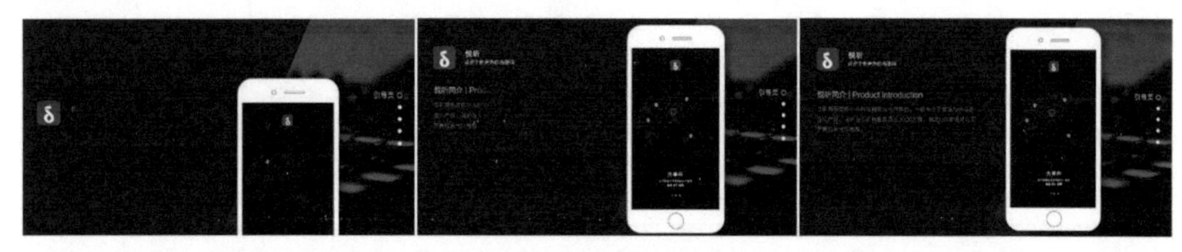

图 8-27　文字动画效果

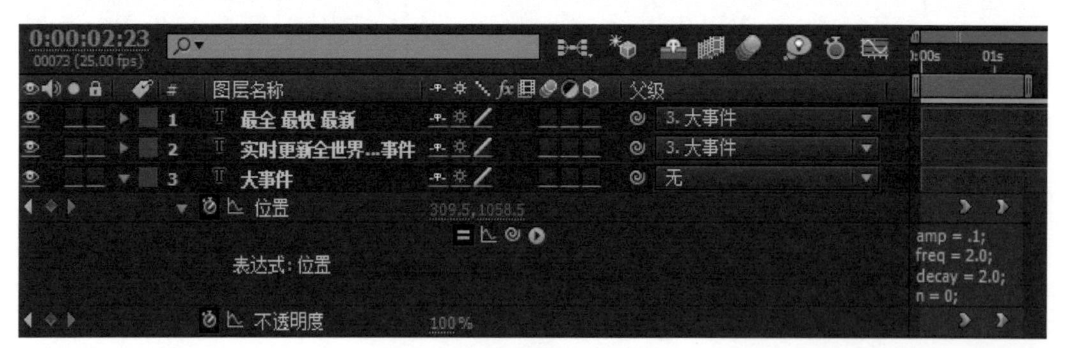

图 8-28　文本图层的参数设置

图 8-29　文本图层动画效果

② 选择“定位”图层，为其添加“梯度渐变”特效，使其起始颜色为洋红色，结束颜色为紫色，渐变形状为“线性渐变”。然后为该图标设置缩放动画，将缩放参数分别设置为 0% 与 40%，设置其关键帧类型为“缓动”，接着为缩放属性添加弹性表达式。同理可制作出其他定位图标的缩放动画，动画效果如图 8-30 所示。

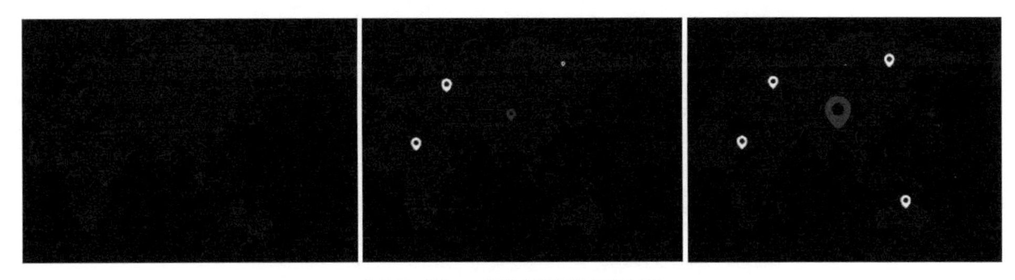

图 8-30　定位图标动画效果

③ 选择“大事件”合成，使其从右向左位移，直至移出合成左侧边缘，保证该引导页页面向左滑动后消失于手机屏幕左侧边缘。接着置入小手图标，绘制一个白色圆置于小手图标下方，并将该圆的父级指定为小手图标图层。然后为小手图标制作从右向左的位移动画，将其关键帧类型设置为“缓入”，最后对两个图层进行预合成操作。配合第一个引导页向左滑动的动画进行播放，在第一个引导页即将消失时将预合成的不透明度从 100% 设置为 0%，动画效果如图 8-31 所示。

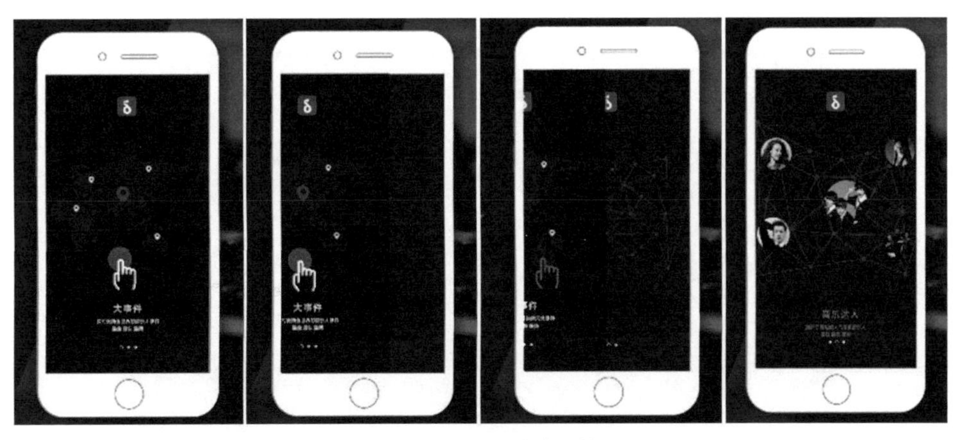

图 8-31　页面滑动动画效果

注意：第二个引导页的动画形式与第一个引导页相似，第三个引导页中的文字动画及手势动画与第一个引导页相似，此处不再赘述。下面对第三个引导页中的音频向外扩散的动效进行讲解。

④ 新建一个纯色图层，并为该图层添加“梯度渐变”及“无线电波”特效。“梯度渐变”特效是从洋红色到紫色的线性渐变。将“无线电波”特效的扩展参数设置为 1.7、寿命参数设置为 8.3、开始宽度参数与结束宽度参数设置为 100，使线段描边变粗。“无线电波”特效的参数设置如图 8-32 所示，动画效果如图 8-33 所示。

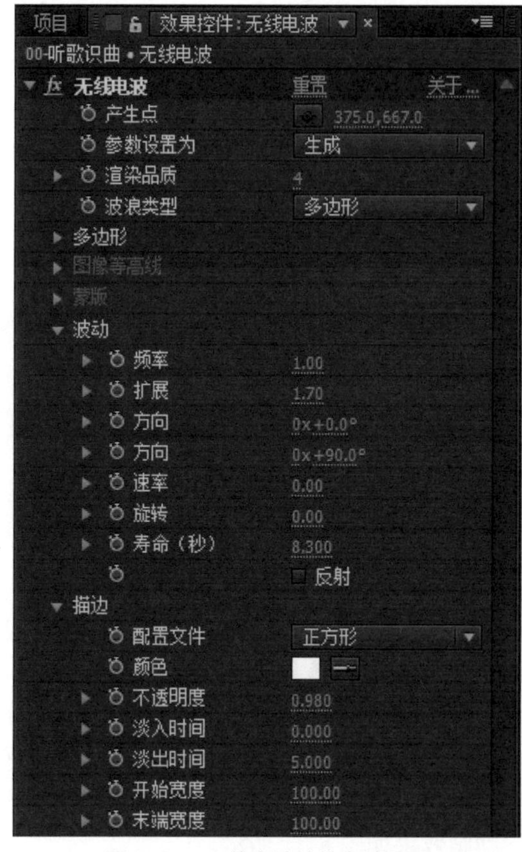

图 8-32　无线电波特效参数设置

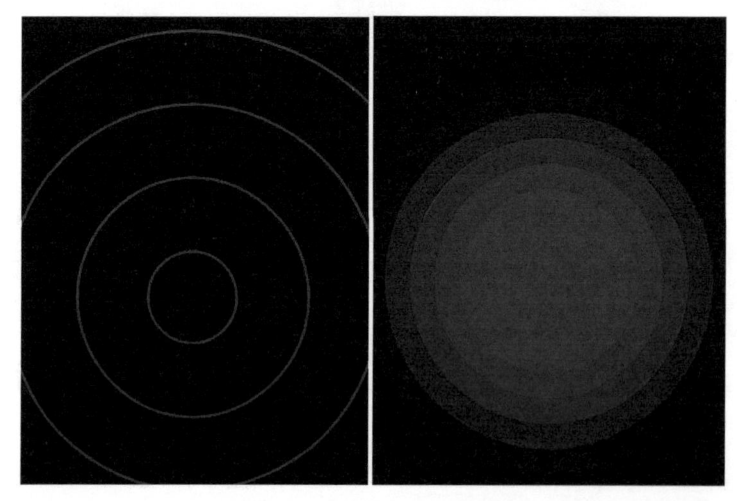

图 8-33　无线电波动画效果

【素材位置】教材配套资源 / 第 8 章 / 演示案例 /02 引导页。

8.2.4　悦听 App 内容页动效设计

本小节综合运用抖动表达式、弹性表达式等常用表达式和“线性擦除”“无线电波”“时间码”和“波形变形”等常用内置特效以及父子关系与轨道遮罩等，制作悦听 App 内容页“我的”界面的动效，内容页“我的”界面如图 8-34 所示。

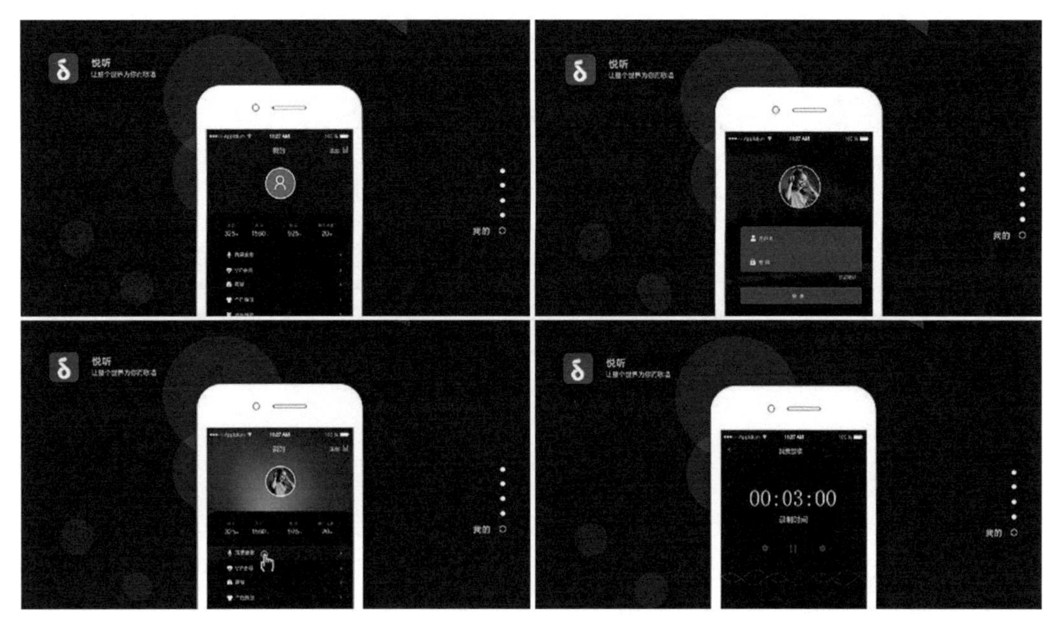

图 8-34　内容页“我的”界面

画面中的几何图形动画、手机移入动画、启动图标线性擦除动画、切换动画与引导页相似，此处不再赘述。悦听 App“我的”界面动画播放流程如下：当点击用户头像后，切换至登录界面；输入用户名及密码后，单击“登录”按钮即切换至用户界面；点击“我要放歌”列表，切换至我要放歌界面。

注意： 页面间的切换动画，无论是左右滑动还是上下滑动，主要调整的都是图层或合成的位置属性，此处不再赘述；此外，背景几何图形的动画可以直接复制引导页中的相关图层，使用时适当调整几何图形的参数即可。下面着重讲解本案例中的重点与难点知识。

1. 制作登录动效

① 点击动效。置入小手图标，并在小手图标下方新建一个纯色图层，将纯色图层的缩放参数调整至“12%，12%”。然后为纯色图层添加“无线电波”特效，将寿命参数设置为 2，将颜色设置为白色；接着激活频率属性的关键帧，将频率参数设置为 2.9；将时间线向后移动 3 帧，将频率参数设置为 0。最后将该图层“重复”两次，适当调整小手图标图层及 3 个纯色图层的出点和入点。参数设置如图 8-35 所示，动画效果如图 8-36 所示。

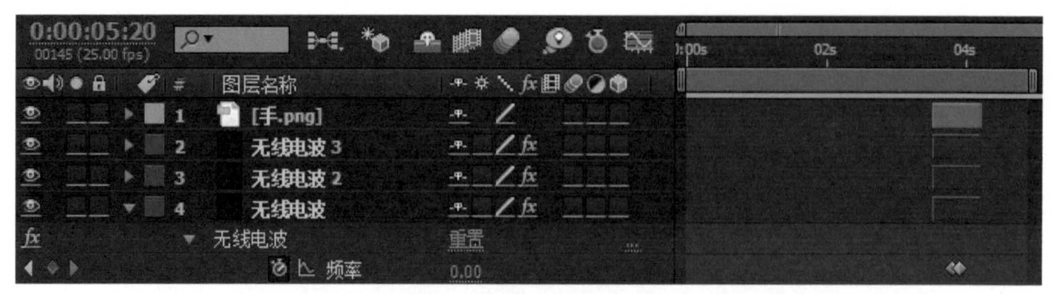

图 8-35　点击动效参数设置

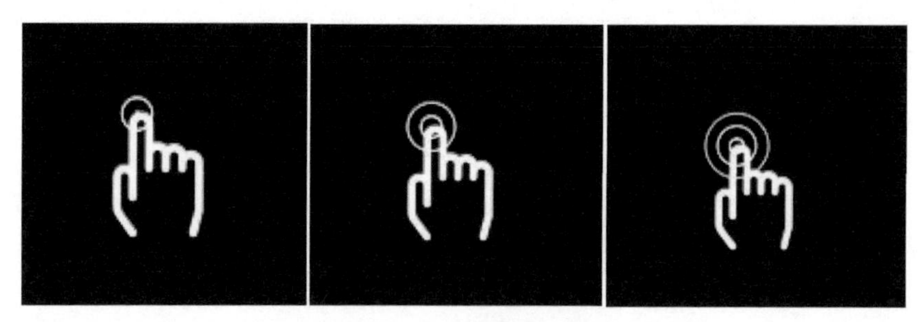

图 8-36　点击动画效果

② 文本动效。使用文本工具输入用户名，并通过不透明度属性为用户名图层添加不透明度效果，接着将“范围选择器 1”的不透明度参数设置为 0%。然后将时间线移动至 0:00:03:15 处，激活起始属性的关键帧，将起始参数设置为 0%。最后将时间线移动至 0:00:05:06 处，将起始参数设置为 100%，使用户名文本逐字出现。参数设置如图 8-37 所示，动画效果如图 8-38 所示。

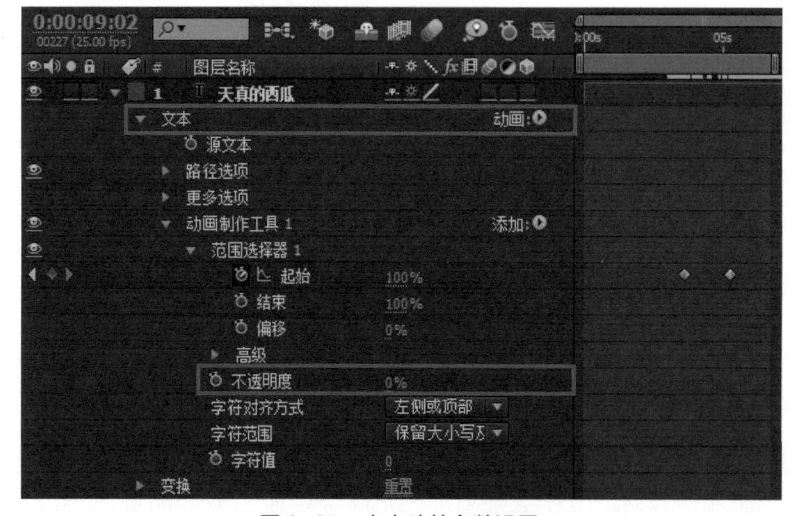

图 8-37　文本动效参数设置

图 8-38　文本动画效果

③ 光标动效。使用钢笔工具绘制一条白色描边的直线，描边粗细为 2px。将时间线移动至 0:00:02:04 处，将素材入点设置为 0:00:02:04。激活不透明度属性的关键帧，将不透明度参数设置为 100%。将时间线移动至 0:00:03:17 处，将不透明度参数设置为 0%。然后为不透明度属性添加抖动表达式“wiggle(1,100)”，以使光标出现闪烁效果。

接着选择位置属性，并在位置属性上单击鼠标右键，在弹出的快捷菜单中执行“单独尺寸”命令，将二维位置属性分为 X 与 Y 两个属性，以避免位置属性上多个关键帧相互影响。最后在 0:00:03:17 处激活 X 位置属性的关键帧；将时间线移动至 0:00:05:00 处，使用选取工具在“合成”面板中将光标图层横向移动，移动距离与用户名长度一致。参数设置如图 8-39 所示。

图 8-39　光标动效参数设置

注意：同理可设置密码输入的动效，密码输入时，使用“线性擦除”特效代替文本动画制作密码小圆点出现的动效；此外，光标从用户名输入框移动至密码输入框时，可以将素材进行拆分，以避免同一光标图层上的动画相互干扰。

2. 制作“我要放歌”界面动效

① 录制时间动效。新建一个纯色图层并将其命名为“时间码”，为其添加“时间码”特效，取消勾选“在原始图像上合成”及“显示方框”，将显示格式设置为“SMPTE 时：分：秒：帧”，将文字大小设置为 112px。然后绘制一个白色矩形（置于“时间码”图层下层），矩形大小与时间码的时间相同，以避免时间码中的“时”出现在画面中；最后将矩形图层的轨道遮罩设置为“Alpha 遮罩时间码”。参数设置如图 8-40 所示，效果如图 8-41 所示。

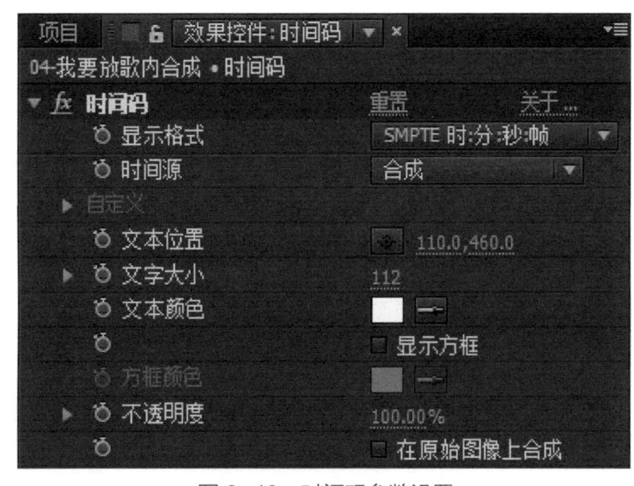

图 8-40　时间码参数设置

图 8-41　时间码效果

② 音频流动动效。使用钢笔工具绘制一条直线，然后为直线添加“梯度渐变”与“波形变形”特效。将“梯度渐变”特效的起始颜色参数设置为洋红色、结束颜色参数设置为紫色。将“波形变形”特效的波形高度参数设置为 29、波形宽度参数设置为 118、方向参数设置为 0 × +90.0°。然后对该图层进行“重复”，对通过“重复”得到的图层进行垂直翻转，并适当调整两个图层的位置。参数设置如图 8-42 所示，动画效果如图 8-43 所示。

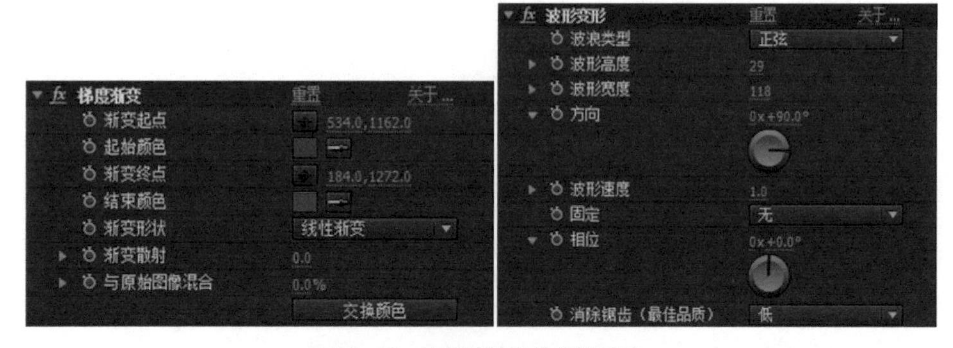

图 8-42　音频流动动效参数设置

图 8-43　音频流动动画效果

【素材位置】教材配套资源 / 第 8 章 / 演示案例 /03 内容页。

8.2.5　悦听 App 动态二维码设计

本小节运用本章中所提供的动态二维码素材与 After Effects 模板制作悦听 App 片尾的动态二维码动画效果，如图 8-44 所示。使用 After Effects 模板制作片尾时，需要替换模板中的 Logo、背景颜色及公司名称。

图 8-44　动态二维码动画效果

① 替换动态二维码。使用 After Effects CS6 或更高的版本打开本章提供的工程源文件。工程源文件中提供了 4 套模板。双击打开“Openers_prev”合成中的“Opener_1_out”合成，然后双击打开该合成内的“Opener_1”合成，再次双击打开“Logo_1”合成，向其中置入素材文件夹中提供的动态二维码素材，删除原有 Logo 或将其隐藏，同时隐藏或删除添加在“Logo_1”合成上的填充特效。为该合成添加“色相 / 饱和度”特效，勾选“彩色化”，通过调整着色色相属性的参数，将二维码调整为蓝色。最后隐藏“Logo _1”合成下方的“bg_1”图层，去除二维码旁边的黄色描边效果。特效参数设置如图 8-45 所示，二维码效果如图 8-46 所示。

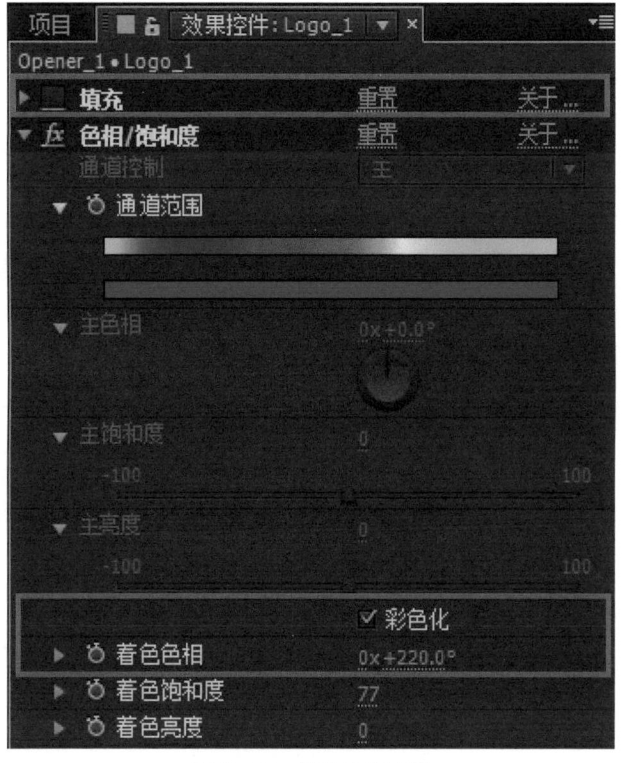

图 8-45　特效参数设置

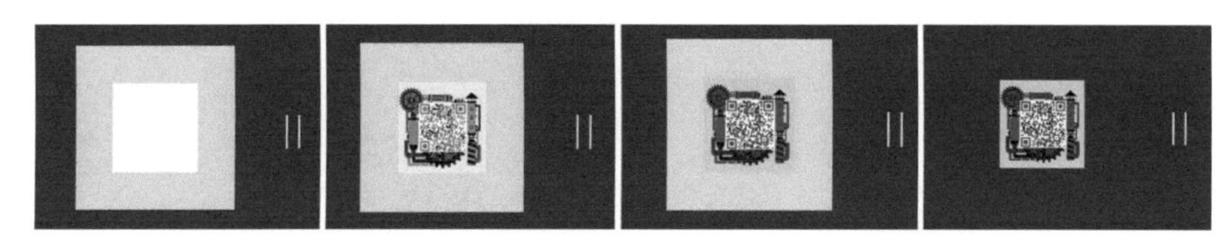
图 8-46　二维码效果

注意：若动态二维码的素材长度不足，则可将素材“重复”多次，然后执行“序列图层”菜单命令将“重复”后的图层依次进行排列，从而延长动态二维码的素材长度。

② 置入启动图标。将素材文件夹中的启动图标置入“Opener_1”合成中，并将其放置在合成的左上角。输入悦听 App 名称及文案，然后对两个文本图层与启动图标进行预合成操作。将时间线移动至 0:00:01:22 处，在预合成上绘制一个矩形蒙版，激活蒙

版路径上的关键帧。将时间移动线至 0:00:01:13 处，使用选取工具将锚点向中间靠拢，动画效果如图 8-47 所示。

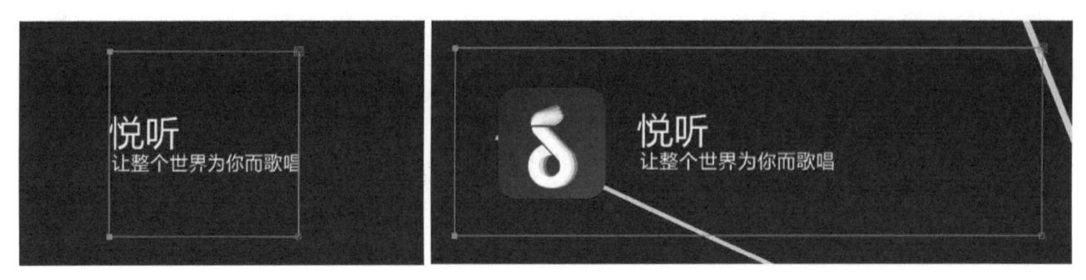

图 8-47　蒙版路径动画效果

③ 替换文字。将该“Opener_1”合成中文本图层“Logo 1”下方的轨道遮罩“Shape Layer1”隐藏，然后将动态二维码右侧的文字更换为“扫一扫，关注课工场”，隐藏该图层上的“填充”特效。最后将合成下方的英文替换为公司的中英文名称，并隐藏该图层上的“填充”特效，效果如图 8-48 所示。

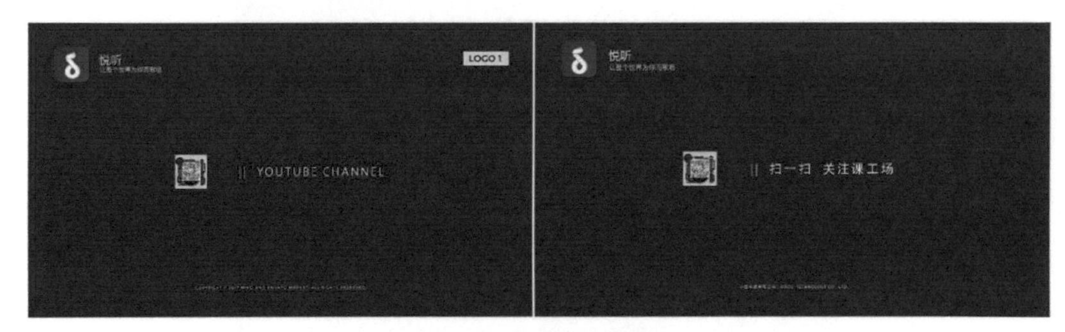

图 8-48　替换文字效果

④ 更换背景色彩。将“Opener_1”合成中的图层“bg_2”上的“填充”特效隐藏，然后在属性栏中将其填充颜色由紫色更改为深蓝色。同理将该合成中的图层“bg_3”的色彩由黄色更改为洋红色，效果如图 8-49 所示。

图 8-49　替换背景效果

【素材位置】教材配套资源 / 第 8 章 / 演示案例 /04 动态二维码。

课堂练习：制作悦听 App 乐库界面动效

参考本章中的“悦听 App 内容页动效设计”的动画形式及动画节奏制作“悦听 App 乐库界面动效”，动画效果如图 8-50 所示。

乐库界面中主要的动画形式包括以下 4 种。①画面中的手机以弹性动画的形式分别从屏幕下方与上方移入画面。②播放控件淡入画面，歌曲处于播放状态，进度条向右生长移动；正在演唱的歌词由白色变为紫色；已唱完的歌词向上移位且逐渐淡出画面，未演唱的歌词逐渐淡入画面且向上移位。③单击画面中的歌词后，歌词区域切换为 Banner 模式，且 Banner 可进行左右滑动。④手机底部装饰的几何元素可使用“悦听 App 内容页动效设计”背景中已制作好的动画。

图 8-50　乐库界面动效

【素材位置】教材配套资源 / 第 8 章 / 课堂练习 / 课堂练习：制作悦听 App 乐库界面动效。

本章小结

本章围绕界面动效的相关理论，讲解了动效设计的商业价值与体验价值，从时间、关联性、连续性、时间层级及空间连续性方面讲解了界面动效的设计原则；从品牌建设、H5 页面营销、产品展示、游戏界面及界面交互反馈方面讲解了动效的应用场景，以及动效在 App 的不同界面与不同状态下的关键用途。本章还通过悦听 App 界面动效设计实例将理论运用到了实际项目中，使读者能够更好地理解动效设计的意义与价值，也能够在实际工作中通过创新技术对界面动效进行更好的展示。

课后练习：制作悦听 App 项目展示动效

请将本章中所制作的启动图标动效、引导页动效、动态二维码及素材文件夹中提供的内容页动效输出为视频格式，并使用 After Effects 将所有视频片段合并成一个完整的作品。各个视频片段之间用素材文件夹中提供的转场效果进行衔接，转场效果如图 8-51 所示。

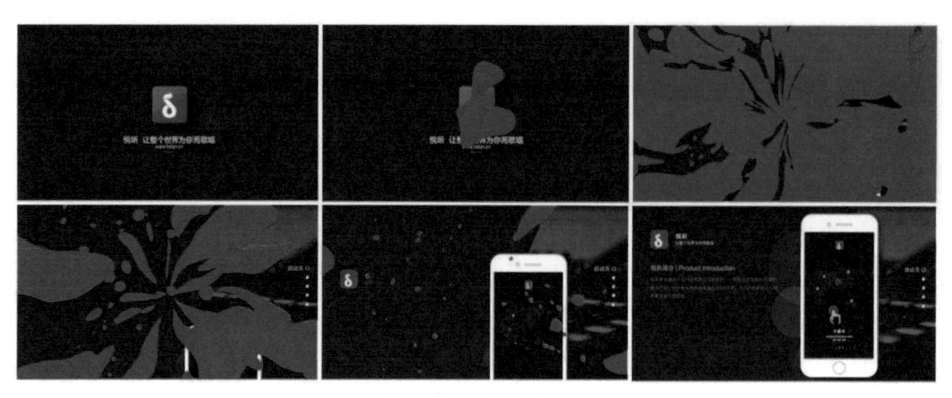

图 8-51　转场效果

【素材位置】教材配套资源 / 第 8 章 / 课后练习 / 课后练习：制作悦听 App 项目展示动效。